#응용력키우기
#서술형·문제해결력

응용
해결의 법칙

Chunjae Makes Chunjae

▼

[응용 해결의 법칙] 초등 수학 1-2

기획총괄　김안나
편집개발　김현주, 박아연
디자인총괄　김희정
표지디자인　윤순미, 여화경
내지디자인　박희춘, 이혜미
제작　황성진, 조규영

발행일　2024년 4월 15일 개정초판 2024년 4월 15일 1쇄
발행인　(주)천재교육
주소　서울시 금천구 가산로9길 54
신고번호　제2001-000018호
고객센터　1577-0902

모든 응용을 다 푸는 해결의 법칙

수학 1·2

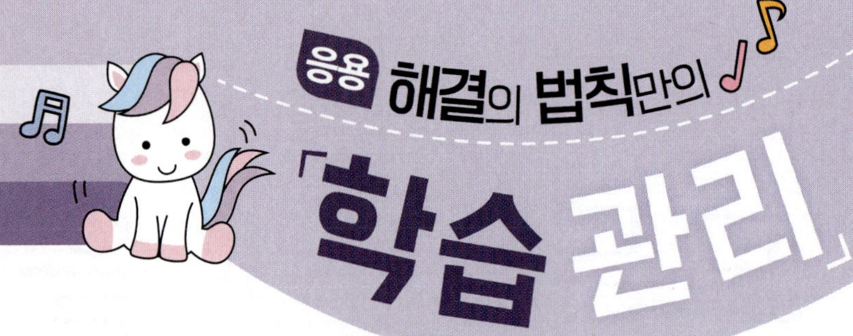

일등 비법

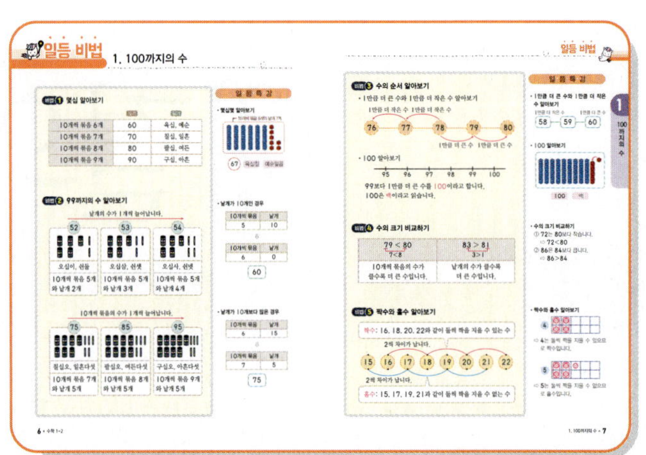

일등 비법에서 한 단계 더 나아간 심화 개념 설명을 익히고 일등 특강으로 기본 개념을 확인할 수 있어요.

기본 유형 익히기

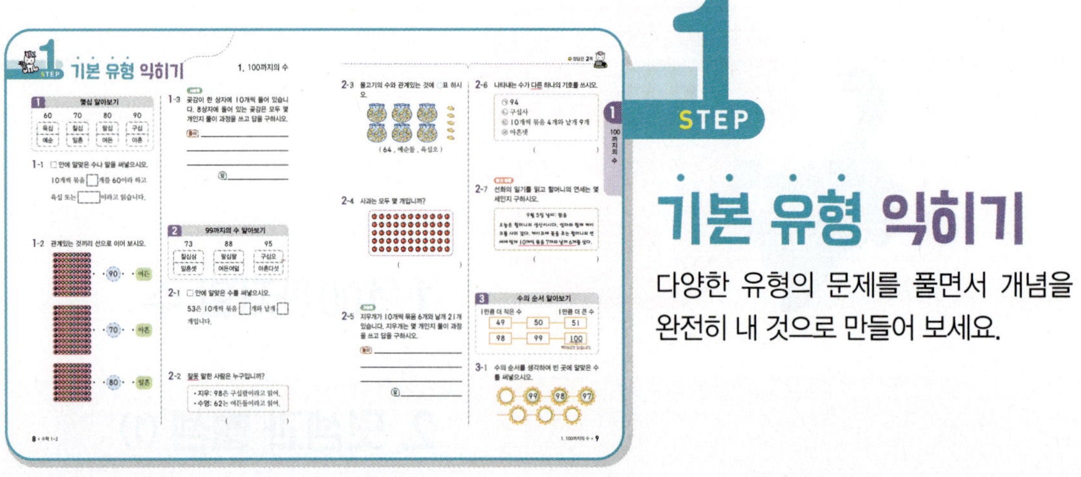

다양한 유형의 문제를 풀면서 개념을 완전히 내 것으로 만들어 보세요.

응용 유형 익히기

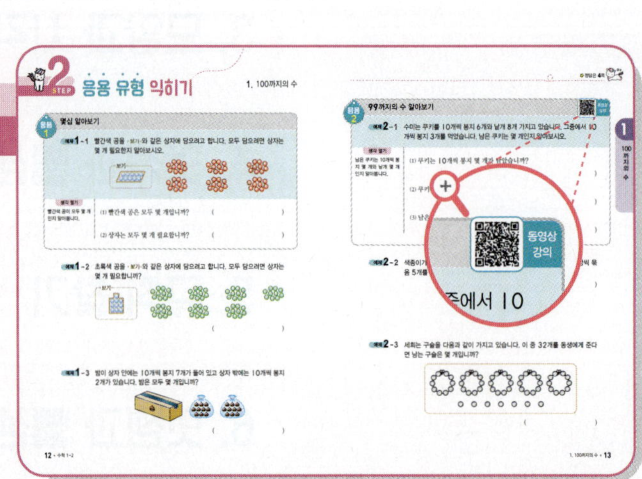

응용 유형 문제를 단계별로 푸는 연습을 통해 어려운 문제도 스스로 풀 수 있는 힘을 길러 줍니다.

동영상 강의 제공

3 STEP

응용 유형 뛰어넘기

한 단계 더 나아간 심화 유형 문제를
풀면서 수학 실력을 다져 보세요.

▶ 동영상 강의 제공

쌍둥이 문제 제공

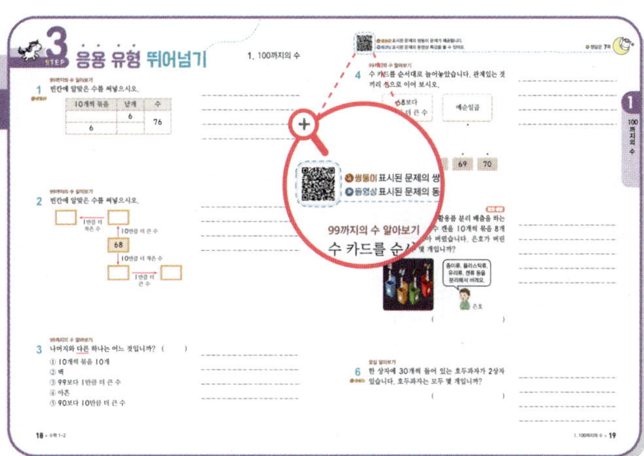

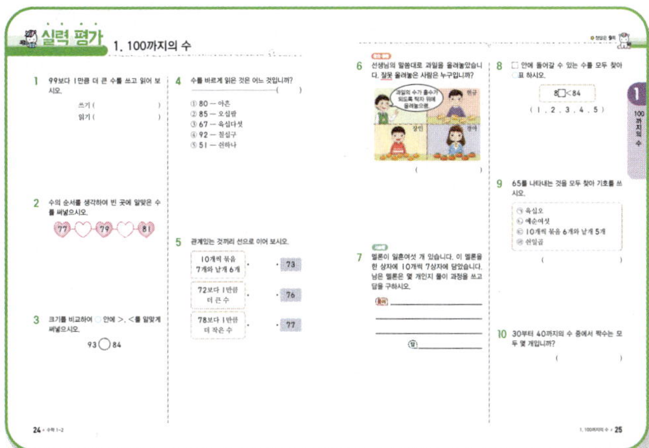

실력 평가

실력 평가를 풀면서 앞에서 공부한 내용
을 정리해 보세요. 학교 시험에 잘 나오
는 유형과 좀 더 난이도가 높은 문제까
지 수록하여 확실하게 유형을 정복할
수 있어요.

창의 사고력

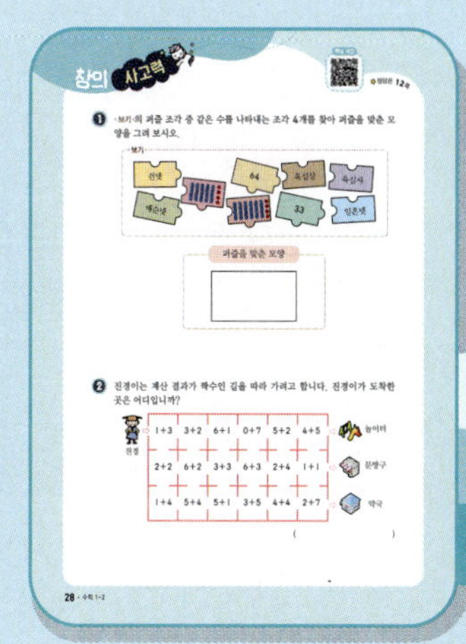

창의 사고력 문제를 풀어 보면서 실력을
높여 보세요.

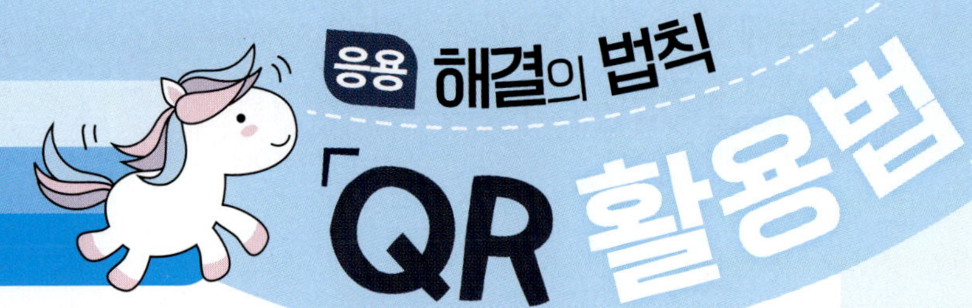

📹 동영상 강의 제공

선생님의 더 자세한 설명을 듣고 싶
거나 혼자 해결하기 어려운 문제는
교재 내 QR 코드를 통해 동영상 강
의를 무료로 제공하고 있어요.

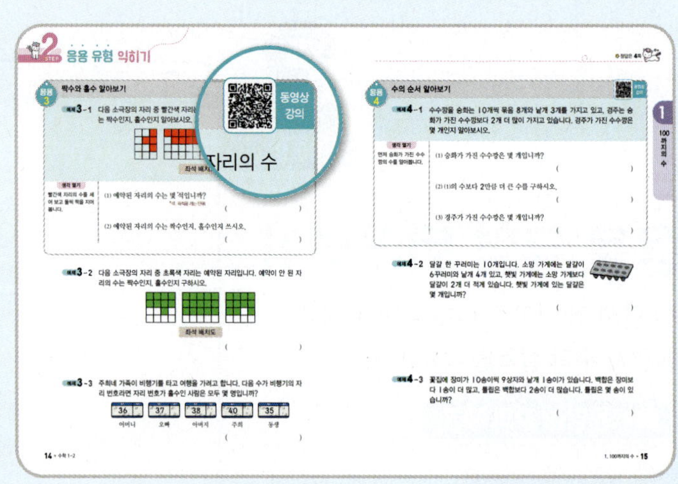

👫 쌍둥이 문제 제공

3단계에서 비슷한 유형의 문제를 더
풀어 보고 싶다면 QR 코드를 찍어
보세요. 추가로 제공되는 쌍둥이 문
제를 풀면서 앞에서 공부한 내용을
정리할 수 있어요.

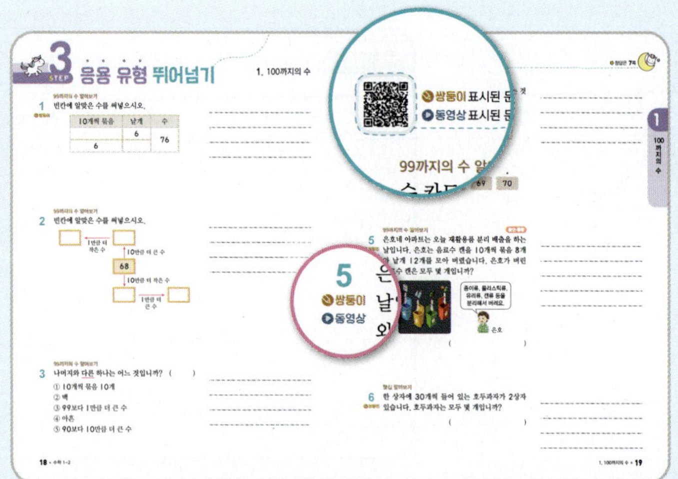

▶ 학습 게임 제공

단원 끝에 있는 QR 코드를 찍어 보
세요. 게임을 하면서 단원을 마무리
할 수 있어요.

1 100까지의 수

1. 100까지의 수

비법 ① 몇십 알아보기

	쓰기	읽기
10개씩 묶음 6개	60	육십, 예순
10개씩 묶음 7개	70	칠십, 일흔
10개씩 묶음 8개	80	팔십, 여든
10개씩 묶음 9개	90	구십, 아흔

비법 ② 99까지의 수 알아보기

낱개의 수가 1개씩 늘어납니다. →

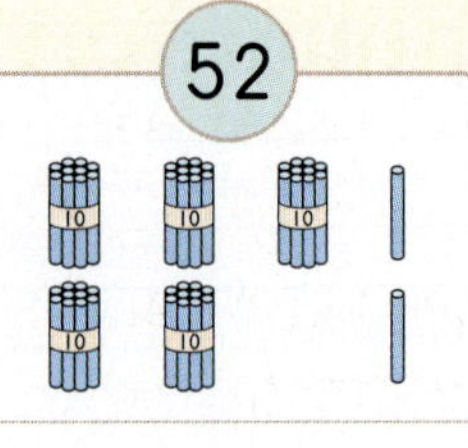

52

오십이, 쉰둘

10개씩 묶음 5개와 낱개 2개

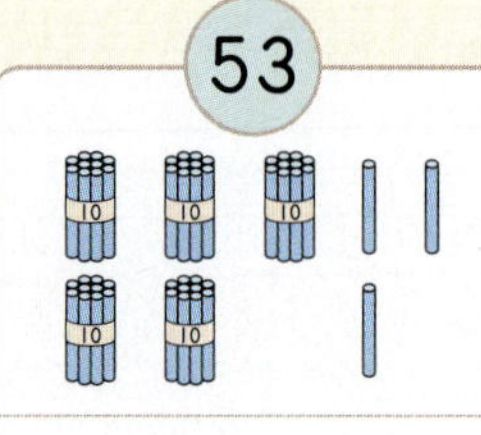

53

오십삼, 쉰셋

10개씩 묶음 5개와 낱개 3개

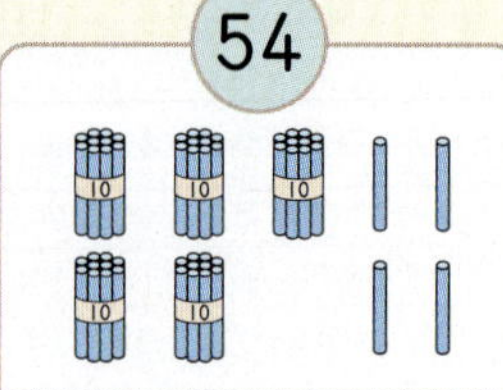

54

오십사, 쉰넷

10개씩 묶음 5개와 낱개 4개

10개씩 묶음의 수가 1개씩 늘어납니다. →

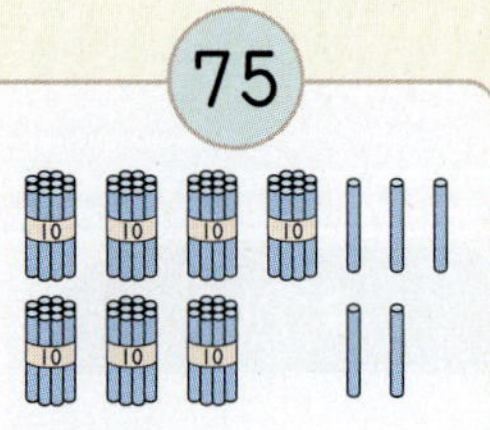

75

칠십오, 일흔다섯

10개씩 묶음 7개와 낱개 5개

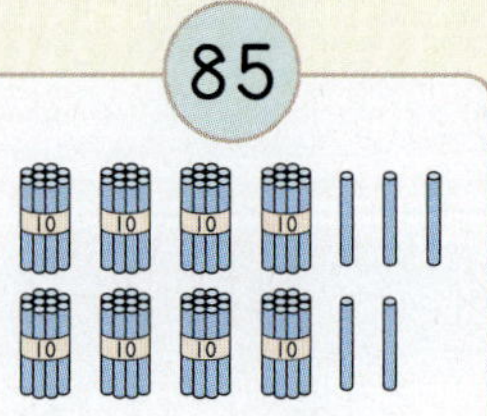

85

팔십오, 여든다섯

10개씩 묶음 8개와 낱개 5개

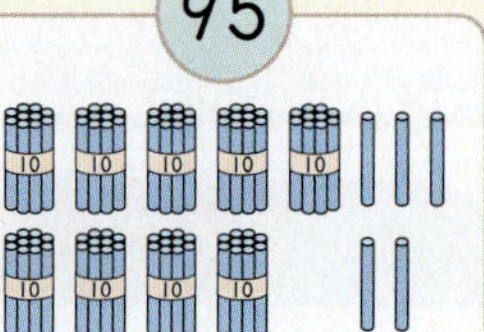

95

구십오, 아흔다섯

10개씩 묶음 9개와 낱개 5개

일·등·특·강

• 몇십몇 알아보기

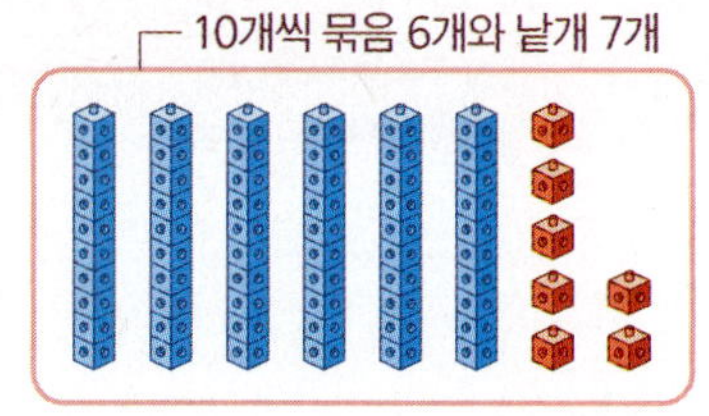

┌ 10개씩 묶음 6개와 낱개 7개

67  육십칠 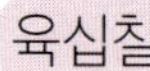 예순일곱

• 낱개가 10개인 경우

10개씩 묶음	낱개
5	10

⇩

10개씩 묶음	낱개
6	0

60

• 낱개가 10개보다 많은 경우

10개씩 묶음	낱개
6	15

⇩

10개씩 묶음	낱개
7	5

75

비법 ③ 수의 순서 알아보기

• 1만큼 더 큰 수와 1만큼 더 작은 수 알아보기

• 100 알아보기

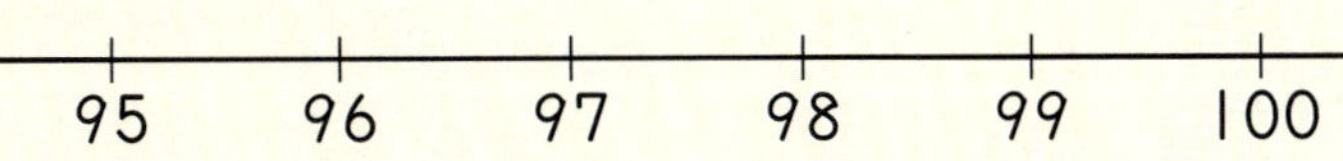

99보다 1만큼 더 큰 수를 100이라고 합니다.
100은 백이라고 읽습니다.

비법 ④ 수의 크기 비교하기

$79 < 80$	$83 > 81$
$7<8$	$3>1$
10개씩 묶음의 수가 클수록 더 큰 수입니다.	낱개의 수가 클수록 더 큰 수입니다.

비법 ⑤ 짝수와 홀수 알아보기

짝수 : 16, 18, 20, 22와 같이 둘씩 짝을 지을 수 있는 수

2씩 차이가 납니다.

15   16   17   18   19   20   21   22

2씩 차이가 납니다.

홀수 : 15, 17, 19, 21과 같이 둘씩 짝을 지을 수 없는 수

• 1만큼 더 큰 수와 1만큼 더 작은 수 알아보기

1만큼 더 작은 수		1만큼 더 큰 수
58	59	60

• 100 알아보기

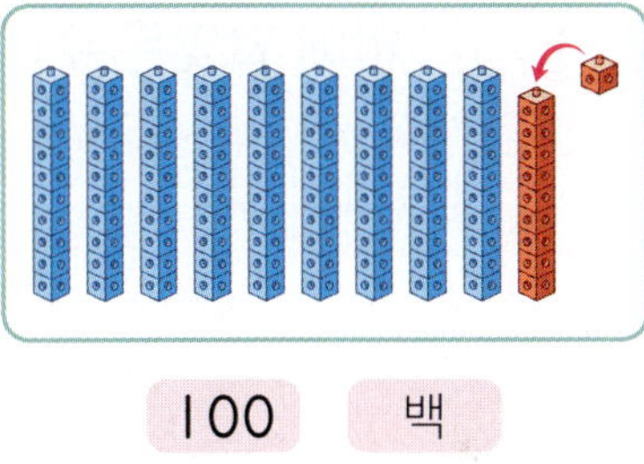

100   백

• 수의 크기 비교하기
  ① 72는 80보다 작습니다.
    ⇨ $72<80$
  ② 86은 84보다 큽니다.
    ⇨ $86>84$

• 짝수와 홀수 알아보기

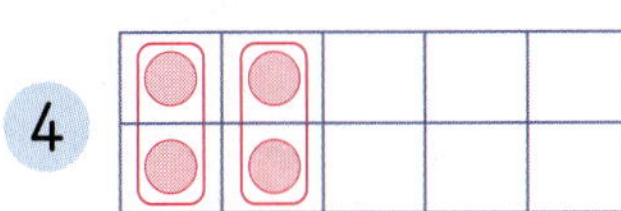

⇨ 4는 둘씩 짝을 지을 수 있으므로 짝수입니다.

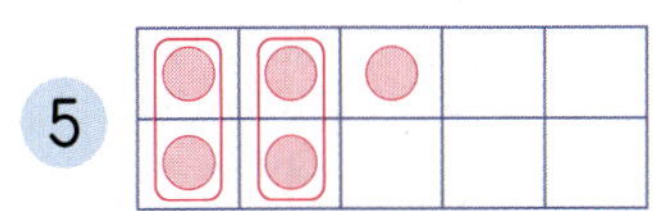

⇨ 5는 둘씩 짝을 지을 수 없으므로 홀수입니다.

STEP 1 기본 유형 익히기

---

1 몇십 알아보기

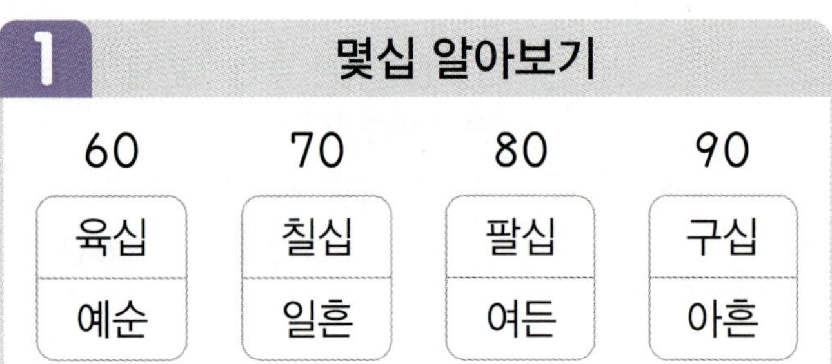

60	70	80	90
육십	칠십	팔십	구십
예순	일흔	여든	아흔

1-1 □ 안에 알맞은 수나 말을 써넣으시오.

10개씩 묶음 □개를 60이라 하고

육십 또는 □ 이라고 읽습니다.

1-2 관계있는 것끼리 선으로 이어 보시오.

· · 90 · · 여든

· · 70 · · 아흔

· · 80 · · 일흔

1-3 곶감이 한 상자에 10개씩 들어 있습니다. 8상자에 들어 있는 곶감은 모두 몇 개인지 풀이 과정을 쓰고 답을 구하시오.

풀이 ________________________

____

____

답 ________________________

---

2 99까지의 수 알아보기

73	88	95
칠십삼	팔십팔	구십오
일흔셋	여든여덟	아흔다섯

2-1 □ 안에 알맞은 수를 써넣으시오.

53은 10개씩 묶음 □개와 낱개 □ 개입니다.

2-2 잘못 말한 사람은 누구입니까?

- 지우: 98은 구십팔이라고 읽어.
- 수영: 62는 여든둘이라고 읽어.

( )

2-3 물고기의 수와 관계있는 것에 ◯표 하시오.

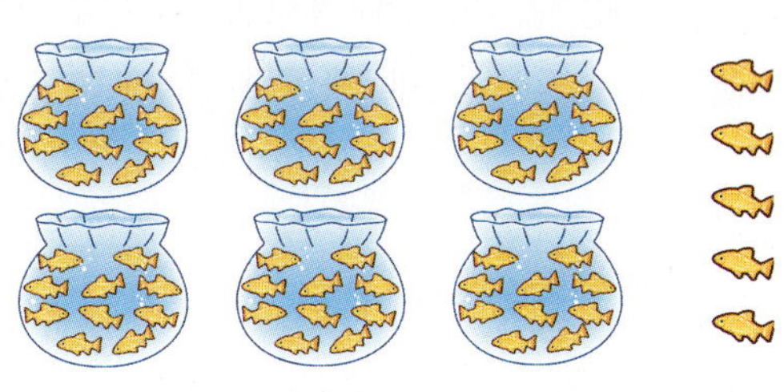

(64 , 예순둘 , 육십오)

2-4 사과는 모두 몇 개입니까?

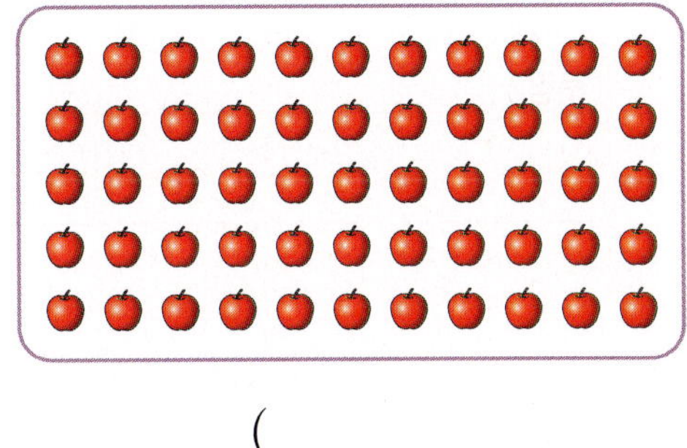

(   )

2-5 지우개가 10개씩 묶음 6개와 낱개 21개 있습니다. 지우개는 몇 개인지 풀이 과정을 쓰고 답을 구하시오.

풀이 ______________________________

____

답 ______________________________

2-6 나타내는 수가 <u>다른</u> 하나의 기호를 쓰시오.

ㄱ 94
ㄴ 구십사
ㄷ 10개씩 묶음 4개와 낱개 9개
ㄹ 아흔넷

(   )

2-7 선화의 일기를 읽고 할머니의 연세는 몇 세인지 구하시오.

9월 5일 날씨: 맑음

오늘은 할머니의 생신이시다. 엄마와 함께 케이크를 사러 갔다. 케이크에 꽂을 초는 할머니의 연세에 맞게 <u>10개씩 묶음 7개와 낱개 6개</u>를 샀다.

(   )

3 수의 순서 알아보기

1만큼 더 작은 수		1만큼 더 큰 수
49	50	51
98	99	100

백이라고 읽습니다.

3-1 수의 순서를 생각하여 빈 곳에 알맞은 수를 써넣으시오.

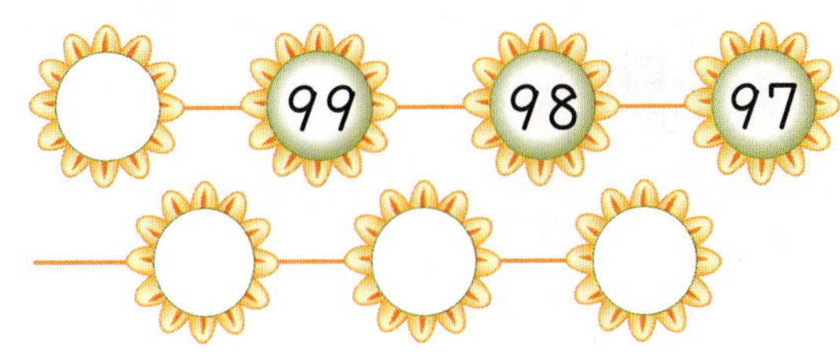

3-2 수를 순서대로 이어 그림을 완성하시오.

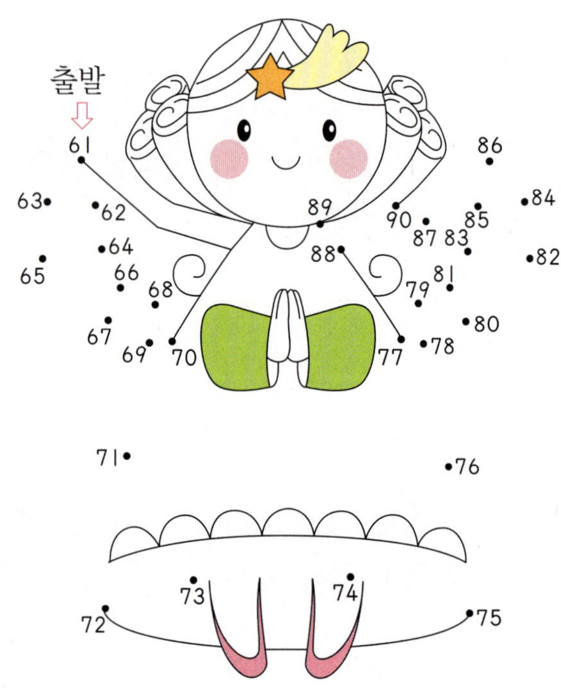

3-3 관계있는 것끼리 선으로 이어 보시오.

78보다 1만큼 더 큰 수	·	·	83
		·	81
84보다 1만큼 더 작은 수	·	·	79

서술형

3-4 53과 56 사이의 수를 모두 구하려고 합니다. 풀이 과정을 쓰고 답을 구하시오.

풀이 ___________________

____

답 ___________________

3-5 빈 곳에 알맞은 수를 써넣으시오.

10만큼 더 작은 수   10만큼 더 큰 수

☐ — 63 — ☐

3-6 다음에서 설명하는 수를 쓰고, 그 수를 넣어 문장을 만들어 보시오.

> 10개씩 묶음 9개와 낱개 10개인 수

(   )

문장 ___________________

____

---

4 수의 크기 비교하기

① 10개씩 묶음의 수가 클수록 더 큰 수입니다.

예) $90 > 88$
    $9 > 8$

② 10개씩 묶음의 수가 같으면 낱개의 수가 클수록 더 큰 수입니다.

예) $74 < 76$
    $4 < 6$

4-1 크기를 비교하여 ○ 안에 >, <를 알맞게 써넣으시오.

여든일곱   ○   아흔하나

4-2 두 수의 크기를 잘못 비교한 것의 기호를 쓰시오.

> ㉠ 43<45   ㉡ 71>59
> ㉢ 68<69   ㉣ 97<89

(   )

4-3 0부터 9까지의 수 중에서 □ 안에 들어갈 수 있는 수를 모두 구하시오.

> 7□>77

(   )

4-4 큰 수부터 차례대로 쓰시오.

> 82, 67, 89, 52

(   )

창의·융합

4-5 몇십몇이 적힌 수 카드의 낱개의 수에 물감이 떨어져 보이지 않습니다. 더 큰 수가 적힌 수 카드를 찾아 기호를 쓰시오.

㉠ 5 　　 ㉡ 6

(   )

---

5 **짝수와 홀수 알아보기**

- 짝수: 둘씩 짝을 지을 수 있는 수
  - 예 2, 4, 6, 8, 10
- 홀수: 둘씩 짝을 지을 수 없는 수
  - 예 1, 3, 5, 7, 9

5-1 새의 수를 쓰고 짝수인지 홀수인지 ○표 하시오.

□마리

(짝수 , 홀수)

5-2 홀수를 따라 가며 선을 그어 보시오.

5-3 짝수를 말한 사람을 모두 찾아 이름을 쓰시오.

(   )

STEP 2 응용 유형 익히기

응용 1 몇십 알아보기

예제 1-1 빨간색 공을 •보기•와 같은 상자에 담으려고 합니다. 모두 담으려면 상자는 몇 개 필요한지 알아보시오.

생각 열기
빨간색 공이 모두 몇 개인지 알아봅니다.

(1) 빨간색 공은 모두 몇 개입니까? ( )

(2) 상자는 모두 몇 개 필요합니까? ( )

예제 1-2 초록색 공을 •보기•와 같은 상자에 담으려고 합니다. 모두 담으려면 상자는 몇 개 필요합니까?

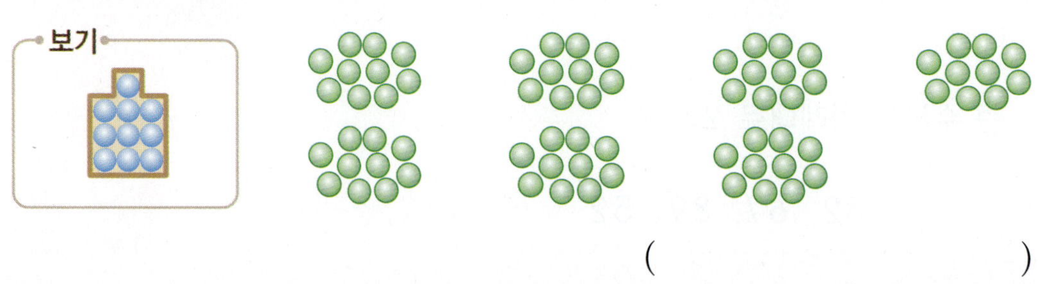

( )

예제 1-3 밤이 상자 안에는 10개씩 봉지 7개가 들어 있고 상자 밖에는 10개씩 봉지 2개가 있습니다. 밤은 모두 몇 개입니까?

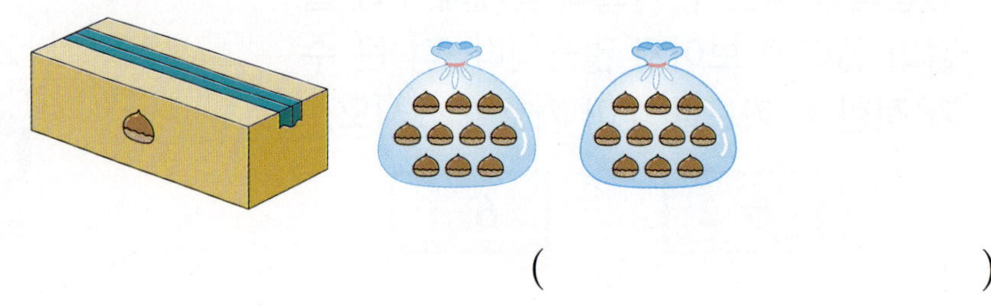

( )

응용 2 — 99까지의 수 알아보기

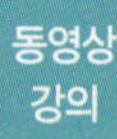
동영상 강의

예제 2-1 수미는 쿠키를 10개씩 봉지 6개와 낱개 8개 가지고 있습니다. 그중에서 10개씩 봉지 3개를 먹었습니다. 남은 쿠키는 몇 개인지 알아보시오.

생각 열기

남은 쿠키는 10개씩 봉지 몇 개와 낱개 몇 개인지 알아봅니다.

(1) 쿠키는 10개씩 봉지 몇 개가 남았습니까?

(   )

(2) 쿠키는 낱개 몇 개가 남았습니까?

(   )

(3) 남은 쿠키는 몇 개입니까?

(   )

예제 2-2 색종이가 10장씩 묶음 6개와 낱개 4장이 있습니다. 그중에서 10장씩 묶음 5개를 사용하였습니다. 남은 색종이는 몇 장입니까?

(   )

예제 2-3 세희는 구슬을 다음과 같이 가지고 있습니다. 이 중 32개를 동생에게 준다면 남는 구슬은 몇 개입니까?

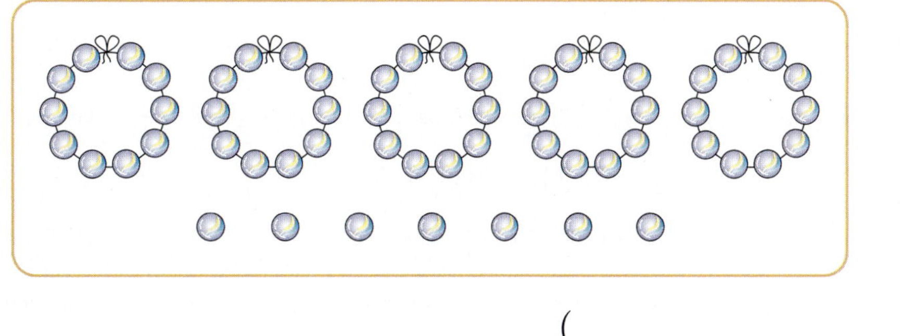

(   )

응용 3 짝수와 홀수 알아보기

예제 3-1 다음 소극장의 자리 중 빨간색 자리는 예약된 자리입니다. 예약된 자리의 수는 짝수인지, 홀수인지 알아보시오.

좌석 배치도

생각 열기

빨간색 자리의 수를 세어 보고 둘씩 짝을 지어 봅니다.

(1) 예약된 자리의 수는 몇 *석입니까?

*석: 좌석을 세는 단위

(　　　　　　)

(2) 예약된 자리의 수는 짝수인지, 홀수인지 쓰시오.

(　　　　　　)

예제 3-2 다음 소극장의 자리 중 초록색 자리는 예약된 자리입니다. 예약이 안 된 자리의 수는 짝수인지, 홀수인지 구하시오.

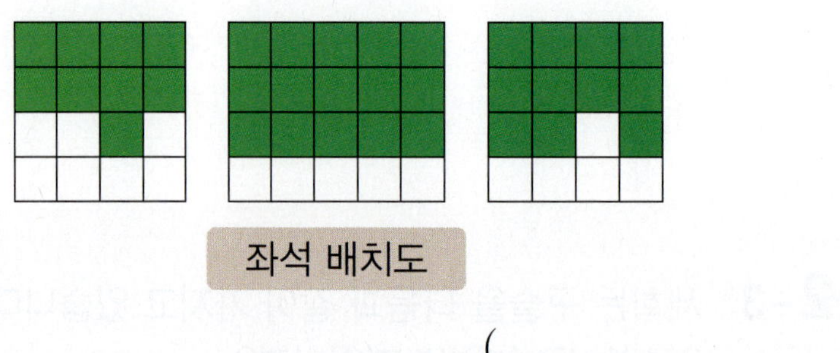

좌석 배치도

(　　　　　　)

예제 3-3 주희네 가족이 비행기를 타고 여행을 가려고 합니다. 다음 수가 비행기의 자리 번호라면 자리 번호가 홀수인 사람은 모두 몇 명입니까?

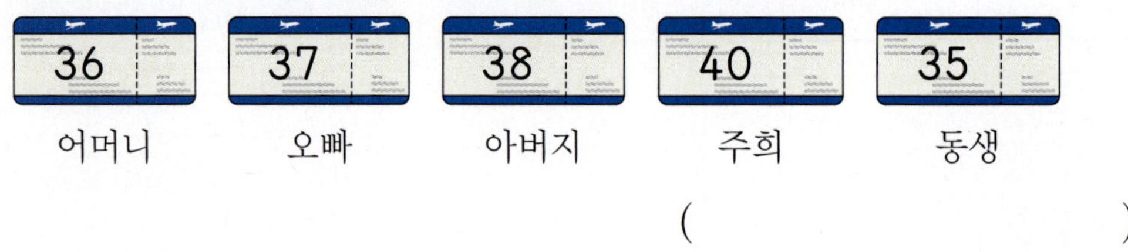

(　　　　　　)

응용 4 · 수의 순서 알아보기

예제 4-1 수수깡을 승화는 10개씩 묶음 8개와 낱개 3개를 가지고 있고, 경주는 승화가 가진 수수깡보다 2개 더 많이 가지고 있습니다. 경주가 가진 수수깡은 몇 개인지 알아보시오.

생각 열기
먼저 승화가 가진 수수깡의 수를 알아봅니다.

(1) 승화가 가진 수수깡은 몇 개입니까?

(   )

(2) (1)의 수보다 2만큼 더 큰 수를 구하시오.

(   )

(3) 경주가 가진 수수깡은 몇 개입니까?

(   )

예제 4-2 달걀 한 꾸러미는 10개입니다. 소망 가게에는 달걀이 6꾸러미와 낱개 4개 있고, 햇빛 가게에는 소망 가게보다 달걀이 2개 더 적게 있습니다. 햇빛 가게에 있는 달걀은 몇 개입니까?

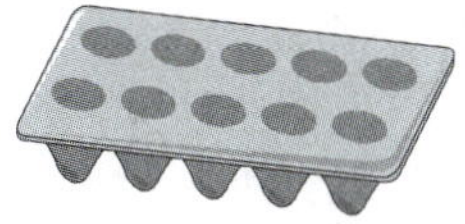

(   )

예제 4-3 꽃집에 장미가 10송이씩 9상자와 낱개 1송이가 있습니다. 백합은 장미보다 1송이 더 많고, 튤립은 백합보다 2송이 더 많습니다. 튤립은 몇 송이 있습니까?

(   )

STEP 2 응용 유형 익히기

응용 5 수의 크기 비교하기

예제 5-1 땅콩을 선우는 I0개씩 묶음 6개와 낱개 I7개 가지고 있고, 정은이는 I0개씩 묶음 7개와 낱개 5개 가지고 있습니다. 땅콩을 더 많이 가지고 있는 사람은 누구인지 알아보시오.

생각 열기
선우와 정은이가 각각 가지고 있는 땅콩의 수를 알아봅니다.

(1) 선우가 가지고 있는 땅콩은 몇 개입니까?

( )

(2) 정은이가 가지고 있는 땅콩은 몇 개입니까?

( )

(3) 땅콩을 더 많이 가지고 있는 사람은 누구입니까?

( )

예제 5-2 공깃돌을 인영이는 I0개씩 묶음 6개와 낱개 9개 가지고 있고, 선희는 I0개씩 묶음 4개와 낱개 I6개 가지고 있습니다. 공깃돌을 더 적게 가지고 있는 사람은 누구입니까?

( )

예제 5-3 진아, 영수, 민주가 농장에서 복숭아를 땄습니다. 복숭아를 진아는 8I개 땄고, 영수는 I0개씩 묶음 8개와 낱개 6개 땄고, 민주는 진아보다 I개 더 많이 땄습니다. 복숭아를 많이 딴 사람부터 차례대로 이름을 쓰시오.

( )

응용 6 수 카드로 만든 수의 크기 비교하기

동영상 강의

예제 6-1 수 카드 3장으로 몇십몇을 만들려고 합니다. 수 카드를 한 번씩만 사용하여 만들 수 있는 몇십몇 중에서 60보다 큰 수는 모두 몇 개인지 알아보시오.

3 4 7

생각 열기

만들 수 있는 몇십몇을 모두 알아봅니다.

(1) 수 카드로 만들 수 있는 몇십몇입니다. □ 안에 알맞은 수를 써넣으시오.

34, 3□, 4□, 47, 7□, 74

(2) (1)에서 만든 수 중에서 60보다 큰 수를 모두 쓰시오.

( )

(3) 60보다 큰 수는 모두 몇 개입니까?

( )

예제 6-2 3장의 수 카드 ③, ⑤, ⑨로 몇십몇을 만들려고 합니다. 수 카드를 한 번씩만 사용하여 만들 수 있는 몇십몇 중에서 55보다 작은 수는 모두 몇 개입니까?

( )

예제 6-3 3장의 수 카드 ④, ②, ⑥ 중에서 2장을 뽑아 한 번씩만 사용하여 몇십몇을 만들려고 합니다. 만들 수 있는 몇십몇 중에서 40보다 크고 64보다 작은 수를 모두 구하시오.

( )

3 STEP 응용 유형 뛰어넘기

99까지의 수 알아보기

1 빈칸에 알맞은 수를 써넣으시오.

10개씩 묶음	낱개	수
	6	76
6		

99까지의 수 알아보기

2 빈칸에 알맞은 수를 써넣으시오.

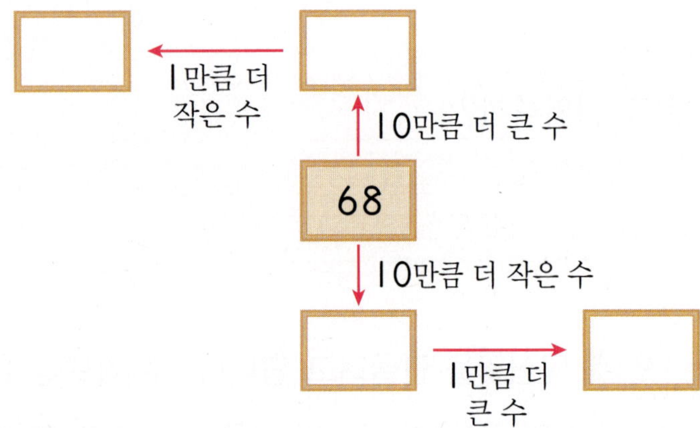

백 알아보기

3 나머지와 다른 하나는 어느 것입니까? (   )

① 10개씩 묶음 10개
② 백
③ 99보다 1만큼 더 큰 수
④ 아흔
⑤ 90보다 10만큼 더 큰 수

99까지의 수 알아보기

4 수 카드를 순서대로 늘어놓았습니다. 관계있는 것끼리 선으로 이어 보시오.

68보다 1만큼 더 큰 수	예순일곱

66　67　68　69　70

99까지의 수 알아보기　　창의·융합

5 은호네 아파트는 오늘 재활용품 분리 배출을 하는 날입니다. 은호는 음료수 캔을 10개씩 묶음 8개와 낱개 12개를 모아 버렸습니다. 은호가 버린 음료수 캔은 모두 몇 개입니까?

🔵 쌍둥이
▶ 동영상

은호

(　　　　　　　　)

몇십 알아보기

6 한 상자에 30개씩 들어 있는 호두과자가 2상자 있습니다. 호두과자는 모두 몇 개입니까?

🔵 쌍둥이

(　　　　　　　　)

짝수와 홀수 알아보기

7 수 카드 중에서 2장을 골라 한 번씩만 사용하여 몇십몇을 만들려고 합니다. 만들 수 있는 수 중에서 짝수는 모두 몇 개입니까?

(   )

수의 크기 비교하기

8 어느 도시의 병원 수를 조사한 것입니다. ■와 ▲는 0부터 9까지의 수 중 하나입니다. 이 도시에 가장 많은 병원을 쓰시오.

🔴쌍둥이
▶동영상

병원	내과	치과	안과	피부과
수(곳)	80	6■	7▲	82

(   )

99까지의 수 알아보기   서술형

9 상희는 사탕을 10개씩 묶음 7개와 낱개 9개를 가지고 있습니다. 동생에게 10개씩 묶음 2개와 낱개 5개를 주었다면 남은 사탕은 몇 개인지 풀이 과정을 쓰고 답을 구하시오.

🔴쌍둥이

(   )

풀이

1

100 까지의 수

99까지의 수 알아보기

10 학생 90명이 참가한 오래달리기 대회에 해수, 희주, 석현, 영찬이가 달리고 있습니다. 현재 해수, 희주, 석현, 영찬이의 순서로 빨리 달리고 있고, 이 네 명의 학생들 사이마다 다른 학생들이 2명씩 달리고 있습니다. 영찬이가 80번째로 달리고 있다면 해수 앞에는 몇 명이 있습니까?

(   )

짝수와 홀수 알아보기 창의·융합

11 다람쥐가 어제와 오늘 도토리를 주웠습니다. 어제와 오늘 중 주운 도토리의 수가 홀수인 날은 언제입니까?

(   )

수의 크기 비교하기

12 □ 안에 들어갈 수 있는 몇십몇 중에서 낱개의 수가 7인 수를 모두 구하시오.

$$49<\square<84$$

(   )

수의 순서 알아보기 서술형

13 수학 시험에서 진호는 서희보다 4점 낮은 점수를 받았고, 서희는 은영이보다 10점 높은 점수를 받았습니다. 은영이가 받은 점수가 79점이라면 진호가 받은 점수는 몇 점인지 풀이 과정을 쓰고 답을 구하시오.

🔄 쌍둥이
▶ 동영상

(   )

[풀이]

짝수와 홀수 알아보기

14 다음은 어떤 수에 대한 설명입니다. 어떤 수가 될 수 있는 수는 모두 몇 개입니까?

> • 10개씩 묶음이 7개인 수입니다.
> • 78보다 작습니다.
> • 홀수입니다.

(   )

수의 순서 알아보기 서술형

15 컵 속에 담겨 있는 콩의 수를 경하는 59개, 민수는 54개라고 말하였습니다. 실제 콩의 수가 56개라면 실제 콩의 수에 더 가깝게 말한 사람은 누구인지 풀이 과정을 쓰고 답을 구하시오.

🔄 쌍둥이
▶ 동영상

(   )

[풀이]

수의 크기 비교하기

16 50보다 크고 90보다 작은 수를 모두 쓸 때 숫자 8은 모두 몇 번 쓰게 됩니까?

🔖쌍둥이
▶동영상

(   )

수의 순서 알아보기

17 동화책을 인서는 62쪽부터 67쪽까지 읽었고 윤호는 87쪽부터 94쪽까지 읽었습니다. 누가 동화책을 몇 쪽 더 많이 읽었습니까?

(   ), (   )

99까지의 수 알아보기

18 진형이는 칭찬 붙임딱지를 10장씩 묶음 5개와 낱개 7장을 모았습니다. 몇 장을 더 모아야 10장씩 묶음 7개가 됩니까?

🔖쌍둥이

(   )

1. 100까지의 수

1 99보다 1만큼 더 큰 수를 쓰고 읽어 보시오.

쓰기 (   )

읽기 (   )

2 수의 순서를 생각하여 빈 곳에 알맞은 수를 써넣으시오.

3 크기를 비교하여 ○ 안에 >, <를 알맞게 써넣으시오.

93 ◯ 84

4 수를 바르게 읽은 것은 어느 것입니까?
·······································(   )

① 80 — 아흔
② 85 — 오십팔
③ 67 — 육십다섯
④ 92 — 칠십구
⑤ 51 — 쉰하나

5 관계있는 것끼리 선으로 이어 보시오.

10개씩 묶음 7개와 낱개 6개 ·	· 73
72보다 1만큼 더 큰 수 ·	· 76
78보다 1만큼 더 작은 수 ·	· 77

6

선생님의 말씀대로 과일을 올려놓았습니다. 잘못 올려놓은 사람은 누구입니까?

(   )

7

멜론이 일흔여섯 개 있습니다. 이 멜론을 한 상자에 10개씩 7상자에 담았습니다. 남은 멜론은 몇 개인지 풀이 과정을 쓰고 답을 구하시오.

풀이 ________________________________

____

____

답 ________________________________

8 □ 안에 들어갈 수 있는 수를 모두 찾아 ◯표 하시오.

$$8\square < 84$$

(1 , 2 , 3 , 4 , 5   )

9 65를 나타내는 것을 모두 찾아 기호를 쓰시오.

ㄱ 육십오
ㄴ 예순여섯
ㄷ 10개씩 묶음 6개와 낱개 5개
ㄹ 쉰일곱

(   )

10 30부터 40까지의 수 중에서 짝수는 모두 몇 개입니까?

(   )

11 가장 큰 수에 ◯표, 가장 작은 수에 △표 하시오.

> 61, 53, 74, 51

12 젤리가 10개씩 봉지 7개와 낱개 14개 있습니다. 젤리는 모두 몇 개인지 풀이 과정을 쓰고 답을 구하시오.

풀이 ____________________

____

____

답 ____________________

13 짝수와 홀수를 구분하여 □ 안에 알맞은 수를 써넣으시오.

> 93, 76, 51, 80

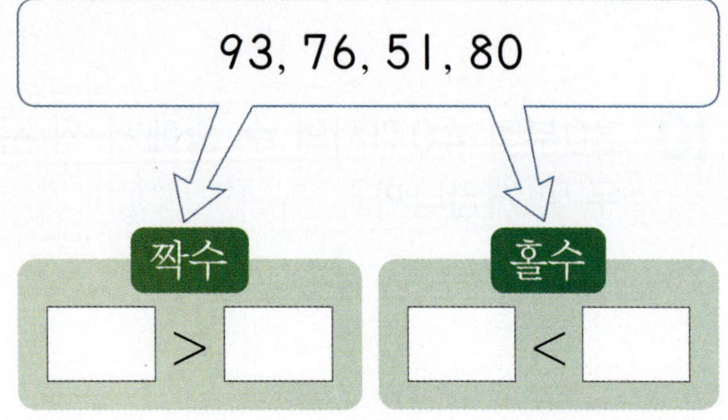

14 큰 수부터 차례대로 기호를 쓰시오.

> ㉠ 10개씩 묶음 8개와 낱개 11개
> ㉡ 아흔다섯보다 1만큼 더 작은 수
> ㉢ 94보다 1만큼 더 큰 수

( )

15 진호네 반 학생들이 경복궁으로 체험 학습을 갔습니다. 입구에 사람들이 줄을 서 있습니다. 진호와 미라가 다음과 같은 순서로 줄을 서 있을 때 진호와 미라 사이에 서 있는 사람은 모두 몇 명입니까?

( )

1 100 까지의 수

16 빨간 풍선은 10개씩 묶음 4개와 낱개 3개가 있고, 노란 풍선은 10개씩 묶음 3개와 낱개 5개가 있습니다. 풍선은 모두 몇 개인지 풀이 과정을 쓰고 답을 구하시오.

풀이 _______________________________

____

____

답 _______________________________

17 10개씩 묶음 7개와 낱개 19개인 수보다 1만큼 더 큰 수는 얼마입니까?

(   )

18 ㉠과 ㉡ 사이의 수를 모두 구하시오.

> ㉠ 10개씩 묶음 5개와 낱개 17개
> ㉡ 일흔둘

(   )

19 수 카드 4장 중에서 2장을 뽑아 한 번씩만 사용하여 몇십몇을 만들려고 합니다. 만들 수 있는 몇십몇 중에서 70보다 큰 수는 모두 몇 개입니까?

| 7 | 5 | 3 | 8 |

(   )

20 빈 곳에 알맞은 수를 써넣으시오.

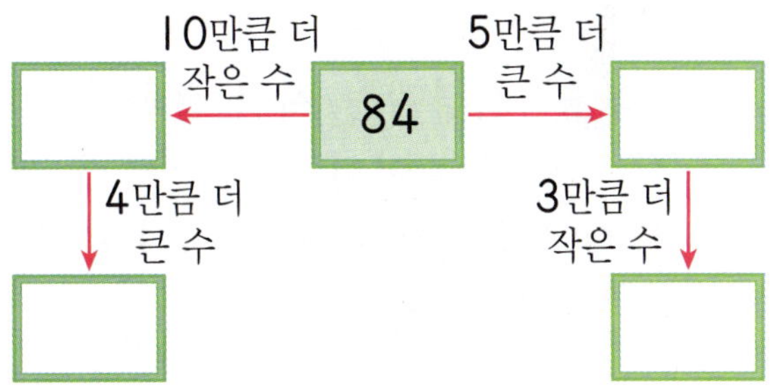

⭐정답은 12쪽

1 •보기•의 퍼즐 조각 중 같은 수를 나타내는 조각 4개를 찾아 퍼즐을 맞춘 모양을 그려 보시오.

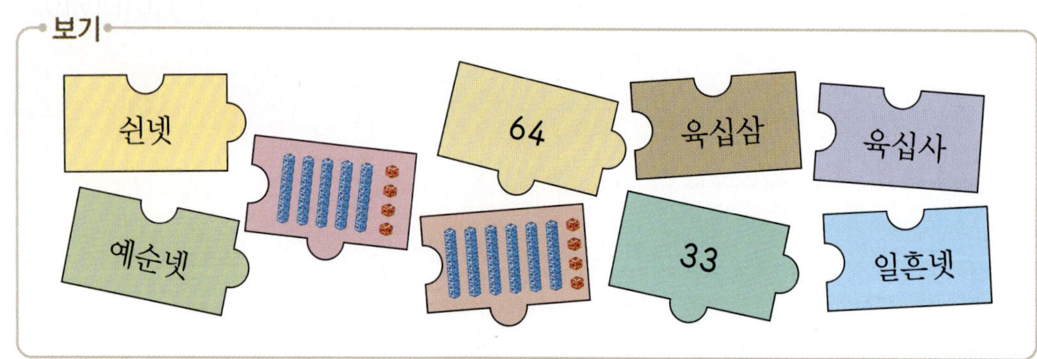

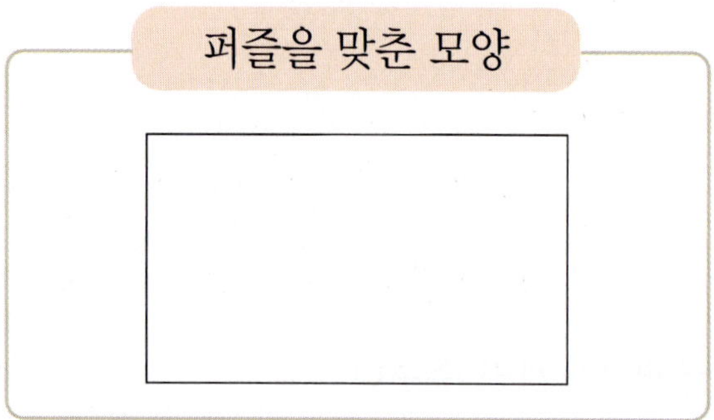

2 진경이는 계산 결과가 짝수인 길을 따라 가려고 합니다. 진경이가 도착한 곳은 어디입니까?

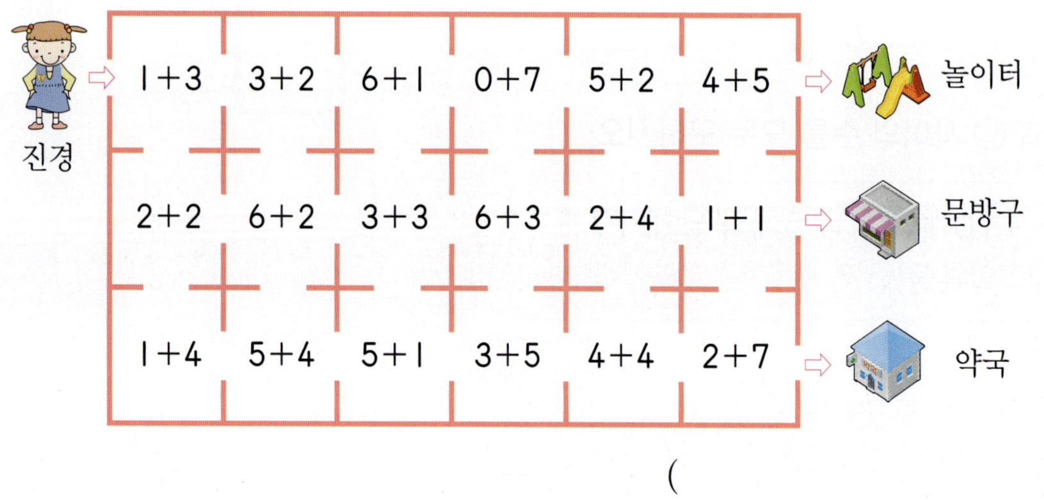

(   )

2

덧셈과 뺄셈 (1)

2. 덧셈과 뺄셈 (1)

비법 1 세 수의 덧셈

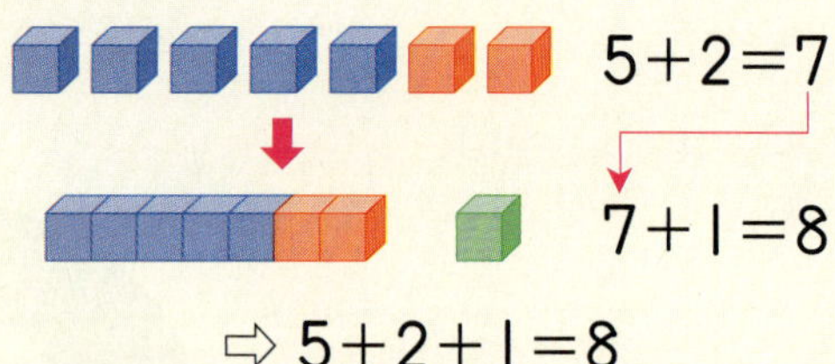

$5+2=7$

$7+1=8$

⇨ $5+2+1=8$

· 세 수의 덧셈

$2+5+1=7+1=8\,(\bigcirc)$

$2+5+1=2+6=8\,(\bigcirc)$

⇨ 더하는 순서를 바꾸어 더해도 합은 같습니다.

비법 2 세 수의 뺄셈

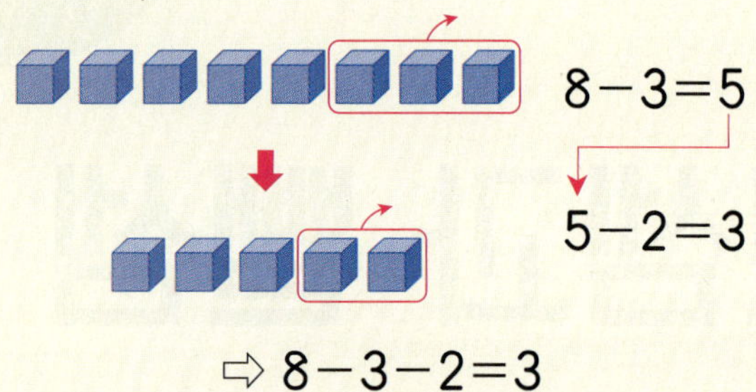

$8-3=5$

$5-2=3$

⇨ $8-3-2=3$

· 세 수의 뺄셈

$7-4-2=3-2=1\,(\bigcirc)$

$7-4-2=7-2=5\,(\times)$

⇨ 계산 순서를 바꾸면 계산 결과가 달라지므로 반드시 앞에서부터 차례대로 계산합니다.

비법 3 10이 되는 더하기

		$1+9=10$
		$2+8=10$
		$3+7=10$
		$4+6=10$
		$5+5=10$
		$6+4=10$
		$7+3=10$
		$8+2=10$
		$9+1=10$

· 10이 되는 더하기

① 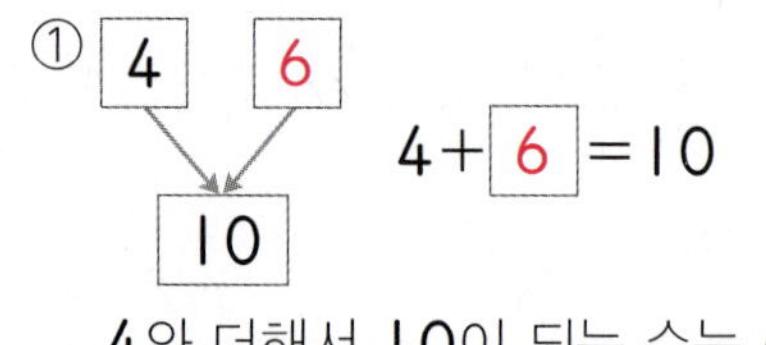

$4+\boxed{6}=10$

4와 더해서 10이 되는 수는 6입니다.

② 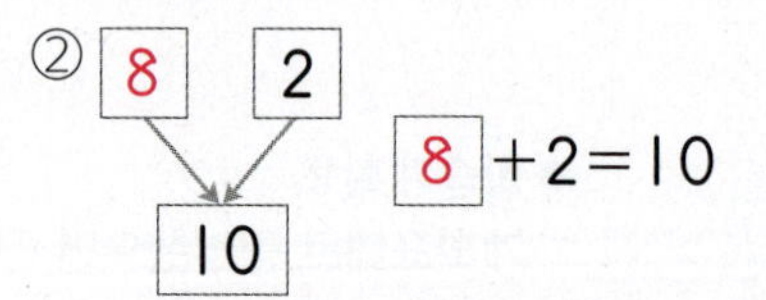

$\boxed{8}+2=10$

2와 더해서 10이 되는 수는 8입니다.

비법 4 10에서 빼기

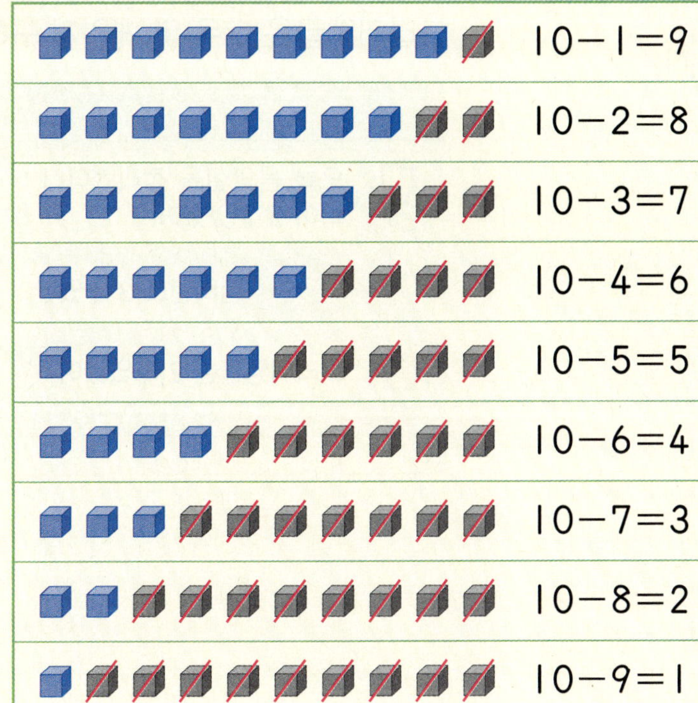

$10-1=9$

$10-2=8$

$10-3=7$

$10-4=6$

$10-5=5$

$10-6=4$

$10-7=3$

$10-8=2$

$10-9=1$

비법 5 10을 만들어 더해 보기

10이 되는 두 수를 먼저 더한 뒤 나머지 수를 더합니다.

$\boxed{8+2}+5$ ⇨

$8+2=10$

$10+5=15$

⇨ $8+2+5=15$

$4+\boxed{5+5}$ ⇨

$5+5=10$

$4+10=14$

⇨ $4+5+5=14$

$\boxed{7}+6+\boxed{3}$ ⇨

$7+3=10$

$10+6=16$

⇨ $7+6+3=16$

· 10에서 빼기

① 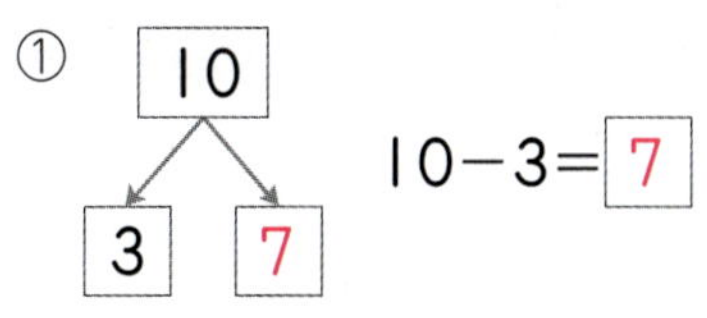

$10-3=\boxed{7}$

10에서 3을 빼면 7입니다.

② 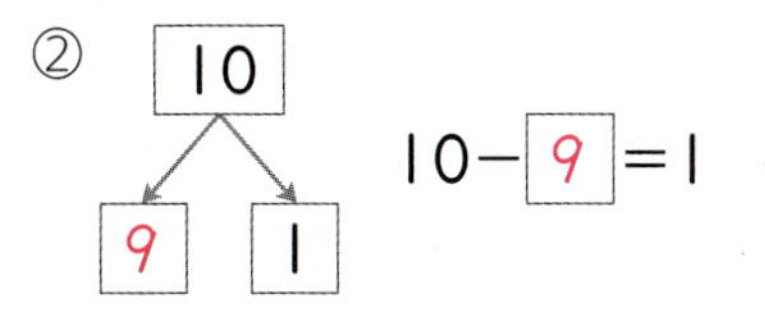

$10-\boxed{9}=1$

10에서 빼서 1이 되는 수는 9입니다.

· 10을 만들어 더하기

더하여 10이 되는 두 수를 찾아 먼저 더한 후 계산하는 것이 편리합니다.

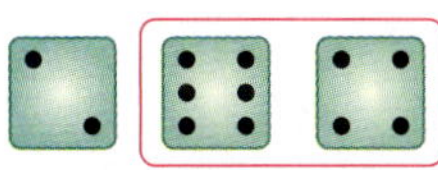

$2+6+4=2+10=12$

2

덧셈과 뺄셈 (1)

1 세 수의 덧셈

두 수를 더해 나온 수에 나머지 한 수를 더합니다.

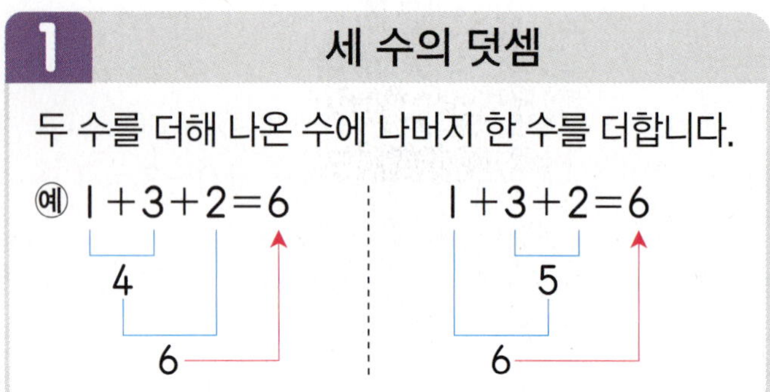

(예) $1+3+2=6$
    4
    6

$1+3+2=6$
    5
    6

1-1 계산을 하시오.

(1) $2+3+2$

(2) $3+4+2$

1-2 ·보기·와 같은 방법으로 계산하시오.

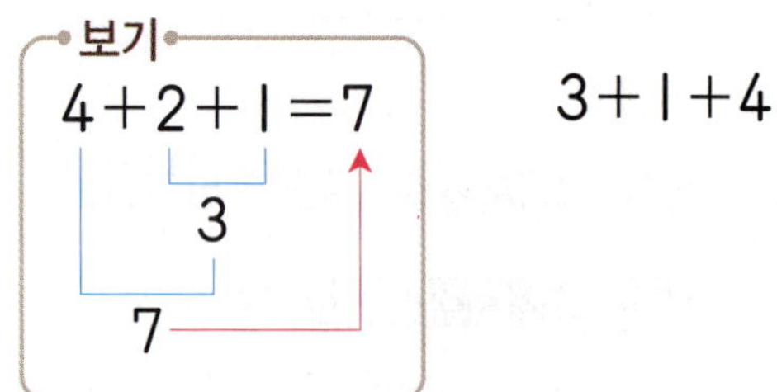

보기
$4+2+1=7$
  3
  7

$3+1+4$

1-3 관계있는 것끼리 선으로 이어 보시오.

$1+3+3$	·	·	6
$2+1+5$	·	·	7
$2+2+2$	·	·	8

1-4 대화를 읽고 음악실에 있는 북, 탬버린, 트라이앵글은 모두 몇 개인지 구하시오.

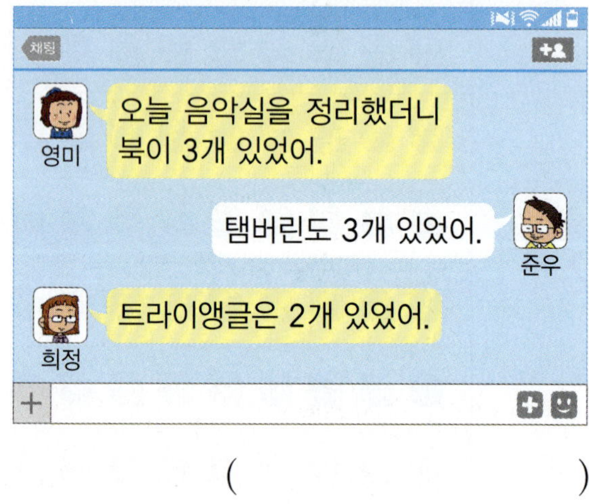

(   )

1-5 계산 결과가 큰 것부터 차례대로 기호를 쓰시오.

| ㉠ $1+1+5$ | ㉡ $2+2+4$ |
| ㉢ $2+1+3$ | ㉣ $3+3+3$ |

(   )

서술형

1-6 버스에 3명이 타고 있었습니다. 첫째 정류장에서 2명이 타고, 둘째 정류장에서 2명이 탔습니다. 지금 버스에 타고 있는 사람은 모두 몇 명인지 식을 쓰고 답을 구하시오.

식 ______________________

답 ______________________

2 세 수의 뺄셈

앞의 두 수의 **뺄셈**을 하여 나온 수에서 나머지 한 수를 뺍니다.

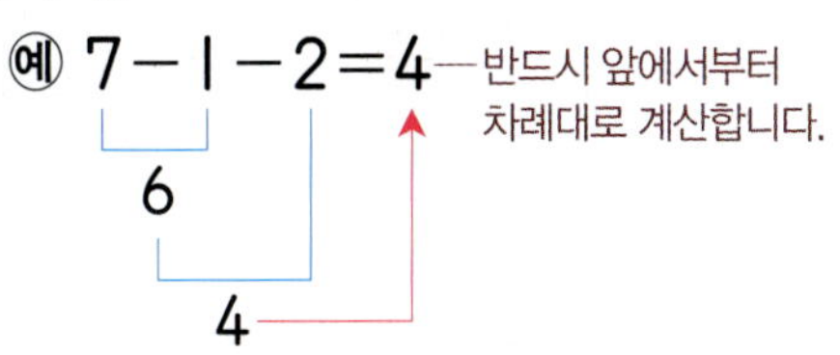

예 $7-1-2=4$ ┌ 반드시 앞에서부터
　　　　　　　　 차례대로 계산합니다.
　　6
　　　4

2-1 계산을 하시오.

(1) $5-2-1$

(2) $6-3-2$

2-2 가장 큰 수에서 나머지 두 수를 뺀 결과를 □ 안에 써넣으시오.

5, 8, 1　□

2-3 크기를 비교하여 ○ 안에 >, =, <를 알맞게 써넣으시오.

$7-2-2$　○　$9-5-2$

2-4 계산이 <u>잘못된</u> 곳을 찾아 바르게 고쳐 계산하시오.

$$8-4-3=8-1=7$$
①
②

2-5 한 줄에 놓인 세 수의 합은 모두 **7**입니다. 빈 곳에 알맞은 수를 써넣으시오.

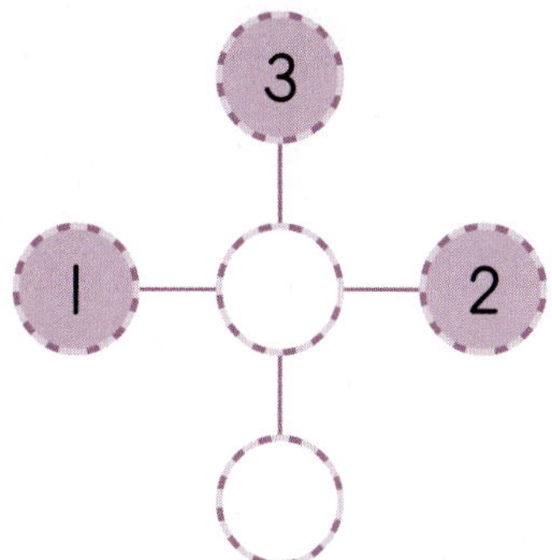

2-6 은경이는 연필을 **9**자루 가지고 있습니다. 진수와 정미에게 각각 **2**자루씩 주면 은경이에게 남는 연필은 몇 자루인지 식을 쓰고 답을 구하시오.

 식 _________________________

 답 _________________________

3 **10이 되는 더하기**

합이 10이 되는 두 수
⇨ 1과 9, 2와 8, 3과 7, 4와 6, 5와 5,
 6과 4, 7과 3, 8과 2, 9와 1
(예) $1+9=10$, $7+3=10$

3-1 합이 10인 것을 모두 찾아 ○표 하시오.

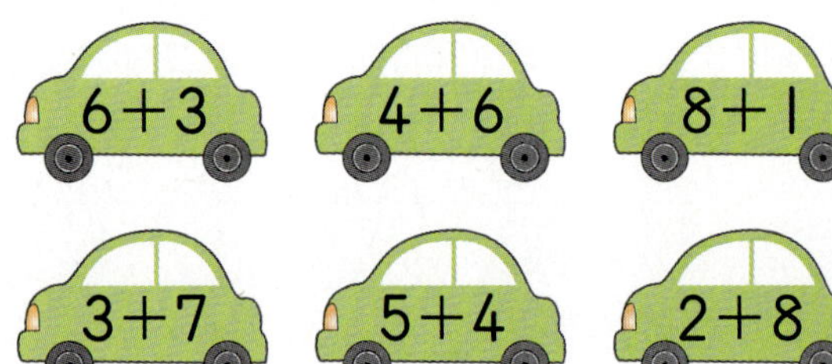

3-2 □ 안에 알맞은 수를 써넣으시오.

$$5+5=1+\boxed{}$$

[서술형]

3-3 더해서 10이 되는 두 수를 모두 찾아 짝 지으면 남는 수는 무엇인지 풀이 과정을 쓰고 답을 구하시오.

> 7, 6, 8, 4, 2

풀이 ___________________________

____

____

답 ___________________________

3-4 더해서 10이 되는 수 카드를 모았습니다. ㉠에 알맞은 수를 구하시오.

(   )

4 **10에서 빼기**

· 10에서 9를 빼면 1이 됩니다.
 (예) $10-9=\boxed{1}$
· 10에서 빼서 2가 되는 수는 8입니다.
 (예) $10-\boxed{8}=2$

4-1 그림을 보고 □ 안에 알맞은 수를 써넣으시오.

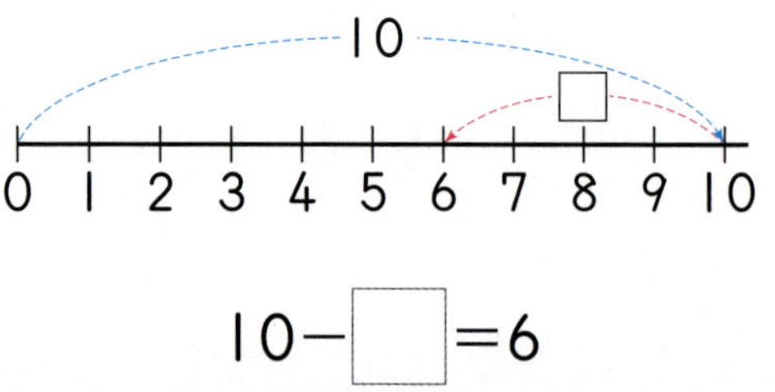

$$10-\boxed{}=6$$

4-2 펼친 손가락은 몇 개인지 식으로 나타내어 보시오.

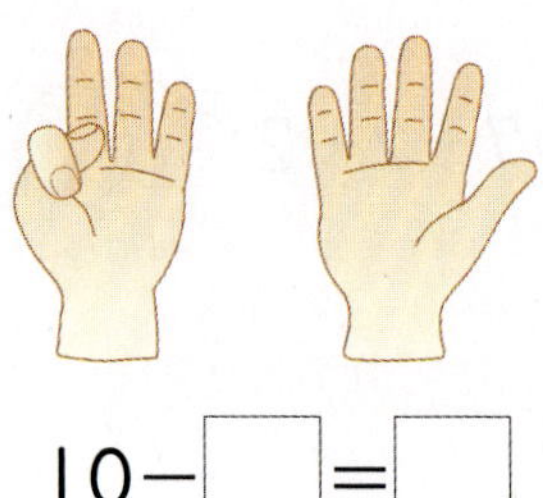

$$10-\boxed{}=\boxed{}$$

4-3 크기를 비교하여 ○ 안에 >, =, <를 알맞게 써넣으시오.

$$7 \bigcirc 10-4$$

4-4 빈 곳에 알맞은 수를 써넣으시오.

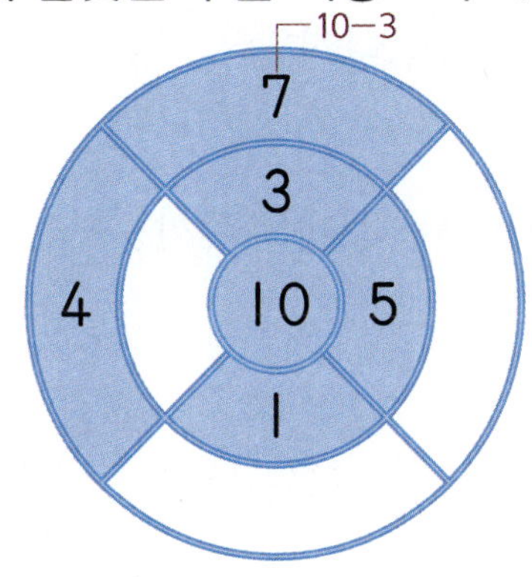

4-5 바구니에 사과 8개와 배 2개가 들어 있습니다. 그중에서 몇 개를 먹었더니 7개가 남았습니다. 먹은 과일은 몇 개입니까?

( )

---

5 **10을 만들어 더하기**

순서에 관계없이 10이 되는 두 수를 먼저 더한 후 나머지 수를 더합니다.

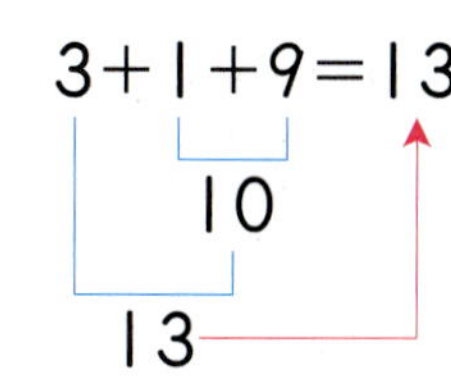

예 $6+4+7=17$ $3+1+9=13$

10 17 10 13

5-1 합이 10이 되는 두 수를 ⬭로 묶고 세 수의 합을 빈 곳에 써넣으시오.

5-2 □ 안에 들어갈 수 있는 두 수를 바르게 짝지은 것은 어느 것입니까? (　　　)

$$\square+\square+5=15$$

① (1, 8)　② (4, 3)　③ (6, 2)
④ (5, 5)　⑤ (9, 2)

창의·융합

5-3 손잡이가 달린 작은북을 소고라고 합니다. 소고에 적힌 세 수의 합이 17일 때 빈 곳에 알맞은 수를 구하시오.

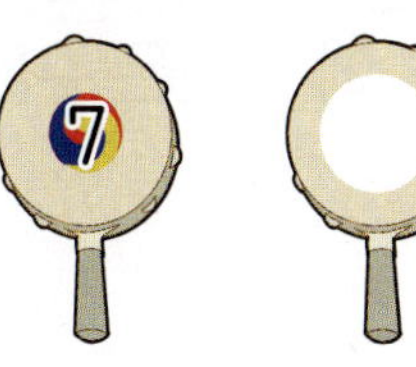

( )

2 STEP 응용 유형 익히기

응용 1 세 수의 덧셈 / 세 수의 뺄셈

예제 1-1 영희네 가족과 현정이네 가족이 모은 빈 병의 수는 같습니다. 현정이가 모은 빈 병은 몇 개인지 알아보시오.

〈영희네 가족이 모은 빈 병의 수〉

아버지	어머니	영희
4개	1개	3개

〈현정이네 가족이 모은 빈 병의 수〉

아버지	어머니	현정
3개	3개	

생각 열기
먼저 영희네 가족이 모은 빈 병의 수를 구합니다.

(1) 영희네 가족이 모은 빈 병은 모두 몇 개입니까?

( )

(2) 현정이네 부모님께서 모은 빈 병은 모두 몇 개입니까?

( )

(3) 현정이가 모은 빈 병은 몇 개입니까?

( )

예제 1-2 민정이와 신형이가 가진 과일의 수는 같습니다. 신형이가 가진 귤은 몇 개입니까?

〈민정이가 가진 과일의 수〉

사과	귤	감
3개	2개	4개

〈신형이가 가진 과일의 수〉

사과	귤	감
1개		5개

( )

예제 1-3 두 식의 계산 결과 중 더 큰 수와 2+1+□의 계산 결과가 같습니다. □ 안에 알맞은 수를 구하시오.

9-3-2	8-1-2

( )

응용 2 10을 만들어 더하기

예제 2-1 진호, 해주, 미라가 각각 세 수를 말했습니다. 세 수의 합이 가장 큰 사람은 누구인지 알아보시오.

7, 2, 8 — 진호
5, 4, 6 — 해주
7, 6, 3 — 미라

생각 열기

10이 되는 두 수를 먼저 더한 후 나머지 수를 더합니다.

(1) 진호, 해주, 미라가 말한 세 수의 합은 각각 얼마입니까?

진호 (   ), 해주 (   ), 미라 (   )

(2) 세 수의 합이 가장 큰 사람은 누구입니까?

(   )

예제 2-2 경주, 상민, 은희가 각각 세 수를 뽑았습니다. 세 수의 합이 가장 작은 사람은 누구입니까?

경주	상민	은희
5, 5, 4	2, 9, 1	6, 3, 4

(   )

예제 2-3 계산 결과가 큰 것부터 차례대로 기호를 쓰시오.

㉠ 1+9+8   ㉡ 3+5+5
㉢ 6+7+4   ㉣ 4+3+7

(   )

응용 3 두 계산 결과 사이의 수 구하기

예제 3-1 ㉮와 ㉯ 사이의 수는 모두 몇 개인지 알아보시오.

$$㉮=2+3+2 \qquad ㉯=10-7$$

생각 열기

덧셈과 뺄셈을 하여 ㉮와 ㉯를 먼저 구합니다.

(1) ㉮는 얼마입니까?

(　　　　　)

(2) ㉯는 얼마입니까?

(　　　　　)

(3) ㉮와 ㉯ 사이의 수는 모두 몇 개입니까?

(　　　　　)

예제 3-2 ㉮와 ㉯ 사이의 수는 모두 몇 개입니까?

$$㉮ \; 9-1-3 \qquad ㉯ \; 4+6$$

(　　　　　)

예제 3-3 ㉮, ㉯, ㉰ 중 가장 큰 수와 가장 작은 수 사이의 수는 모두 몇 개입니까?

$$㉮ \; 10-6 \qquad ㉯ \; 4+1+2 \qquad ㉰ \; 8-2-1$$

(　　　　　)

응용 4 세 수의 덧셈식과 뺄셈식 만들기

예제 **4-1** 수 카드 5장 중에서 3장을 뽑아 다음 덧셈을 만들려고 합니다. 계산 결과가 가장 작을 때의 결과를 알아보시오.

$$3 \quad 5 \quad 1 \quad 7 \quad 2 \Rightarrow \square + \square + \square$$

생각 열기

덧셈에서는 더하는 수들이 작을수록 계산 결과가 작습니다.

(1) 수 카드의 수 중 더했을 때 계산 결과가 가장 작은 세 수를 찾아 쓰시오.

( )

(2) 계산 결과가 가장 작은 덧셈을 만들어 보시오.

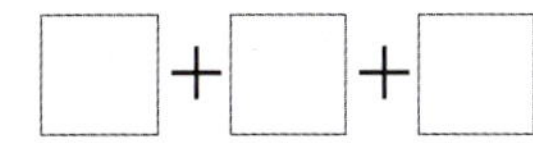

$$\square + \square + \square$$

(3) (2)에서 만든 덧셈의 계산 결과를 구하시오.

( )

예제 **4-2** 1부터 6까지의 수 중에서 서로 다른 수 3개를 골라 세 수의 뺄셈을 만들려고 합니다. 계산 결과가 가장 큰 뺄셈을 만들고 계산 결과를 구하시오.

$$\square - \square - \square$$

( )

예제 **4-3** 진우와 상희가 2부터 8까지의 수 중에서 서로 다른 수 3개를 각각 골라 □ 안에 넣어 계산하려고 합니다. 두 식의 계산 결과의 차를 구하시오.

- 진우: 난 계산 결과가 가장 작은 □+□+□를 만들었어.
- 상희: 난 계산 결과가 가장 큰 □-□-□를 만들었어.

( )

응용 5 수의 크기 비교하기

예제 5-1 같은 모양은 같은 수를 나타냅니다. ♥에 알맞은 수를 알아보시오.

$$8+2=■, \quad 4+▲=10, \quad ■-♥=▲$$

생각 열기
가장 먼저 계산해야 할 식은 $8+2=■$입니다.

(1) ■에 알맞은 수를 구하시오.

(　　　　　　　)

(2) ▲에 알맞은 수를 구하시오.

(　　　　　　　)

(3) ♥에 알맞은 수를 구하시오.

(　　　　　　　)

예제 5-2 같은 모양은 같은 수를 나타냅니다. ●와 ◆에 알맞은 수의 합을 구하시오.

$$●+●=10$$
$$10-◆=7$$

(　　　　　　　)

예제 5-3 같은 모양은 같은 수를 나타냅니다. ●에 알맞은 수를 구하시오.

$$★+6=10$$
$$★+★=■$$
$$10-●=■$$

(　　　　　　　)

응용 6 크기를 비교하여 □ 안에 들어갈 수 구하기

예제 6-1 | 부터 9까지의 수 중에서 □ 안에 들어갈 수 있는 가장 큰 수를 알아보시오.

$$2+1+\square<8$$

생각 열기
□ 안에 1부터 차례대로 넣어 구한 세 수의 합이 8보다 작은 경우를 알아봅니다.

(1) □ 안에 | 부터 차례대로 써넣어 계산하시오.

$2+1+\square=\square$, $2+1+\square=\square$, $2+1+\square=\square$,

$2+1+\square=\square$, $2+1+\square=\square$, $2+1+\square=\square$

(2) □ 안에 들어갈 수 있는 가장 큰 수는 얼마입니까?

( )

예제 6-2 | 부터 9까지의 수 중에서 □ 안에 들어갈 수 있는 가장 작은 수를 구하시오.

$$8-2-\square<4$$

( )

예제 6-3 ㉠과 ㉡은 각각 | 부터 9까지의 수 중에서 □ 안에 들어갈 수 있는 가장 작은 수입니다. ㉠+㉡을 구하시오.

$$3+2+㉠>7$$
$$9-1-㉡<5$$

( )

응용 유형 뛰어넘기

10이 되는 더하기

1 계산 결과가 더 큰 것에 ○표 하시오.

쌍둥이

4+5	3+7
( )	( )

10을 만들어 더하기

2 더 높은 깃발에 쓰여진 세 수의 합을 구하시오.

쌍둥이
동영상

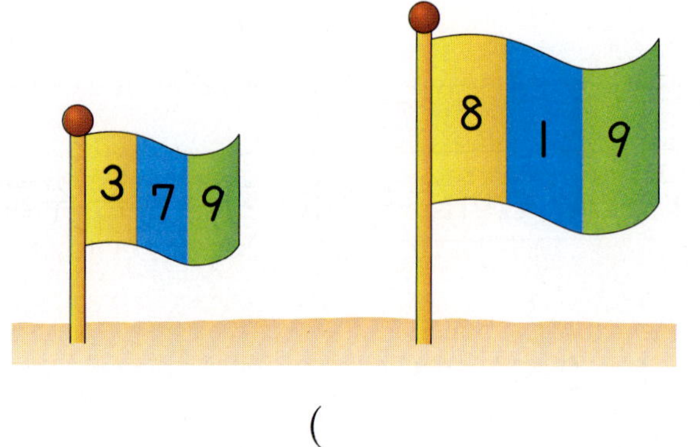

(   )

세 수의 덧셈 〔서술형〕

3 $2+4+3=\square$ 로 답을 구할 수 있는 문제를 주어
쌍둥이 진 낱말을 모두 이용하여 만들고 답을 구하시오.

주말 농장, 옥수수

〔문제〕

(   )

10을 만들어 더하기

4 합이 15가 되는 세 수를 찾아 ◯표 하시오.

🌰쌍둥이
▶동영상

$$3,\ 4,\ 1,\ 6,\ 2,\ 5$$

10이 되는 더하기　　　　　　　　　창의·융합

5 그림을 보고 처음에 있던 송편은 몇 개인지 구하시오.

🌰쌍둥이

(　　　　　　　　　　)

10을 만들어 더하기

6 □ 안에 알맞은 수를 구하시오.

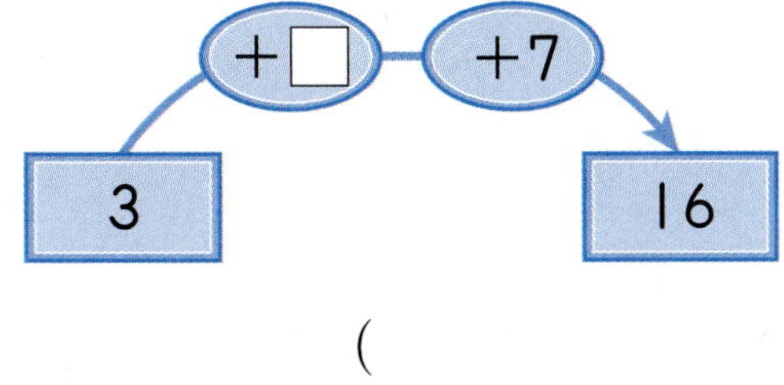

(　　　　　　　　　　)

2
덧셈과 뺄셈 (1)

세 수의 뺄셈

7 □ 안에 알맞은 수를 바르게 말한 사람은 누구인지 이름을 쓰시오.

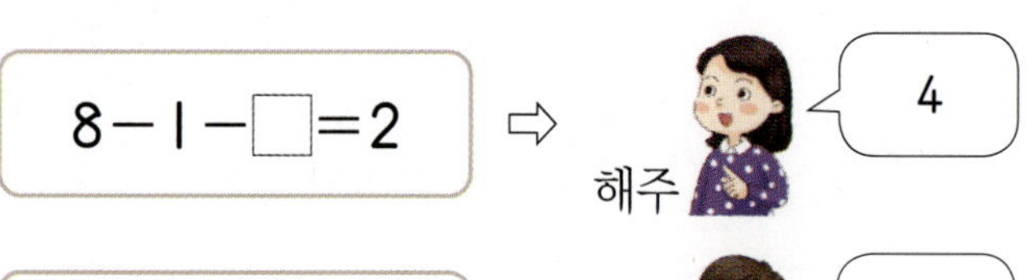

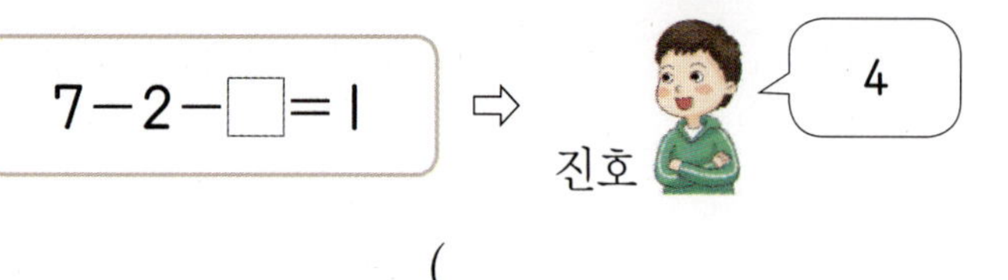

(   )

10이 되는 더하기

8 합이 10이 되는 수 카드를 모두 짝지으면 남는 수 카드는 몇 장입니까?

| 2 | 7 | 4 | 3 | 9 | 8 | 1 |

(   )

10에서 빼기

9 쌍둥이 같은 모양은 같은 수를 나타냅니다. ■에 알맞은 수를 구하시오.

$$10 - \blacktriangle = 1$$
$$\blacktriangle - 4 = \blacksquare$$

(   )

🔵**쌍둥이** 표시된 문제의 쌍둥이 문제가 제공됩니다.
🔵**동영상** 표시된 문제의 동영상 특강을 볼 수 있어요.

세 수의 덧셈, 세 수의 뺄셈

10 두 식의 계산 결과가 같도록 ◯ 안에 ＋, ―를 알
🔵쌍둥이   맞게 써넣으시오.

| Ⅰ ◯ 3 ◯ 2 | 9 ◯ Ⅰ ◯ 2 |

세 수의 뺄셈

11 다음 수 중 4개를 고른 다음 한 번씩 사용하여 □
🔵쌍둥이   안에 써넣어 뺄셈식을 만들어 보시오.
🔵동영상

8, 3, 5, Ⅰ, 4

□ ― □ ― □ ＝ □

10이 되는 더하기

12 상자 안에 빨간색 공이 2개, 보라색 공이 2개, 파
란색 공이 몇 개, 노란색 공이 4개 들어 있습니다.
상자에 들어 있는 공이 모두 Ⅰ0개일 때 파란색
공은 몇 개입니까?

(   )

10에서 빼기

13 경태와 선주가 완두콩을 각각 10개씩 가지고 있습니다. 완두콩을 몇 개씩 먹었더니 경태는 6개가 남았고 선주는 5개가 남았습니다. 두 사람이 먹은 완두콩은 모두 몇 개입니까?

(   )

10을 만들어 더하기

눈의 수가 1, 2, 3, 4, 5, 6입니다. 창의·융합 서술형

14 현모와 윤지가 각각 주사위 3개를 던졌습니다. 나온 눈의 수의 합이 윤지가 더 클 때 ㉠에 들어갈 수 있는 눈의 수를 모두 구하려고 합니다. 풀이 과정을 쓰고 답을 구하시오.

🏆쌍둥이
▶동영상

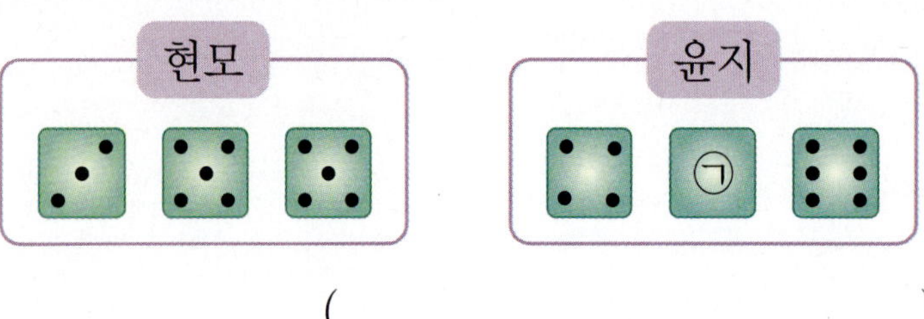

(   )

풀이

세 수의 덧셈

15 1부터 9까지의 수 중에서 서로 다른 세 수의 합이 8이 되는 경우는 모두 몇 가지입니까? (단, 더하는 순서만 다른 식은 같은 식으로 생각합니다.)

🏆쌍둥이
▶동영상

(   )

세 수의 덧셈

16 한 줄에 있는 세 수의 합이 모두 같습니다. ⓒ에 알맞은 수를 구하시오.

1	3	5
		2
ⓐ	4	ⓒ

(　　　　　　)

10에서 빼기

　　　　　　　　　　　　　　　　　　　　　[창의·융합]

17 민정이의 일기를 읽고 민정이가 종이비행기를 접
●쌍둥이 은 색종이는 몇 장인지 구하시오.

> 10월 17일　날씨: 비
>
> 나는 오늘 종이비행기를 접으려고 빨간색 색종이 3장과 노란색 색종이 7장을 가지고 학교에 갔다.
> 내 짝 태훈이도 접고 싶다고 하여 색종이 2장을 주고, 나도 색종이 몇 장으로 종이비행기를 접었더니 4장이 남았다.

(　　　　　　)

10이 되는 더하기

　　　　　　　　　　　　　　　　　　　　　[서술형]

18 사탕을 지우는 7개 중 5개를 먹었고, 선영이는
●쌍둥이 9개 중 1개를 먹었습니다. 남은 사탕을 지우와
●동영상 선영이가 똑같이 나누어 가지려면 선영이는 지우
　　　 에게 사탕을 몇 개 주어야 하는지 풀이 과정을 쓰
　　　 고 답을 구하시오.

(　　　　　　)

[풀이]

2. 덧셈과 뺄셈 (1)

1 계산을 하시오.

$$7-3-2=\boxed{}$$

2 빈 곳에 알맞은 수를 써넣으시오.

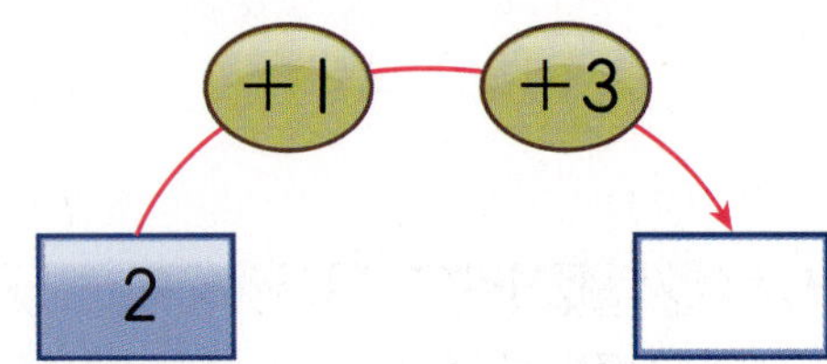

3 합이 10이 되는 두 수를 ⬭로 묶고 세 수의 합을 빈 곳에 써넣으시오.

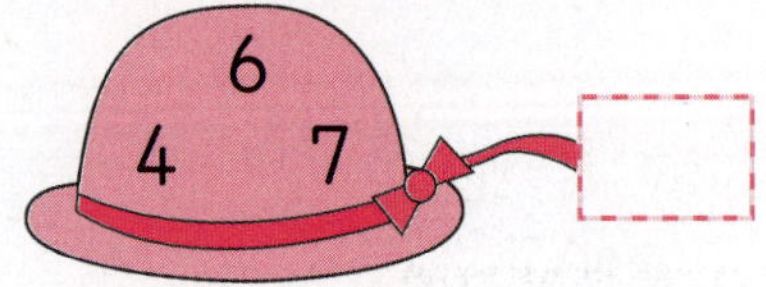

4 합이 <u>다른</u> 덧셈을 말한 사람은 누구입니까?

(   )

5 관계있는 것끼리 선으로 이어 보시오.

3+5+7 ·	· 18
2+6+4 ·	· 12
2+8+8 ·	· 15

6 두 수의 합이 I0이 <u>아닌</u> 것은 어느 것입니까? ┄┄┄┄┄┄┄┄┄┄┄┄ (   )

① 6+4   ② 7+3
③ 9+I   ④ 5+4
⑤ 2+8

7 세 수의 합을 구하시오.

> I, 4, 9

(   )

8 노란색 풍선 5개와 파란색 풍선 5개가 있습니다. 풍선은 모두 몇 개입니까?

(   )

9 그림을 보고 원숭이들이 하루에 먹는 바나나는 몇 개인지 구하시오.

*조삼모사(朝三募四): 아침에 세 개, 저녁에 네 개라는 뜻으로 나쁜 꾀로 남을 속여 놀리는 것을 이르는 말

(   )

10 운동장에 여학생 4명과 남학생 3명이 있었는데 남학생 6명이 더 왔습니다. 운동장에 있는 학생은 모두 몇 명인지 식을 쓰고 답을 구하시오.

식 _______________________________

답 _______________________________

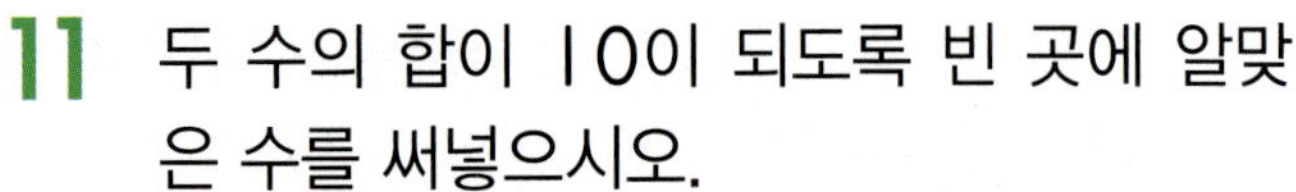

11 두 수의 합이 10이 되도록 빈 곳에 알맞은 수를 써넣으시오.

(1)  3   (2)  1

12 두 수의 차를 구한 뒤 그 차와 같은 색을 칠하시오.

| 6 | 5 | 3 | 1 |

10−5	10−9	10−4	10−7

13 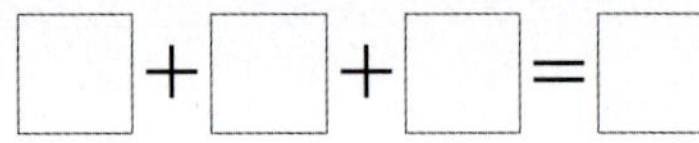 1 부터 9 까지의 수 카드 9장이 있습니다. 이 중에서 4장을 뽑아 한 번씩 사용하여 □ 안에 써넣어 덧셈식을 만들어 보시오.

□ + □ + □ = □

14 주차장에 자동차가 7대 있었습니다. 잠시 후 1대가 나가고 3대가 더 나갔습니다. 주차장에 남아 있는 자동차는 몇 대인지 식을 쓰고 답을 구하시오.

식 ___________________

답 ___________________

15 □ 안에 알맞은 수가 가장 큰 것의 기호를 쓰시오.

> ㉠ 10−2=□
> ㉡ 9+□=10
> ㉢ 10−□=7

(   )

16 합이 10이 되는 두 수를 짝지어 모두 묶었을 때 남는 수를 구하시오.

1	4	7	3
5	9	6	2	8

(   )

17

두 팀이 고리 던지기 놀이를 하였습니다. 기둥에 걸린 고리의 수가 다음과 같을 때 어느 팀이 고리를 더 많이 걸었는지 풀이 과정을 쓰고 답을 구하시오.

설화 팀	
설화	3개
준경	7개
재윤	5개

보라 팀	
보라	4개
민서	2개
다운	8개

풀이 _______________________________

____

답 _______________________________

18 1부터 9까지의 수 중에서 □ 안에 들어갈 수 있는 가장 작은 수를 구하시오.

$$8-2-\square<3$$

(   )

19

대화를 읽고 지현이가 맞힌 수학 문제는 몇 개인지 구하시오.

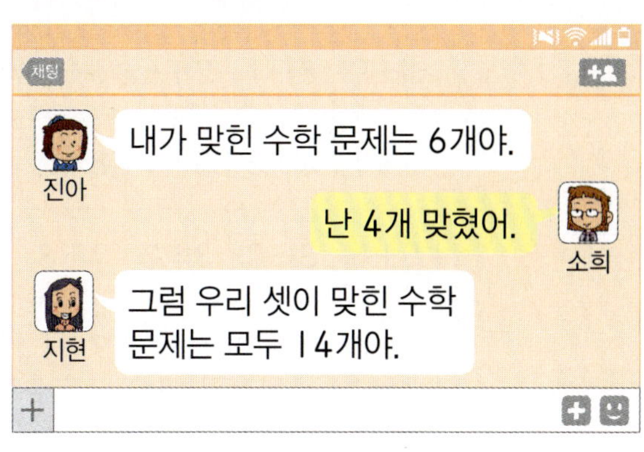

(   )

20 경아는 도화지를 10장 가지고 있었습니다. 그중에서 3장을 사용하고 동생에게 몇 장을 주었더니 2장이 남았습니다. 동생에게 준 도화지는 몇 장입니까?

(   )

1 합이 10이 되는 칸에 모두 색칠하면 어떤 글자가 보입니까?

1+9	8+1	2+6	6+4	4+4	2+7	5+5	3+7	1+9	2+7	4+6	3+3
3+7	4+5	5+4	8+2	5+3	7+1	8+1	9+0	6+4	8+1	7+3	2+2
5+5	3+0	3+2	7+3	8+2	5+2	1+9	9+1	2+8	7+0	2+8	5+5
4+6	7+3	2+8	9+1	3+1	4+3	4+6	2+3	4+5	6+1	1+9	4+4
1+4	5+2	3+3	5+5	2+6	6+1	5+5	8+2	7+3	3+2	6+4	1+1

(   )

2 •보기•를 보고 수의 규칙을 각각 찾아 빈 곳에 알맞은 수를 써넣으시오.

(1) •보기•

(2) •보기•

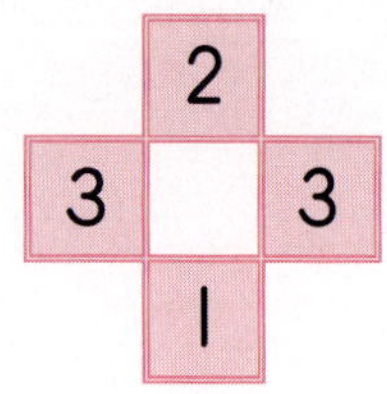

3 모양과 시각

● **학습계획표**
계획표대로 공부했으면 ○표, 못했으면 △표 하세요.

내용	쪽수	날짜		확인
일등 비법	54~55쪽	월	일	
STEP 1 기본 유형 익히기	56~59쪽	월	일	
STEP 2 응용 유형 익히기	60~63쪽	월	일	
	64~67쪽	월	일	
STEP 3 응용 유형 뛰어넘기	68~73쪽	월	일	
실력 평가	74~77쪽	월	일	
창의 사고력	78쪽	월	일	

3. 모양과 시각

비법 ① ■, ▲, ● 모양 찾아보기

■ 모양	▲ 모양	● 모양
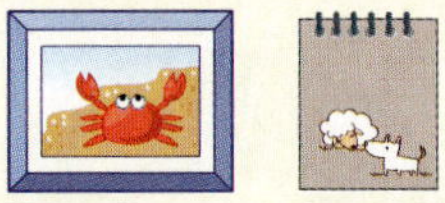	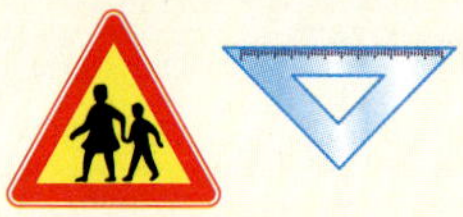	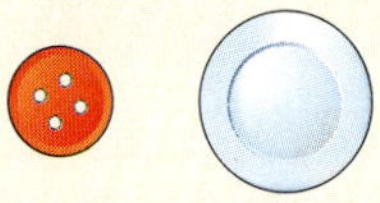

비법 ② ■, ▲, ● 모양의 특징 알아보기

모양	특징	
■	• 뾰족한 부분이 네 군데 있습니다. • 곧은 선이 있습니다.	곧은 선 뾰족한 부분
▲	• 뾰족한 부분이 세 군데 있습니다. • 곧은 선이 있습니다.	곧은 선 뾰족한 부분
●	• 뾰족한 부분 대신 둥근 부분이 있습니다. • 곧은 선이 없습니다.	

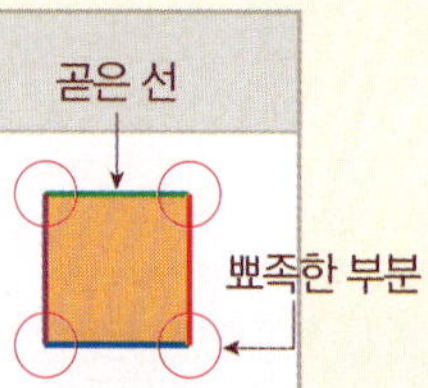

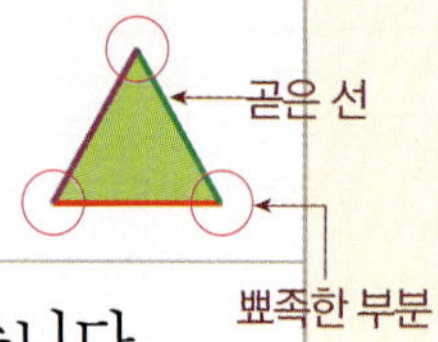

비법 ③ 여러 가지 모양 만들어 보기

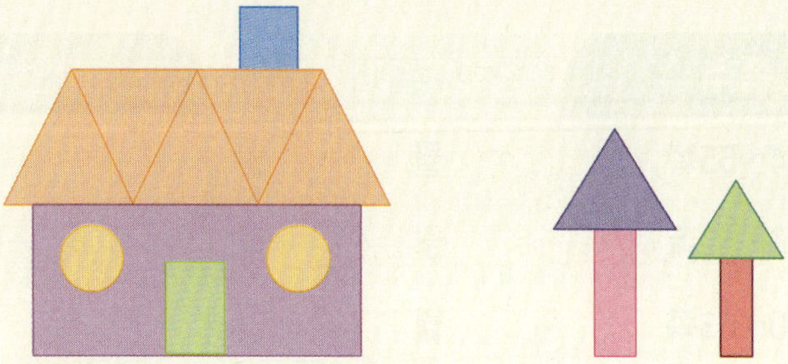

■ 모양	▲ 모양	● 모양
5개	7개	2개

• ■, ▲, ● 모양의 이름 지어 보기

■ 모양	종이와 비슷하므로 종이 모양 또는 네모 모양이라고 지을 수 있습니다.
▲ 모양	옷걸이와 비슷하므로 옷걸이 모양 또는 세모 모양이라고 지을 수 있습니다.
● 모양	동그랗게 생겼으므로 동글이 모양 또는 동그라미 모양이라고 지을 수 있습니다.

비법 ④ 몇 시, 몇 시 30분 알아보기

긴바늘이 12를 가리킬 때 짧은바늘은 반드시 수를 정확히 가리킵니다.

3시

시   분

짧은바늘은 '시'를 나타냅니다.
⇨ 3을 가리키므로 3시입니다.

긴바늘이 6을 가리킬 때 짧은바늘은 반드시 두 수의 가운데에 있습니다.

1시 30분

짧은바늘: 1과 2의 가운데에 있으므로 방금 지나온 1을 읽으면 1시입니다.
긴바늘: 6을 가리키므로 30분입니다.

비법 ⑤ 몇 시, 몇 시 30분 나타내기

7시

긴바늘이 7, 짧은바늘이 12를 가리키므로 두 바늘의 위치가 바뀌었습니다.

(✕)   (○)

7시 30분

짧은바늘이 7을 가리키고 있으므로 잘못 나타내었습니다.

(✕)   (○)

• 몇 시 알아보기

짧은바늘이 6, 긴바늘이 12를 가리킬 때 시계는 6시를 나타내고 여섯 시라고 읽습니다.

6시

• 디지털 시계의 시각 읽기

:의 앞에 있는 수는 '시', 뒤에 있는 수는 '분'을 나타냅니다.

   12시
시   분

• 몇 시 30분 알아보기

짧은바늘이 10과 11의 가운데에 있고, 긴바늘이 6을 가리킬 때 시계는 10시 30분을 나타내고 열 시 삼십분이라고 읽습니다.

• 시각과 시간 구분하기

- 시각: 2시, 3시 30분 등을 '시각'이라고 합니다.
- 시간: 어떤 시각에서 어떤 시각까지의 사이입니다.

3

모양과 시각

STEP 1 기본 유형 익히기

1 여러 가지 모양 찾아보기

1-1 그림에서 ■ 모양은 으로(주황색), ▲ 모양은 으로(초록색), ● 모양은 으로(보라색) 따라 그려 보시오.

1-2 오른쪽 모양과 같은 모양의 물건은 어느 것입니까?
·································· ( )

① ② ③
④ ⑤

1-3 500원짜리 동전의 모양과 같은 모양의 물건을 찾아 기호를 쓰시오.

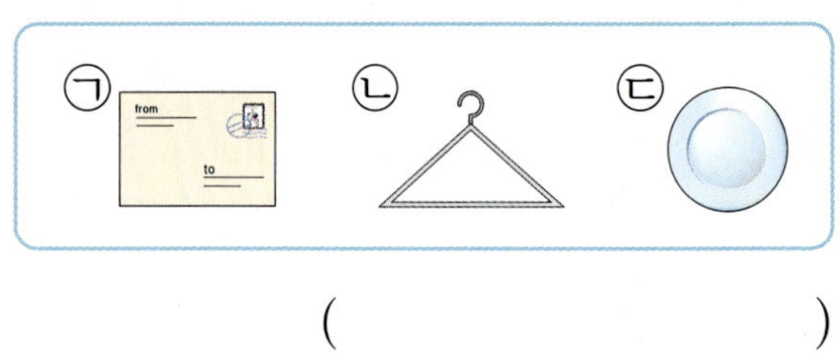

( )

1-4 □ 안에 알맞은 말을 써넣어 문장을 완성하시오.

> 민주는 주변에서 ▲ 모양의 물건으로 을(를) 찾았습니다.

1-5 주변에서 ■ 모양의 물건을 3개 찾아 쓰시오.

____

____

1-6 다음에서 공통으로 찾을 수 있는 모양을 그려 보시오.

1-7 진호가 찾은 물건은 ▨, ▲, ● 모양 중 어떤 모양입니까?

(   )

서술형

1-8 과자를 같은 모양끼리 모았을 때 ▨, ▲, ● 모양 중 가장 많은 모양은 몇 개인지 풀이 과정을 쓰고 답을 구하시오.

[풀이] ________________________________

____

[답] ________________________________

---

2   **여러 가지 모양 알아보기**

▨ 모양	• 뾰족한 부분이 네 군데입니다. • 곧은 선이 있습니다.
▲ 모양	• 뾰족한 부분이 세 군데입니다. • 곧은 선이 있습니다.
● 모양	• 뾰족한 부분이 없습니다. • 선이 둥글게 휘어 있습니다.

2-1 뾰족한 부분이 <u>없는</u> 모양에 △표 하시오.

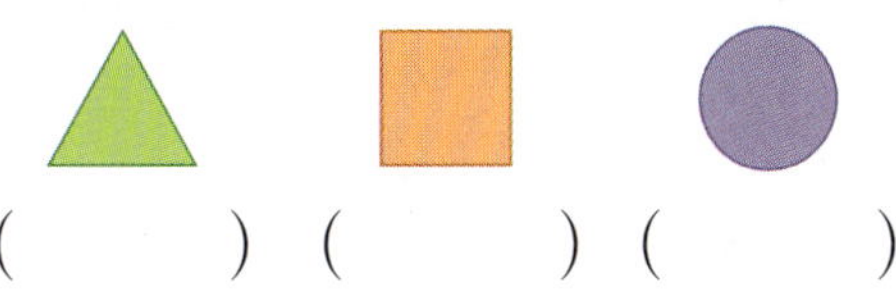

(   )   (   )   (   )

2-2 물감을 묻혀 찍었을 때 나올 수 있는 모양에 따라 물건을 모두 찾아 기호를 쓰시오.

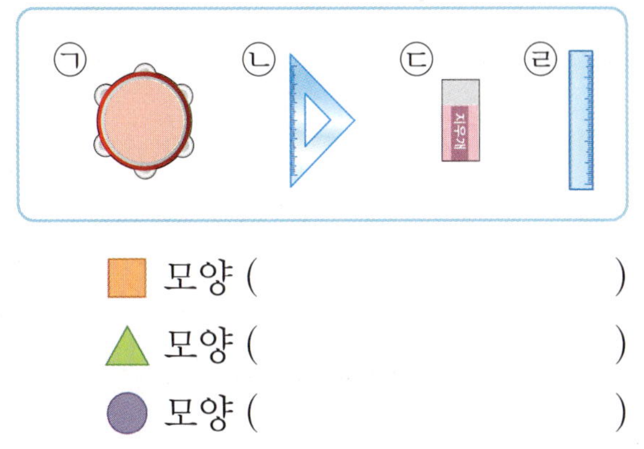

▨ 모양 (   )

▲ 모양 (   )

● 모양 (   )

2-3 다음 물건을 찰흙 위에 찍었을 때 찍힌 모양으로 알맞은 것에 ○표 하시오.

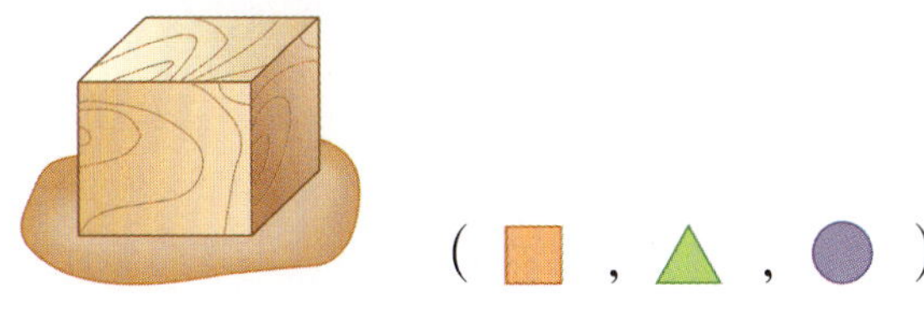

(▨ , ▲ , ●)

모양과 시각　**3**

3 여러 가지 모양 만들어 보기

다음 모양을 꾸미는 데 사용한 각 모양의 수 알 아보기

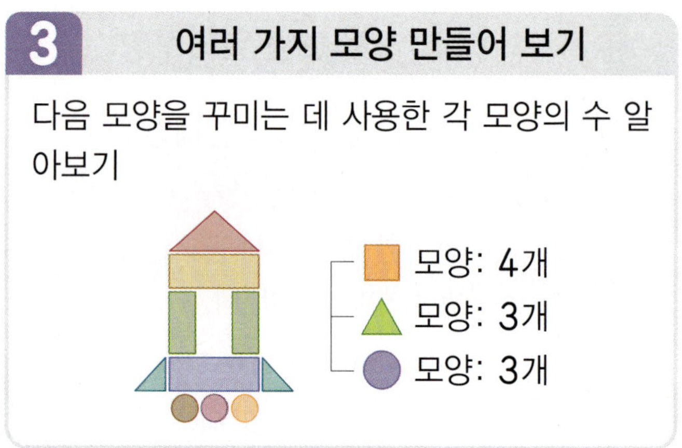

3-1 주어진 모양으로 꾸민 모양을 찾아 ◯표 하시오.

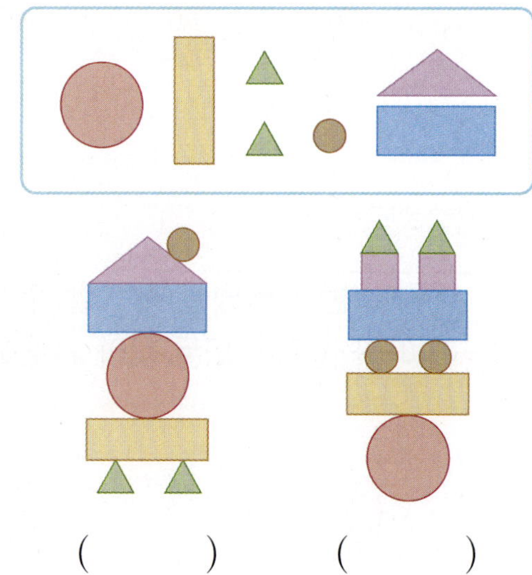

(   )   (   )

3-2 다음 모양을 꾸미는 데 ■, ▲, ● 모양 을 각각 몇 개 사용하였습니까?

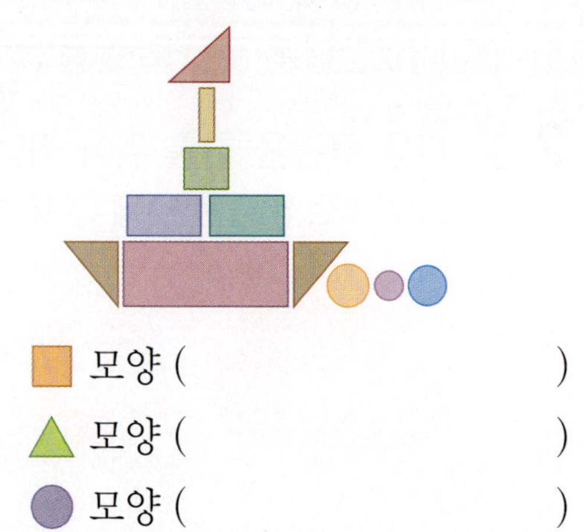

■ 모양 (   )

▲ 모양 (   )

● 모양 (   )

3-3 대화를 읽고 은영, 지현, 윤수 중 바르게 말한 사람의 이름을 쓰시오.

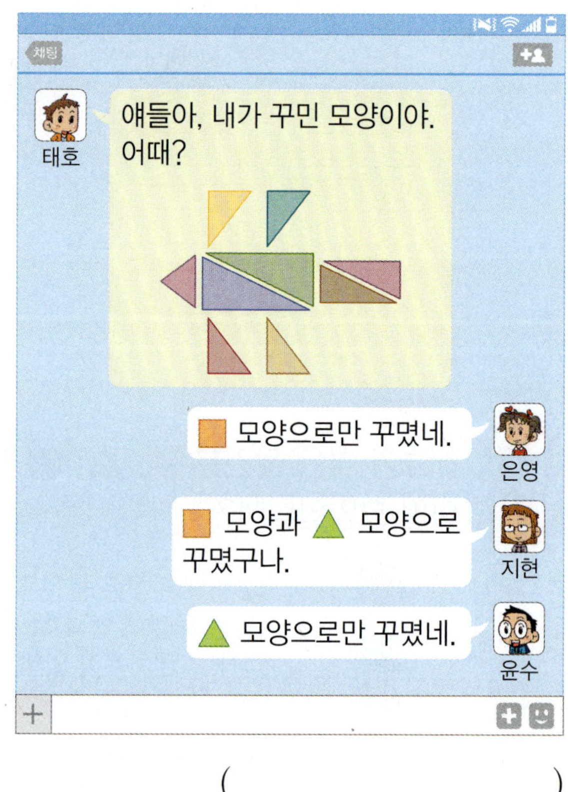

(   )

3-4 ■, ▲, ● 모양 중에서 가장 많이 사용 한 모양은 어떤 모양인지 풀이 과정을 쓰 고 답을 구하시오.

풀이 __________________________

____

답 __________________________

4 몇 시 알아보기

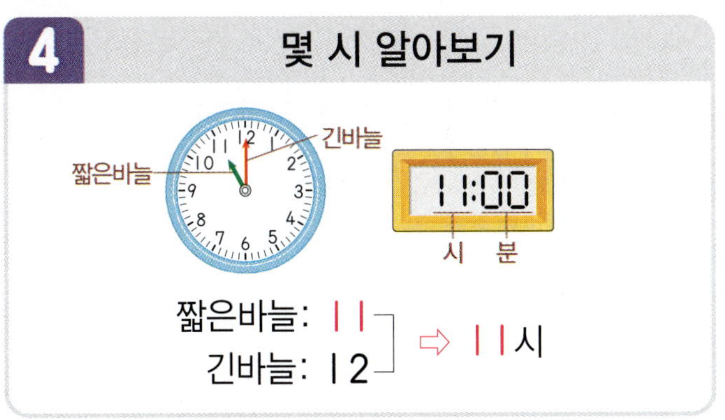

짧은바늘: 1 1
긴바늘: 1 2 ⇨ 1 1시

5 몇 시 30분 알아보기

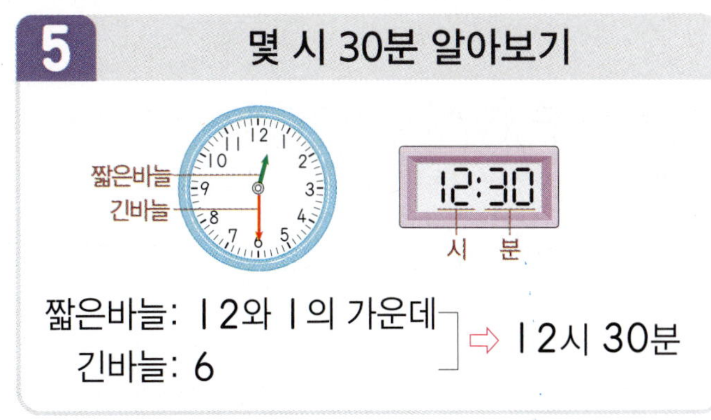

짧은바늘: 1 2와 1의 가운데
긴바늘: 6 ⇨ 1 2시 30분

4-1 같은 시각끼리 선으로 이어 보시오.

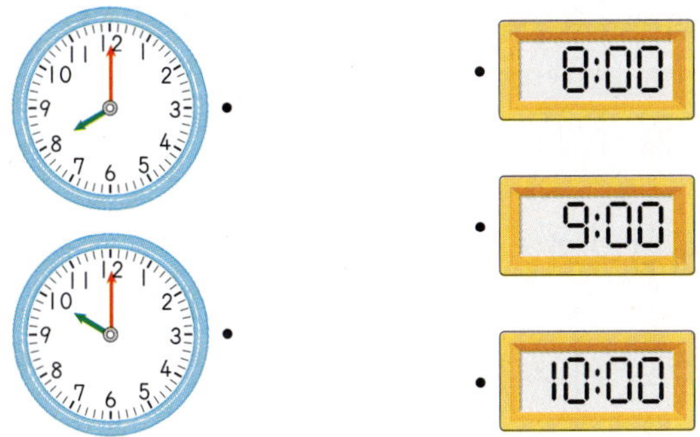

4-2 은수는 숙제를 5시에 시작하여 6시에 끝냈습니다. 숙제를 시작한 시각과 끝낸 시각을 시계에 각각 나타내어 보시오.

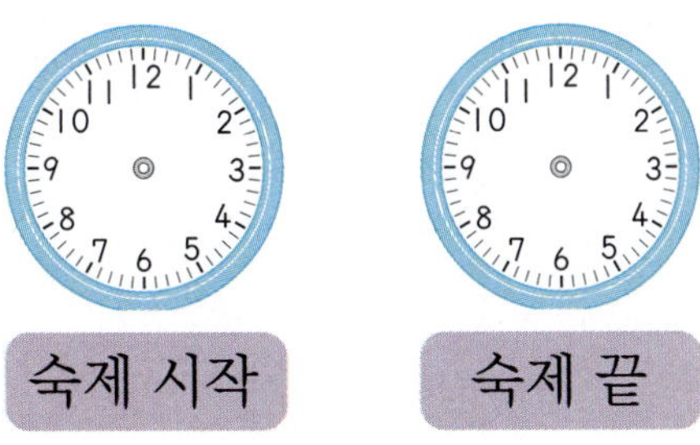

4-3 시계의 짧은바늘과 긴바늘이 모두 1 2를 가리키는 시각의 기호를 쓰시오.

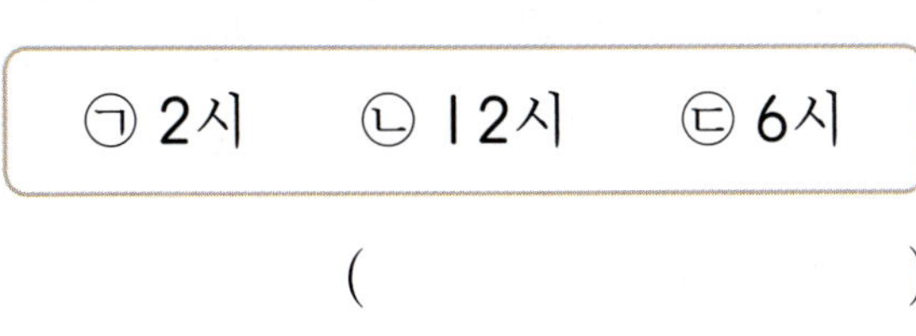

(   )

5-1 시각을 쓰시오.

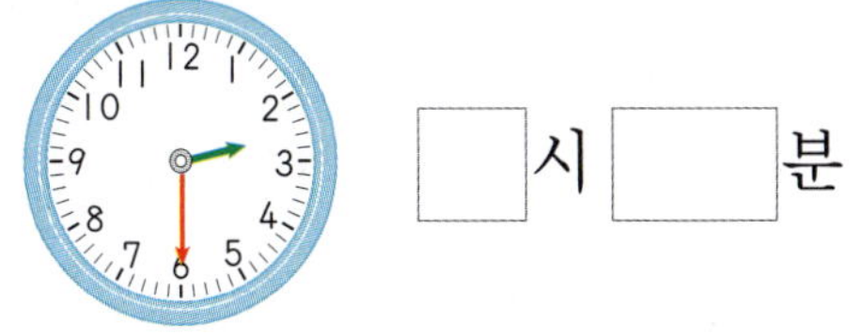

☐ 시 ☐ 분

5-2 왼쪽 시각을 오른쪽 시계에 나타내시오.

서술형

5-3 오른쪽 시계가 나타내는 시각을 넣어 문장을 만들어 보시오.

____

____

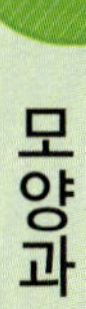

STEP 2 응용 유형 익히기

응용 1 여러 가지 모양 찾아보기

예제 1-1 ■ 모양과 ▲ 모양 물건 수의 차는 몇 개인지 알아보시오.

생각 열기

먼저 ■ 모양과 ▲ 모양의 물건 수를 각각 구합니다.

(1) ■ 모양의 물건은 모두 몇 개입니까?　　（　　　　）

(2) ▲ 모양의 물건은 모두 몇 개입니까?　　（　　　　）

(3) ■ 모양과 ▲ 모양의 물건 수의 차는 몇 개입니까?

（　　　　）

예제 1-2 ■ 모양과 ● 모양의 물건은 모두 몇 개입니까?

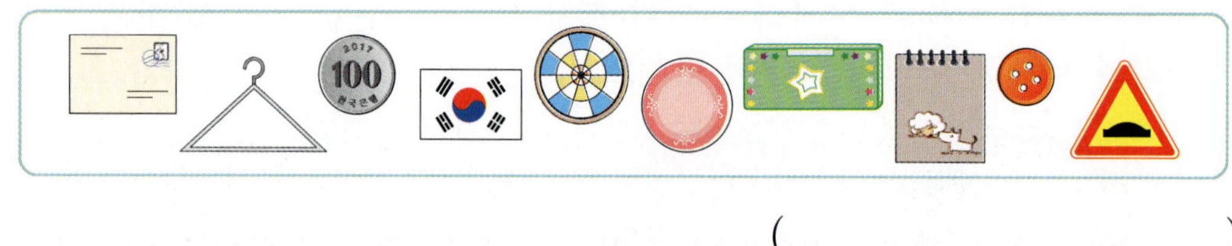

（　　　　）

예제 1-3 ■ 모양과 ▲ 모양의 물건은 ● 모양의 물건보다 몇 개 더 많습니까?

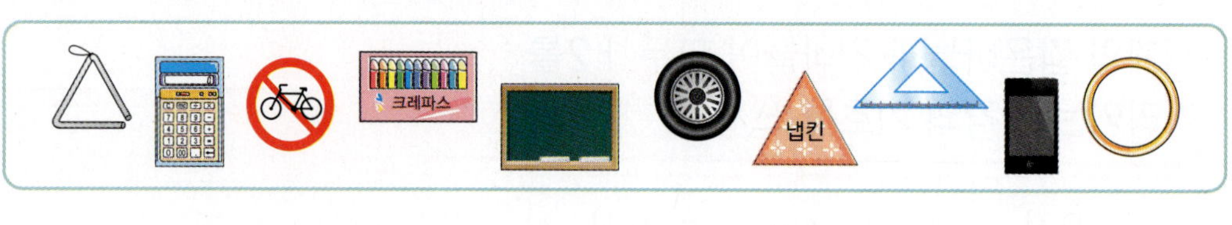

（　　　　）

여러 가지 모양 알아보기

예제 **2-1** 은주와 현미가 가지고 있는 물건입니다. ■, ▲, ● 모양 중 두 사람이 공통으로 가지고 있는 모양은 어떤 모양인지 알아보시오.

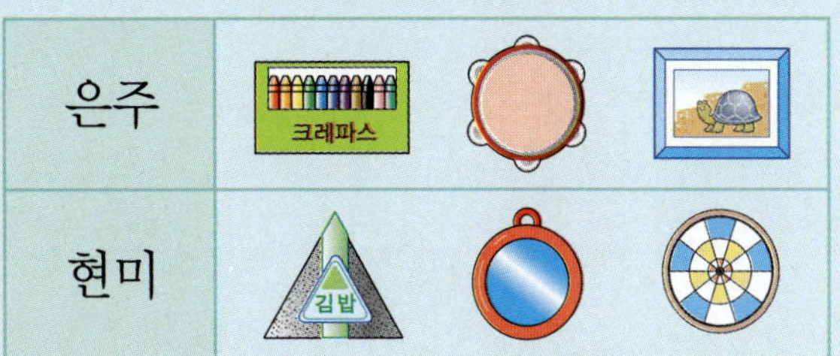

생각 열기

■, ▲, ● 모양 중 각자 가지고 있는 물건의 모양을 알아봅니다.

(1) 은주가 가지고 있는 물건의 모양을 모두 알아보시오.

(   )

(2) 현미가 가지고 있는 물건의 모양을 모두 알아보시오.

(   )

(3) 두 사람이 공통으로 가지고 있는 모양은 어떤 모양입니까?

(   )

예제 **2-2** 정호, 진영, 수현이가 가지고 있는 물건입니다. ■, ▲, ● 모양 중 세 사람이 공통으로 가지고 있는 모양은 어떤 모양입니까?

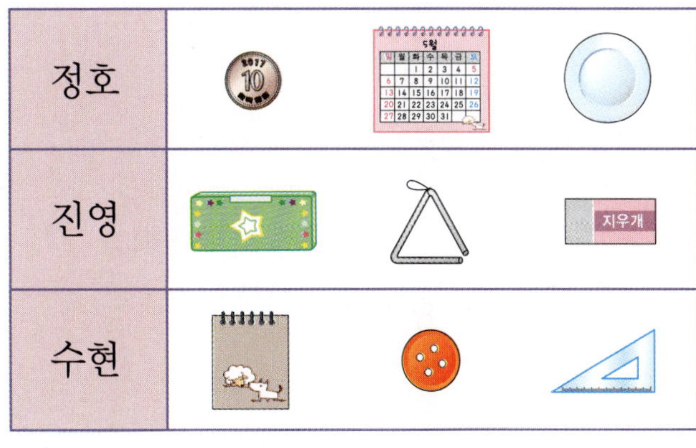

(   )

응용 3 ■, ▲, ● 모양의 수 비교하기

예제 3-1 그림을 보고 ■, ▲, ● 모양 중 가장 많은 모양은 어떤 모양인지 알아보시오.

생각 열기
먼저 ■, ▲, ● 모양의 수를 각각 구합니다.

(1) ■ 모양은 모두 몇 개입니까? (   )

(2) ▲ 모양은 모두 몇 개입니까? (   )

(3) ● 모양은 모두 몇 개입니까? (   )

(4) 가장 많은 모양은 어떤 모양입니까?

(   )

예제 3-2 그림에서 ■, ▲, ● 모양 중 가장 적은 모양은 어떤 모양입니까?

(   )

응용 4 — 사용한 모양의 수의 차 구하기

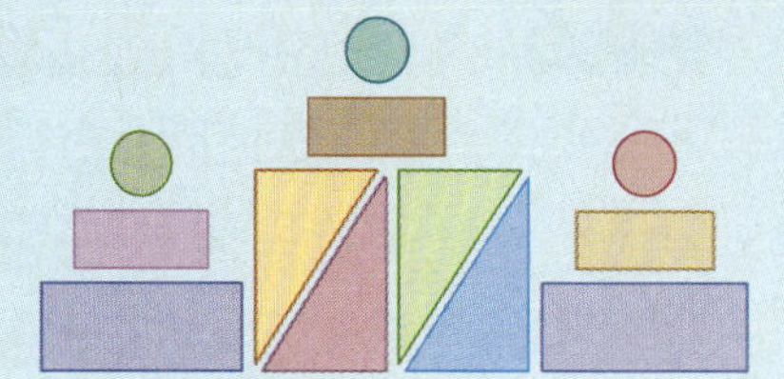

예제 4-1 오른쪽 그림은 색종이를 오려서 꾸민 모양입니다. 가장 많이 사용한 모양은 가장 적게 사용한 모양보다 몇 개 더 많은지 알아보시오.

생각 열기

■, ▲, ● 모양의 수를 각각 구한 후 비교해 봅니다.

(1) ■, ▲, ● 모양은 각각 몇 개입니까?

■ 모양 (   ), ▲ 모양 (   ), ● 모양 (   )

(2) 가장 많이 사용한 모양과 가장 적게 사용한 모양은 각각 몇 개인지 차례대로 쓰시오.

(   ), (   )

(3) 가장 많이 사용한 모양은 가장 적게 사용한 모양보다 몇 개 더 많습니까? (   )

예제 4-2 오른쪽 그림에서 ■, ▲, ● 모양 중 가장 적게 사용한 모양은 가장 많이 사용한 모양보다 몇 개 더 적습니까?

(   )

예제 4-3 수연이는 ■ 모양을 ▲ 모양보다 2개 더 많이 사용하여 모양을 꾸미려고 합니다. 수연이가 꾸미고 있는 오른쪽 모양에서 ■ 모양을 몇 개 더 사용해야 합니까? (단, ▲ 모양은 더 사용하지 않습니다.)

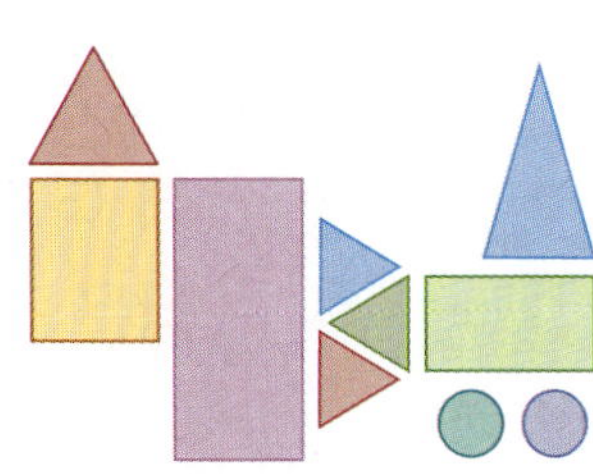

(   )

응용 5 많거나 적은 모양의 수 구하기

예제 5-1 경아는 ■ 모양 4개, ▲ 모양 3개, ● 모양 2개를 가지고 있습니다. 경아가 가지고 있는 모양은 오른쪽 그림에 사용한 모양보다 어떤 모양이 몇 개 더 적은지 알아보시오.

생각 열기

주어진 모양을 꾸미는 데 필요한 ■, ▲, ● 모양의 수를 각각 알아봅니다.

(1) 위 그림에 사용한 모양은 ■, ▲, ● 모양이 각각 몇 개입니까?

■ 모양 (   ), ▲ 모양 (   ), ● 모양 (   )

(2) 어떤 모양이 몇 개 더 적습니까?

(   ), (   )

예제 5-2 현희는 ■ 모양 2개, ▲ 모양 8개, ● 모양 4개를 가지고 있습니다. 현희가 가지고 있는 모양은 오른쪽 그림에 사용한 모양보다 어떤 모양이 몇 개 더 많습니까?

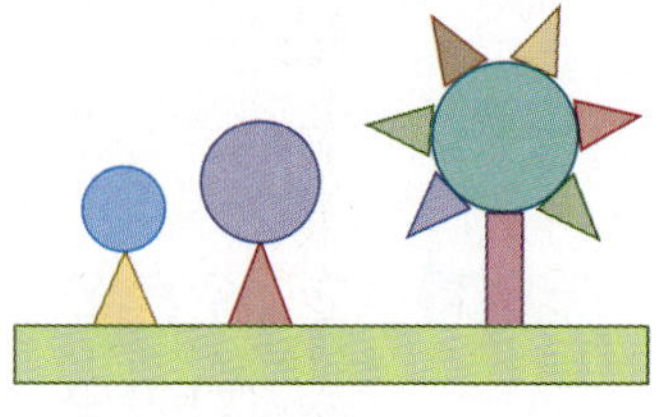

(   ), (   )

예제 5-3 장호가 가지고 있는 ■, ▲, ● 모양은 오른쪽 모양보다 ■ 모양이 1개, ▲ 모양이 2개, ● 모양이 3개 더 많습니다. 장호가 가지고 있는 ■, ▲, ● 모양은 각각 몇 개입니까?

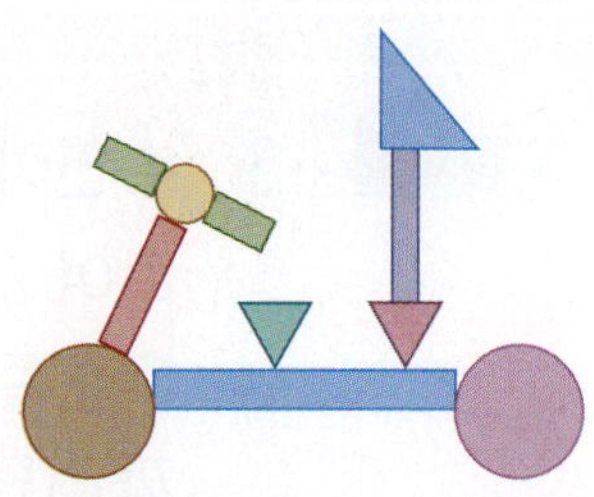

■ 모양 (   ), ▲ 모양 (   ), ● 모양 (   )

응용 6 ─ 시각 알아보기 (1)

예제 6-1 미희의 계획과 실제로 시작한 시각입니다. 계획대로 한 일을 알아보시오.

계획	운동하기 8시	청소하기 5시 30분	잠자기 9시
실제로 시작한 시각			

생각 열기

먼저 시계를 보고 시각을 읽어 봅니다.

(1) 시계를 보고 실제로 시작한 시각을 쓰시오.

운동하기	청소하기	잠자기

(2) 계획대로 한 일은 무엇입니까?   (   )

예제 6-2 정우의 계획입니다. 계획에 맞는 시각을 찾아 선으로 이어 보시오.

그림 그리기 3시 30분	저녁 식사 7시	책 읽기 4시 30분	수영하기 10시

4:30	10:00	3:30	7:00

응용 7

시각 알아보기 (2)

예제 7-1 진아와 민성이의 대화를 읽고 민성이가 줄넘기 연습을 마칠 시각을 알아보시오.

진아   민성

생각 열기

■시에서 긴바늘이 6까지 움직이면 ■시 30분이 됩니다.

(1) 지금 시각을 구하시오.

(   )

(2) 민성이가 줄넘기 연습을 마칠 시각을 구하시오.

(   )

예제 7-2 경희와 형준이의 대화를 읽고 형준이가 음악 감상을 마칠 시각을 쓰시오.

경희   형준

(   )

예제 7-3 세진이와 건우의 대화를 읽고 두 사람 중 누가 더 빨리 저녁식사를 시작했는지 구하시오.

> 세진: 난 시계의 짧은바늘이 6, 긴바늘이 12를 가리키고 있을 때 저녁식사를 시작했어.
>
> 건우: 난 시계의 짧은바늘이 6과 7의 가운데에 있고 긴바늘이 6을 가리키고 있을 때 시작했지.

(   )

응용 8 — 시각 알아보기 (3)

예제 8-1 시계의 긴바늘이 12를 가리키고 긴바늘과 짧은바늘이 가리키는 수의 합은 18입니다. 이때 시각을 구하고 시계에 나타내어 보시오.

생각 열기
먼저 시계의 짧은바늘이 가리키는 수를 구합니다.

(1) 시계의 짧은바늘이 가리키는 수를 구하시오.

(　　　　　　　　　)

(2) 시계가 나타내는 시각을 구하시오.

(　　　　　　　　　)

(3) (2)에서 구한 시각을 시계에 나타내시오.

예제 8-2 시계의 긴바늘이 12를 가리키고 긴바늘과 짧은바늘이 가리키는 수의 합은 15입니다. 이때 시각을 □ 안에 써넣고 시계에 나타내어 보시오.

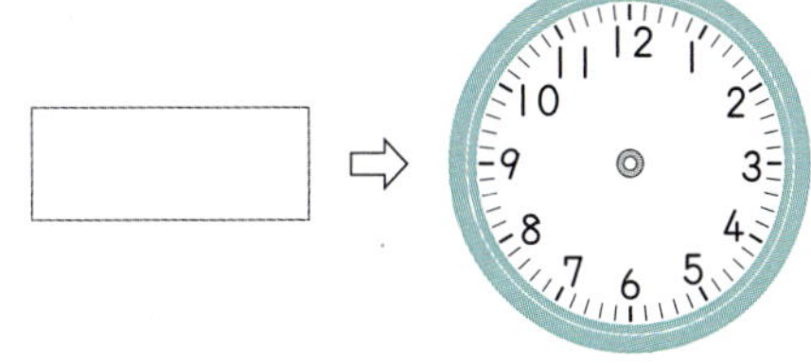

예제 8-3 시계의 긴바늘이 12를 가리키고 긴바늘과 짧은바늘이 가리키는 수의 차는 2입니다. 이때의 시각을 구하시오.

(　　　　　　　　　)

STEP 3 응용 유형 뛰어넘기

여러 가지 모양 꾸며 보기 창의·융합

1 준이가 여러 가지 꽃 모양으로 가족 행사표를 꾸 몄습니다. ■, ▲, ● 모양 중 사용하지 <u>않은</u> 모 양은 어떤 모양입니까?

(   )

여러 가지 모양 알아보기

2 다음 물건 중 본뜬 모양이 ▲ 모양인 것을 찾아 기 호를 쓰시오.

🌰쌍둥이

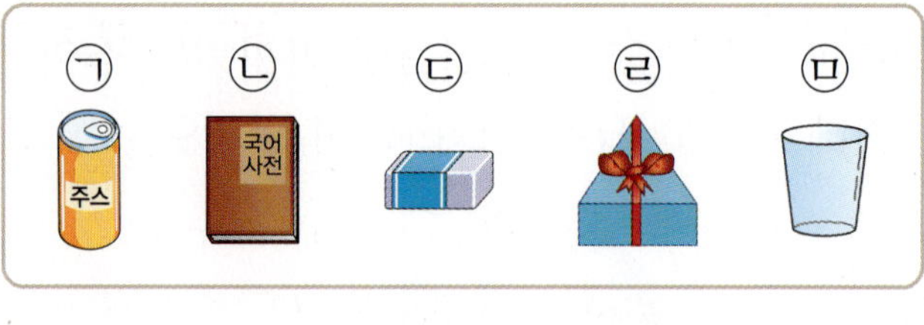

(   )

몇 시 30분 알아보기 서술형

3 2시 30분을 잘못 나타냈습니다. <u>잘못된</u> 이유를 쓰고, 바르게 나타내어 보시오.

이유

몇 시 30분 알아보기

4 청소를 시작한 시각을 시계에 나타내어 보시오.

어머니께서 6시에 식사를 하시고, 7시 30분에 청소를 시작하셨습니다.

여러 가지 모양 알아보기

5 🟧 모양은 🔺 모양보다 몇 개 더 많습니까?

🔊쌍둥이

(   )

몇 시 30분 알아보기

6 오른쪽 시계를 보고 <u>잘못</u> 설명한 사람의 이름을 쓰시오.

인주: 긴바늘이 6을 가리키니까 몇 시 30분이야.
석현: 9시 30분이구나.
효선: 10시 30분이야.

(   )

3

모양과 시각

여러 가지 모양 꾸며 보기

7
🟤쌍둥이
▶동영상

•보기•의 모양을 여러 개 사용하여 큰 🟧, 🔺, 🔵 모양을 만들려고 합니다. 만들 수 <u>없는</u> 모양은 어떤 모양입니까?

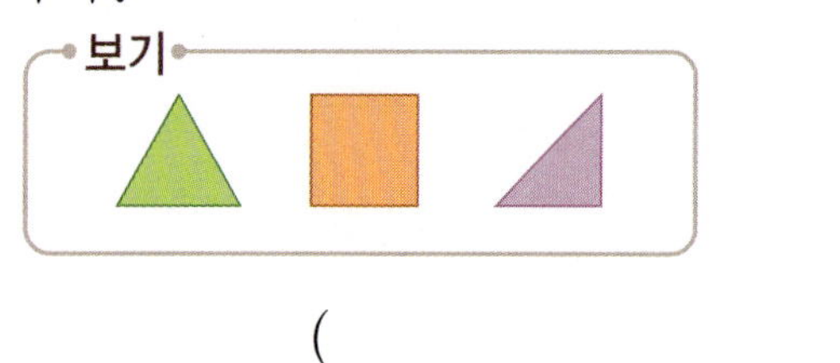

(   )

몇 시 알아보기

8
🟤쌍둥이

오른쪽은 신애가 수영을 시작한 시각입니다. 신애는 긴바늘이 가리키는 수는 같고 짧은바늘이 가리키는 수가 지금보다 l만큼 더 큰 수가 되었을 때 수영을 마쳤습니다. 수영을 마친 시각을 구하시오.

(   )

몇 시 알아보기   창의·융합

9
🟤쌍둥이

민희, 수영, 연아는 오늘 l시에 놀이터에서 만나기로 약속하였습니다. 세 사람이 놀이터에 온 시각을 보고 약속을 지킨 사람의 이름을 쓰시오.

놀이터에 도착한 시각

민희

수영

연아

(   )

✿ 정답은 **27**쪽

여러 가지 모양 찾아보기

10
🔶쌍둥이
▶동영상

물건을 모양에 따라 나누었습니다.
㉠, ㉡, ㉢은 어떤 모양에 따라 나눈
것인지 설명하고, 오른쪽 단추는 ㉠,
㉡, ㉢ 중 어디에 넣어야 하는지 기호를 쓰시오.

〔서술형〕

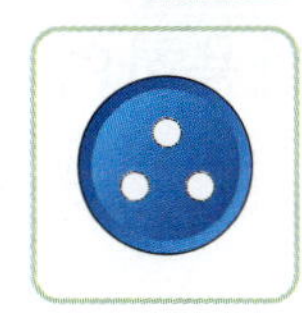

㉠ 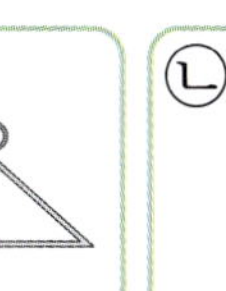 ㉡  ㉢ 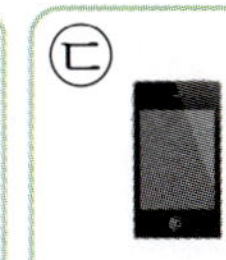

(   )

〔설명〕

여러 가지 모양 알아보기

11
🔶쌍둥이

오른쪽 모양을 왼쪽의 ▣ 모양과 같은 모양과 크
기로 자르면 ▣ 모양은 모두 몇 개 만들어집니까?

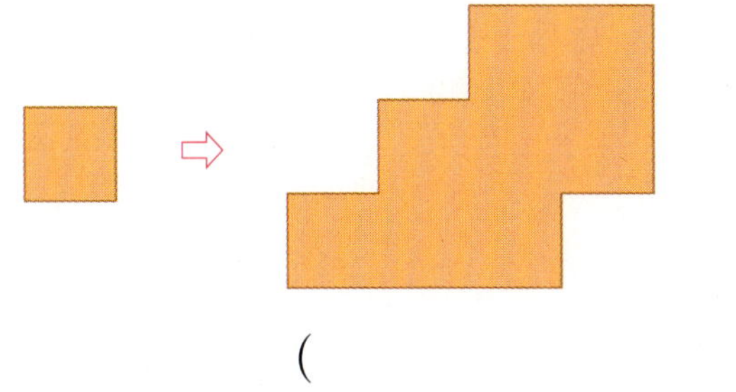

(   )

여러 가지 모양 알아보기

12
🔶쌍둥이

윤후, 수혁, 우찬이가 나팔꽃 씨앗을 심기 위해 화
분을 가져왔습니다. 화분의 바닥에 물감을 묻혀
찍었을 때 다른 모양이 나오는 사람은 누구입니
까?

〔창의·융합〕

윤후   수혁   우찬

(   )

3

모양과 시각

여러 가지 모양 꾸며 보기

13 ▲ 모양보다 ● 모양을 더 많이 사용하여 꾸민 것을 찾아 기호를 쓰시오.

🔔쌍둥이
▶동영상

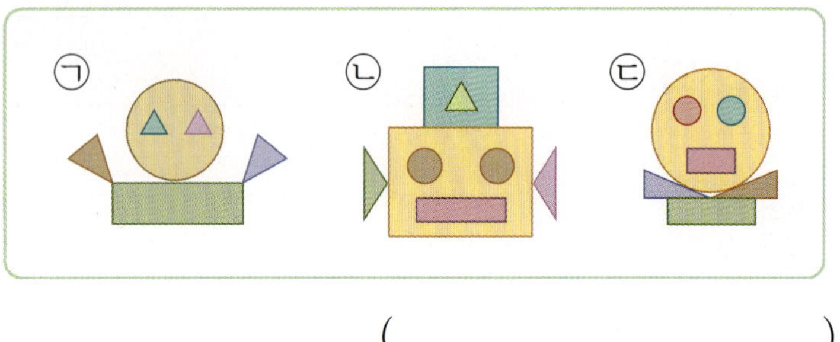

(   )

시각 나타내기

14 시계의 짧은바늘과 긴바늘이 서로 반대 방향을 가리키는 시각을 찾아 기호를 쓰시오.

㉠ 12시   ㉡ 3시
㉢ 6시   ㉣ 7시 30분

(   )

여러 가지 모양 꾸며 보기

15 색종이를 오려서 오른쪽 모양을 4개 만들려고 합니다. ▲ 모양은 모두 몇 개 필요한지 풀이 과정을 쓰고 답을 구하시오.

🔔쌍둥이
▶동영상

서술형

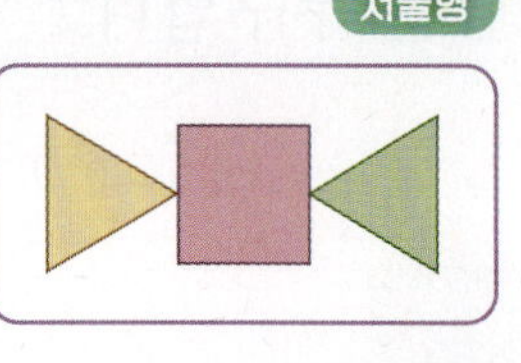

풀이

(   )

여러 가지 모양 꾸며 보기

16 오른쪽 모양은 각각 크기가 같은 🟧 모양 3개와 🔺 모양 3개를 겹치지 않게 이어 붙여 꾸민 것입니다. 어떻게 이어 붙인 것인지 선을 그어 나타내시오.

여러 가지 모양 알아보기

17 그림과 같이 색종이를 2번 접은 후 점선을 따라 자르면 🟧, 🔺, 🔵 모양 중 어떤 모양이 각각 몇 개 생기는지 모두 쓰시오.

🔴쌍둥이
▶동영상

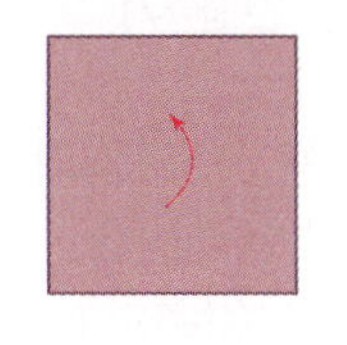 ⇨ 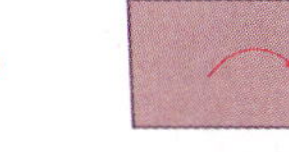 ⇨ 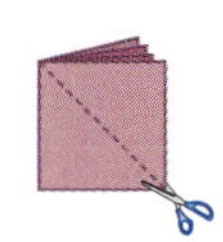

(   )

여러 가지 모양 꾸며 보기

서술형

18 🔺 모양을 사용하여 다음과 같이 그림을 꾸몄습니다. 그림에서 찾을 수 있는 크고 작은 🔺 모양은 모두 몇 개인지 풀이 과정을 쓰고 답을 구하시오.

🔴쌍둥이
▶동영상

┌─ 참고 ─
예 🟧(네모칸) 에서 찾을 수 있는 크고 작은 🟧 모양의 수

🟧 : 4개, 🟧🟧 : 2개, 🟧 : 2개, 🟧 : 1개
└─

풀이

(   )

1 ▨ 모양의 음식에 ◯표 하시오.

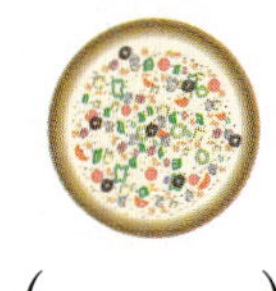  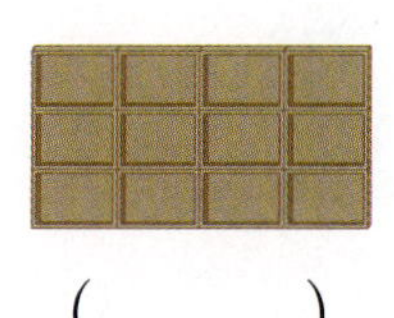

(   )   (   )   (   )

2 물건을 각각 종이 위에 놓고 본뜨면 나오는 모양을 찾아 선으로 이어 보시오.

 •　　　•　

 •　　　•　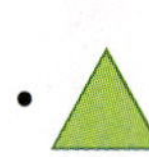

 •　　　•　

3 시각을 쓰시오.

(   )

4 ▲ 모양의 물건은 어느 것입니까? (   )

①   ②   ③

④   ⑤

서술형

5 미라와 같이 ▨, ▲, ● 모양 중 1가지를 사용하여 알맞은 문장을 만들어 보시오.

____

____

6 시곗바늘이 각각 다음 수를 가리킬 때 시각을 구하시오.

> 짧은바늘: 2, 긴바늘: 12

(   )

7 오른쪽과 같은 시각을 나타내는 시계는 어느 것입니까?

.... (   )

8 다음 모양을 꾸미는 데 ■, ▲, ● 모양을 각각 몇 개 사용하였습니까?

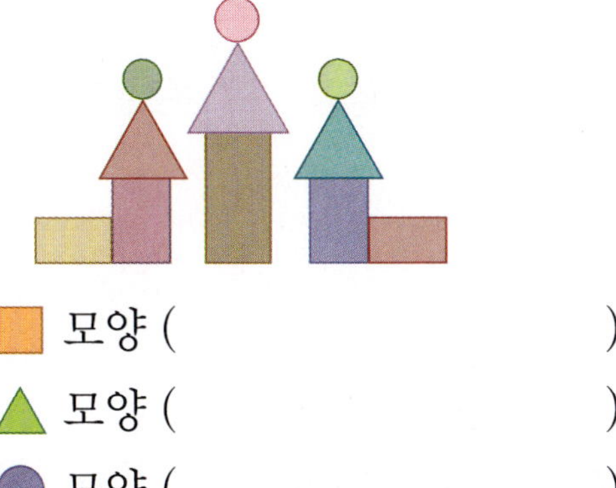

■ 모양 (   )

▲ 모양 (   )

● 모양 (   )

9 ■ 모양과 ● 모양의 <u>다른</u> 점을 쓰시오.

____

____

10 그림을 보고 물감을 엎지른 사람의 이름을 쓰시오.

(   )

모양과 시각

3

11 다음 모양을 꾸미는 데 🟧, 🔺, 🟣 모양 중 가장 많이 사용한 모양은 어떤 모양인지 풀이 과정을 쓰고 답을 구하시오.

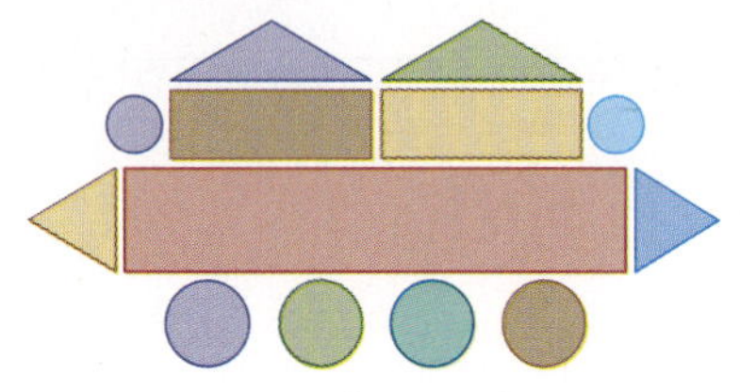

풀이 ______________________________

____

____

답 ______________________________

12 영주는 2시에 비행기를 타서 3시 30분에 내렸습니다. 비행기를 타고 내린 시각을 시계에 각각 나타내어 보시오.

탄 시각　　　　　　내린 시각

13 두 시계가 나타내는 시각을 모두 넣어 알맞은 문장을 만들어 보시오.

____

____

14 우리나라 서울이 12시일 때 다른 나라 도시의 시각을 나타낸 것입니다. 서울이 12시일 때 6시인 도시는 어디입니까?

(　　　　　　　　　　)

15 왼쪽 모양과 같은 모양을 모두 찾아 색칠하고, 색칠한 모양은 몇 개인지 오른쪽 칸에 써넣으시오.

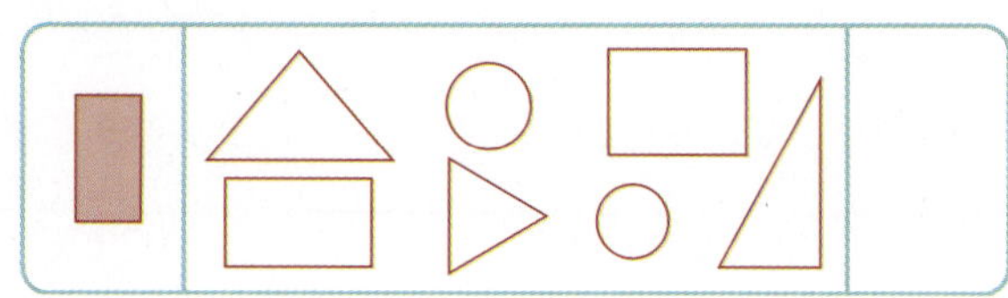

16 오른쪽은 어떤 모양의 부분을 나타낸 그림입니다. 이 모양과 같은 모양은 모두 몇 개입니까?

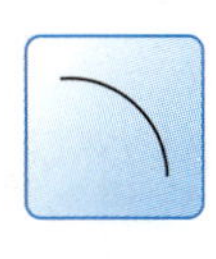

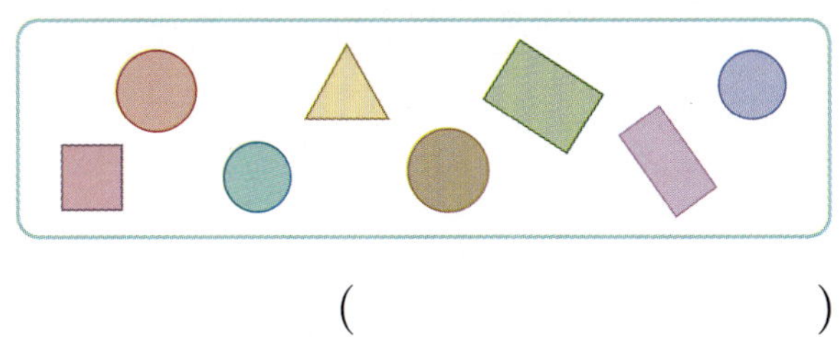

(   )

17 ㉠과 ㉡ 중 ▲ 모양은 어느 것이 몇 개 더 많습니까?

㉠   ㉡

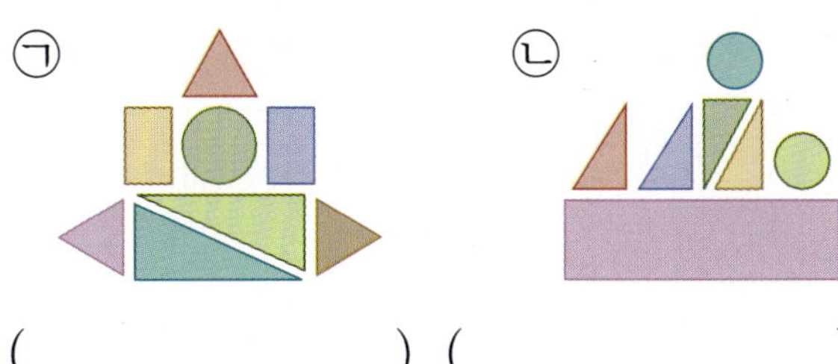

(   ), (   )

18 시계의 짧은바늘과 긴바늘이 완전히 겹쳐질 때의 시각은 어느 것입니까? (   )

① 3시   ② 6시
③ 6시 30분   ④ 12시
⑤ 1시 30분

19 물건에 물감을 묻혀 찍었을 때 나올 수 있는 모양에 모두 ◯표 하시오.

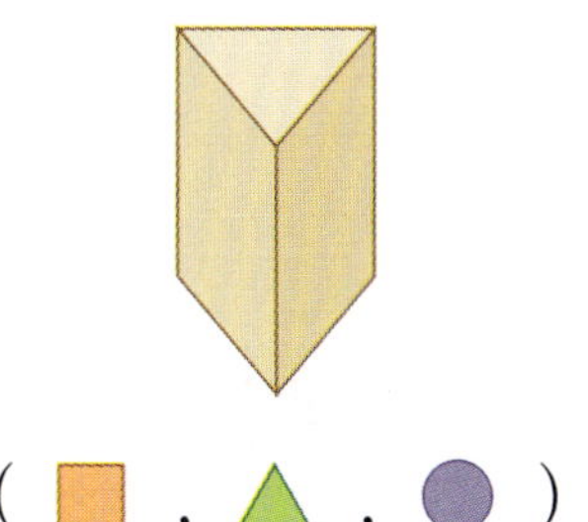

(▭ , ▲ , ●)

20 다음 시계가 나타내는 시각을 구하시오.

> • 시계의 긴바늘이 12를 가리킵니다.
> • 시계의 짧은바늘과 긴바늘이 가리키는 수의 합은 16입니다.

(   )

3

모양과 시각

✿정답은 **32**쪽

1 성냥개비를 그림과 같이 놓아 ▣ 모양을 여러 개 만들었습니다. 성냥개비 4개를 더 놓아 ▣ 모양이 ▲ 모양보다 l개 더 많게 만들려고 합니다. 성냥개비 4개를 놓은 모양을 그려 보시오. (단, ▣ 모양은 성냥개비 4개로, ▲ 모양은 성냥개비 3개로 만든 것만 생각합니다.)

(1)

(2)

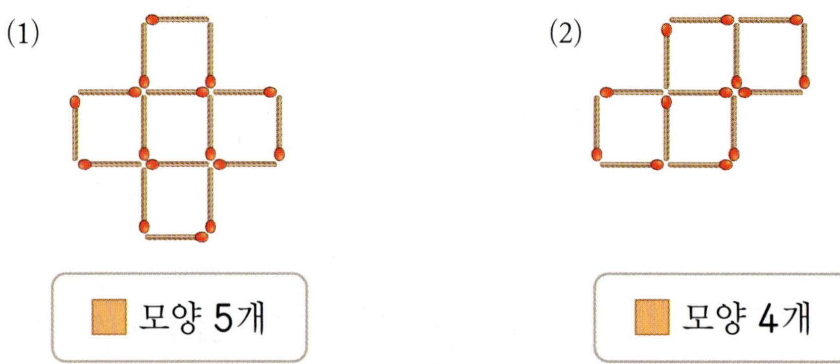

2 화살표의 규칙에 따라 시계에 시각을 나타내었을 때 마지막 시계가 나타내는 시각을 구하시오.

⇒	짧은바늘이 가리키는 수가 l만큼 더 커집니다.
⇢	짧은바늘이 가리키는 수가 2만큼 더 작아집니다.
↯	짧은바늘이 가리키는 수가 5만큼 더 커집니다.

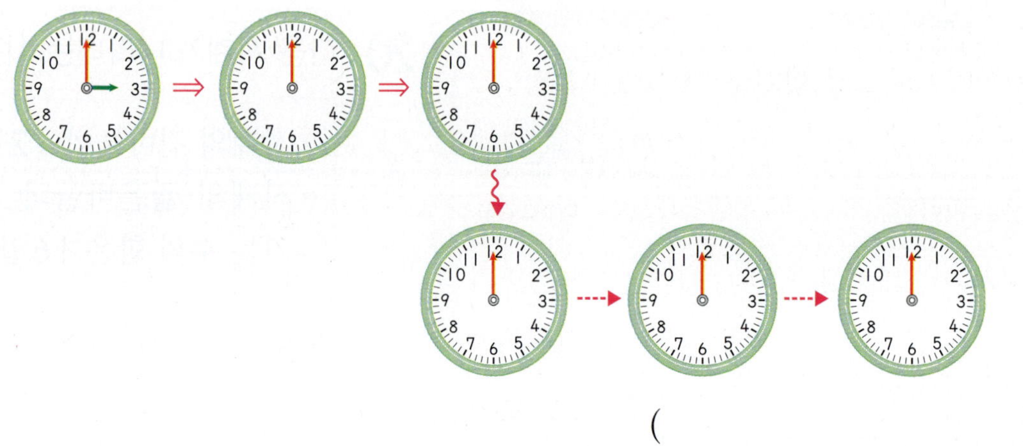

(   )

4 덧셈과 뺄셈 (2)

비법 **1** 이어 세기로 덧셈하기

덧셈식: $8+6=14$

비법 **2** 가르기하여 덧셈하기

- $8+6$ 계산하기

방법1 8과 더하여 10을 만들기 위해 6을 2와 4로 가르기

$8+6$

합: 10 　　2　　4　　　⇨ $8+6=14$

방법2 6과 더하여 10을 만들기 위해 8을 4와 4로 가르기

$8+6$

4　　4　　합: 10　　⇨ $8+6=14$

방법3 5와 5를 더하여 10을 만들기 위해 8을 5와 3으로, 6을 5와 1로 가르기

$8　+　6$

5　3　5　1　　⇨ $8+6=14$

합: 10

비법 **3** 여러 가지 덧셈하기

더하는 수가 1씩 커지면 합이 1씩 커집니다.

더해지는 수가 1씩 작아지면 합이 1씩 작아집니다.

$9+5=14$	$9+6=15$	$9+7=16$	$9+8=17$
$8+5=13$	$8+6=14$	$8+7=15$	$8+8=16$
$7+5=12$	$7+6=13$	$7+7=14$	$7+8=15$
$6+5=11$	$6+6=12$	$6+7=13$	$6+8=14$

같은 색으로 칠한 식끼리는 합이 같습니다. 더하는 두 수 중 한 수가 1씩 커지고 다른 수가 1씩 작아지면 합이 같습니다.

- 이어 세기로 덧셈하기

$6+5$

⇨ 6부터 5만큼 이어 세면 11이 됩니다.

⇨ $6+5=11$

- (몇)+(몇)=(십몇)의 계산

두 수 중에서 큰 수와 더해서 10이 되도록 작은 수를 가르기하는 것이 편리합니다.

예　$5+9=14$　　$8+4=12$

　　4　1　　　　2　2

- 덧셈에서 알 수 있는 점

① 더하는 두 수 중 한 수가 1씩 커지면 합이 1씩 커집니다.

② 더하는 두 수 중 한 수가 1씩 작아지면 합이 1씩 작아집니다.

③ 더하는 두 수 중 한 수가 1 커지고 다른 수가 1 작아지면 합이 같습니다.

④ 두 수의 순서를 바꾸어 더해도 합이 같습니다.

$7+6=13$

$6+7=13$

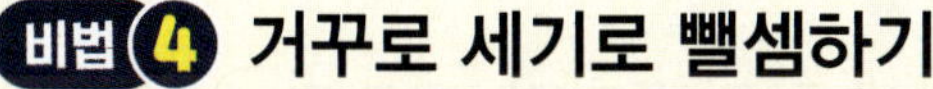

비법 4 · 거꾸로 세기로 뺄셈하기

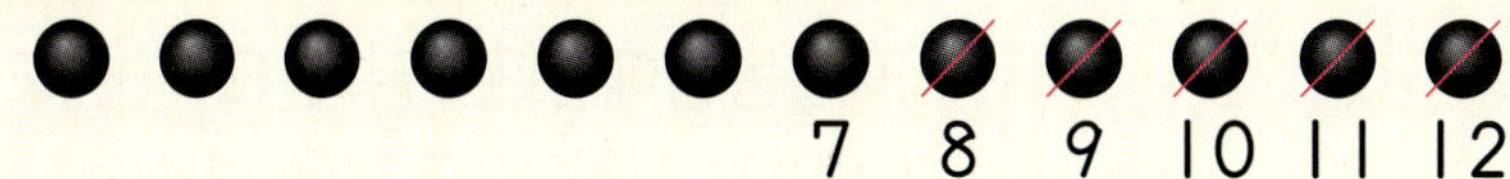

뺄셈식: $12-5=7$

비법 5 · 가르기하여 뺄셈하기

• $13-4$ 계산하기

방법 1 3을 먼저 빼기 위해 4를 3과 1로 가르기

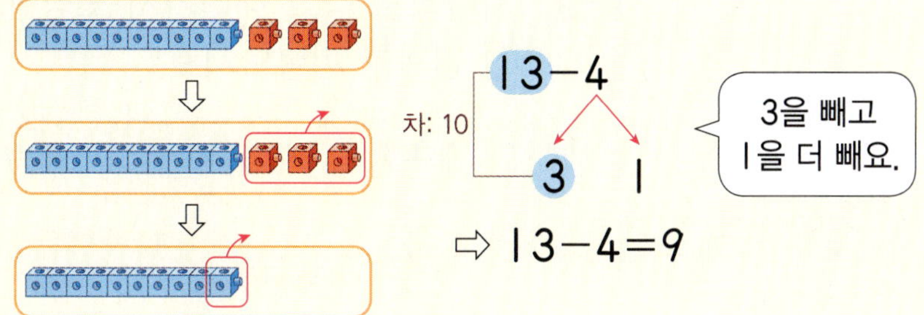

방법 2 10에서 4를 한 번에 빼기 위해 13을 10과 3으로 가르기

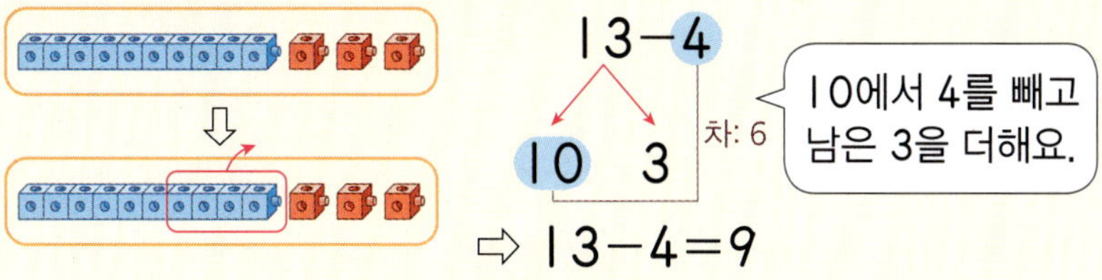

비법 6 · 여러 가지 뺄셈하기

4

덧셈과 뺄셈 (2)

• 거꾸로 세기로 뺄셈하기

$11-6$

⇨ 11부터 6만큼 거꾸로 세면 5가 됩니다.

⇨ $11-6=5$

• (십몇)−(몇)=(몇)의 계산

① 두 수의 낱개의 수가 같으면 차는 10이 됩니다.

예 $13-3=10$, $14-4=10$, $15-5=10$, $16-6=10$

② 빼는 수를 가르기하여 십몇에서 몇을 빼서 10이 되게 한 다음 남은 수를 뺍니다.

예  $14-6=8$

4 2

③ 빼지는 수를 10과 몇으로 가르기하여 10에서 빼는 수를 한 번에 뺀 다음 남은 수를 더합니다.

예 $14-6=8$

10 4

• 뺄셈에서 알 수 있는 점

① 빼는 수가 1씩 커지면 차가 1씩 작아지고, 빼는 수가 1씩 작아지면 차가 1씩 커집니다.

② 빼지는 수가 1씩 커지면 차가 1씩 커지고, 빼지는 수가 1씩 작아지면 차가 1씩 작아집니다.

③ 빼지는 수와 빼는 수가 모두 1씩 커지거나 1씩 작아지면 차가 같습니다.

1 덧셈하기

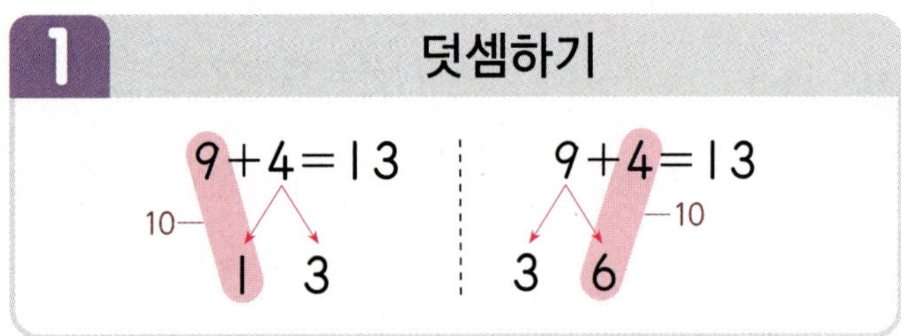

1-1 •보기•와 같은 방법으로 계산하시오.

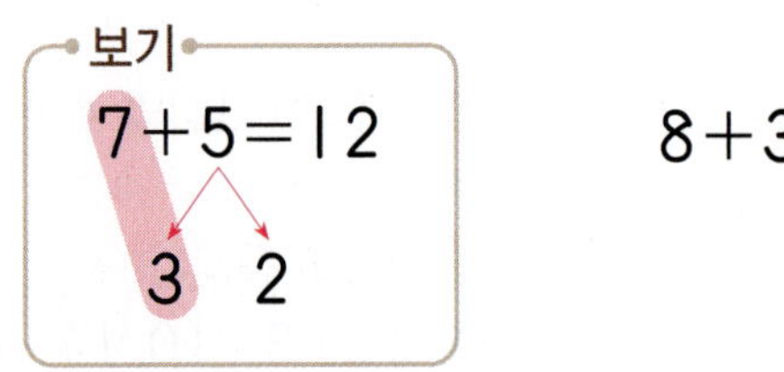

$$8+3$$

1-2 두 수의 합을 구하시오.

6	7

( )

1-3 크기를 비교하여 ○ 안에 >, =, <를 알맞게 써넣으시오.

$9+2$ ○ 13

1-4 농장에 닭이 5마리, 오리가 6마리 있습니다. 농장에 있는 닭과 오리는 모두 몇 마리인지 식을 쓰고 답을 구하시오.

식 _______________________

답 _______________________

1-5 사다리를 타고 내려가서 도착한 곳에 계산 결과를 써넣으시오.

1-6 대화를 읽고 미라와 진호 중 색종이를 더 많이 사용한 사람의 이름을 쓰시오.

( )

1-7 두 수의 합이 작은 것부터 차례대로 이어 보시오.

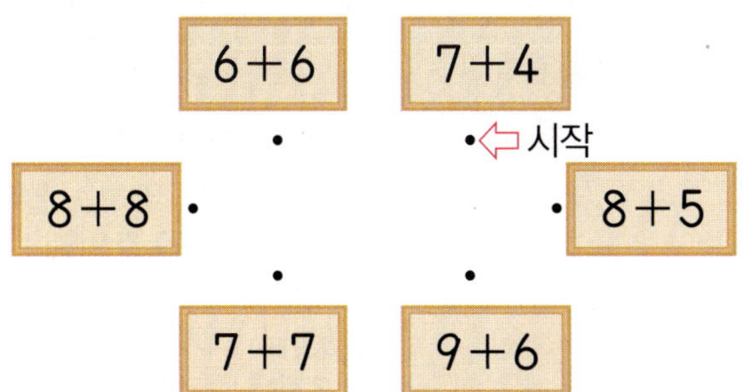

1-8 은지가 책을 월요일에는 **4**쪽 읽고, 화요일에는 월요일보다 **5**쪽 더 많이 읽었습니다. 수요일에는 화요일보다 **9**쪽 더 많이 읽었다면 수요일에 읽은 책은 몇 쪽입니까?

(   )

---

2   **여러 가지 덧셈하기**

8+3=11	9+5=14
8+4=12	8+5=13
8+5=13	7+5=12

1씩 큰 수를 더하면 합이 1씩 커집니다.

1씩 작은 수가 더해지면 합이 1씩 작아집니다.

2-1 두 수의 합이 **11**인 칸에 모두 색칠하시오.

4+5	4+6	4+7	4+8
5+5	5+6	5+7	5+8
6+5	6+6	6+7	6+8
7+5	7+6	7+7	7+8

2-2 두 수의 합을 구한 후 그 합에 해당하는 글자를 •보기•에서 찾아 쓰시오.

보기

11	12	13	14	15	16
교	소	감	나	화	무

9+3=☐	9+5=☐	9+7=☐

2-3 수 카드의 수 중 합이 **15**인 두 수를 골라 덧셈식을 **2**개 쓰시오.

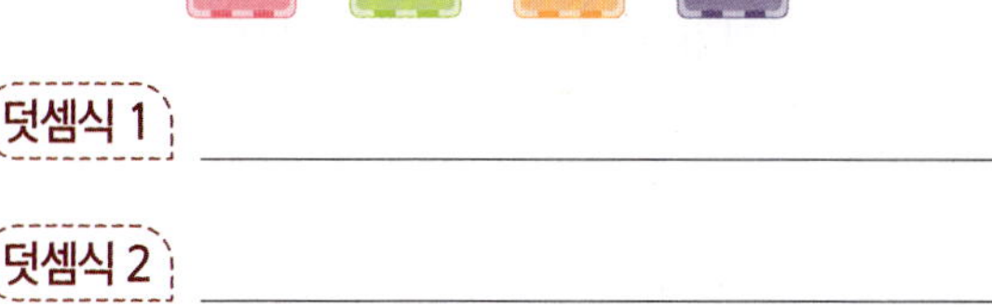

덧셈식 1 _______________

덧셈식 2 _______________

2-4 ★이 있는 칸에 들어갈 식과 합이 같은 식 **2**개를 찾아 쓰시오.

7+5 12	7+6 13	7+7 14
8+5 13	★	8+7 15
9+5 14	9+6 15	9+7 16

☐ + ☐

☐ + ☐

3 뺄셈하기

$$13 - 9 = 4 \quad | \quad 13 - 9 = 4$$
$$\quad 3 \quad 6 \quad | \quad 10 \quad 3$$

3-1 •보기•와 같은 방법으로 계산하시오.

보기
$$14 - 6 = 8$$
$$\quad 4 \quad 2$$

$$12 - 7$$

3-2 계산 결과를 찾아 선으로 이어 보시오.

$$11 - 4 \quad \cdot \qquad \cdot \quad 7$$

$$12 - 8 \quad \cdot \qquad \cdot \quad 4$$

3-3 <u>잘못</u> 계산한 식을 찾아 바르게 고치시오.

$$16 - 7 = 9 \qquad 14 - 5 = 7$$

____

3-4 대화를 읽고 콩 주머니는 배구공보다 몇 개 더 많은지 구하시오.

(   )

3-5 두 수의 차가 적힌 곳을 따라 가며 미로를 탈출하시오.

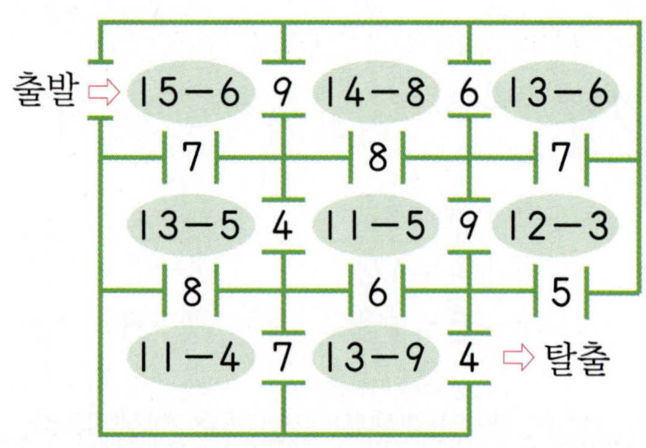

3-6 ●는 같은 수를 나타냅니다. □ 안에 알맞은 수를 구하시오.

$$14 - 9 = ●$$
$$● + 7 = □$$

(   )

3-7 〔서술형〕

예은이와 동생이 땅콩을 각각 13개씩 가지고 있습니다. 각자 땅콩을 먹은 후 남은 땅콩의 수를 세어 보니 예은이는 5개, 동생은 7개였습니다. 두 사람이 먹은 땅콩은 모두 몇 개인지 풀이 과정을 쓰고 답을 구하시오.

〔풀이〕 ________________________________

____

____

〔답〕 ________________________

---

4 **여러 가지 뺄셈하기**

$12-3=9$
$12-4=8$
$12-5=7$

1씩 큰 수를 빼면 차가 1씩 작아집니다.

$13-9=4$
$14-9=5$
$15-9=6$

1씩 커지는 수에서 같은 수를 빼면 차가 1씩 커집니다.

4-1 두 수의 차가 8인 칸에 모두 색칠하시오.

$11-4$	$12-4$	$13-4$	$14-4$
$11-5$	$12-5$	$13-5$	$14-5$
$11-6$	$12-6$	$13-6$	$14-6$
$11-7$	$12-7$	$13-7$	$14-7$

4-2 차가 8인 뺄셈식을 모두 찾아 기호를 쓰시오.

㉠ $14-6$ ㉡ $14-7$
㉢ $15-7$ ㉣ $11-4$

(   )

4-3 〔서술형〕 뺄셈을 하고 알게 된 것을 쓰시오.

$13-7=\boxed{6}$

$13-8=\boxed{}$

$13-9=\boxed{}$

〔알게 된 것〕 ________________________

____

4-4 옆으로 뺄셈식이 되는 세 수를 모두 찾아 □−□=□ 표 하시오.

$14-7=7$			6	16
13	5	17	9	8
15	12	6	6	2

4-5 세 수를 각각 골라 차가 같은 뺄셈식을 2개 만들어 보시오.

15, 5, 2, 9, 14, 11

□ − □ = □

□ − □ = □

STEP 2 응용 유형 익히기

응용 1

덧셈, 뺄셈하기

예제 1-1 8+5와 계산 결과가 같은 것을 모두 알아보시오.

> ㉠ 7+7 ㉡ 9+5
> ㉢ 7+6 ㉣ 4+9

생각 열기

먼저 8+5는 얼마인지 알아봅니다.

(1) 8+5는 얼마입니까?

(　　　　　　)

(2) ㉠, ㉡, ㉢, ㉣은 각각 얼마입니까?

㉠ (　　　　　　), ㉡ (　　　　　　)

㉢ (　　　　　　), ㉣ (　　　　　　)

(3) 8+5와 계산 결과가 같은 것을 모두 찾아 기호를 쓰시오.

(　　　　　　)

예제 1-2 11-4와 계산 결과가 같은 것을 모두 찾아 기호를 쓰시오.

> ㉠ 12-5 ㉡ 15-7
> ㉢ 16-9 ㉣ 14-8

(　　　　　　)

예제 1-3 계산 결과가 큰 것부터 차례대로 기호를 쓰시오.

> ㉠ 9+6 ㉡ 13-8
> ㉢ 17-9 ㉣ 8+8

(　　　　　　)

응용 2 차가 가장 큰 뺄셈식, 합이 가장 큰 덧셈식 만들기

예제 2-1 다음 중에서 두 수를 골라 차가 가장 큰 뺄셈식을 만들어 계산해 보시오.

| 10 | 7 | 12 | 9 | 13 |

생각 열기

(빼지는 수)−(빼는 수)에서 빼지는 수가 클수록, 빼는 수가 작을수록 두 수의 차는 커집니다.

(1) 알맞은 말에 ○표 하시오.

> 차가 가장 크려면 가장 (큰 , 작은) 수에서 가장 (큰 , 작은) 수를 뺍니다.

(2) 가장 큰 수와 가장 작은 수를 찾아 쓰시오.

가장 큰 수 (   ), 가장 작은 수 (   )

(3) 차가 가장 큰 뺄셈식을 만들어 계산해 보시오.

$$\square - \square = \square$$

예제 2-2 다음 수 카드의 수 중에서 두 수를 골라 차가 가장 큰 뺄셈식을 만들어 계산해 보시오.

$$\square - \square = \square$$

예제 2-3 다음 수 카드의 수 중에서 두 수를 골라 합이 가장 큰 덧셈식을 만들어 계산해 보시오.

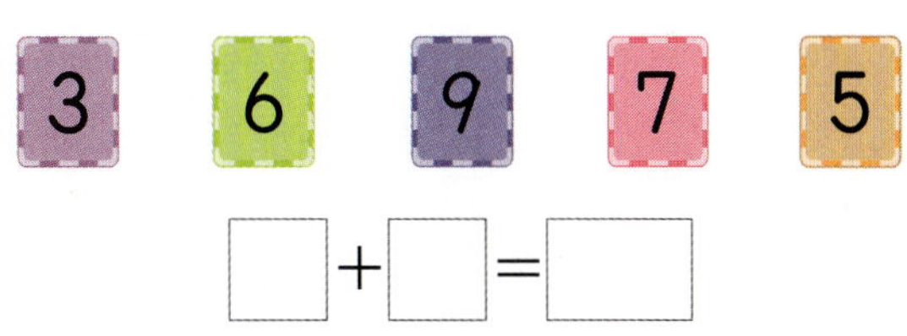

$$\square + \square = \square$$

응용 **3** 덧셈의 활용

예제 3-1 연필을 승주는 3자루 가지고 있고, 경민이는 승주보다 6자루 더 많이 가지고 있습니다. 승주와 경민이가 가지고 있는 연필은 모두 몇 자루인지 알아보시오.

생각 열기
먼저 경민이가 가지고 있는 연필의 수를 구합니다.

(1) 경민이는 연필을 몇 자루 가지고 있습니까?

(   )

(2) 승주와 경민이가 가지고 있는 연필은 모두 몇 자루입니까?

(   )

예제 3-2 민호의 나이는 5살입니다. 형의 나이는 민호보다 3살 더 많고, 누나의 나이는 형보다 4살 더 많습니다. 누나의 나이는 몇 살입니까?

(   )

예제 3-3 수진이와 지혜는 어제와 오늘 수학 시험을 보았습니다. 수진이는 어제 7문제, 오늘 8문제를 맞혔고 지혜는 어제 9문제, 오늘 5문제를 맞혔습니다. 어제와 오늘 맞힌 문제 수는 누가 더 많습니까?

(   )

응용 4 · 뺄셈의 활용

예제 4-1 빨간색 풍선이 14개, 파란색 풍선이 12개 있습니다. 그중에서 빨간색 풍선 8개와 파란색 풍선 5개가 날아갔습니다. 어느 색 풍선이 더 많이 남았는지 알아보시오.

생각 열기
색깔별로 남은 풍선의 수를 알아봅니다.

(1) 빨간색 풍선은 몇 개가 남았습니까?

( )

(2) 파란색 풍선은 몇 개가 남았습니까?

( )

(3) 어느 색 풍선이 더 많이 남았습니까?

( )

예제 4-2 영준이네 모둠과 휘경이네 모둠의 전체 학생 수와 여학생 수를 각각 나타낸 것입니다. 어느 모둠의 남학생 수가 더 많습니까?

	영준이네 모둠	휘경이네 모둠
전체 학생 수	13명	16명
여학생 수	6명	7명

( )

예제 4-3 희수와 진아가 공을 차서 골대에 넣는 놀이를 하였습니다. 공을 각각 15개씩 차서 희수는 7개를 골대에 넣었고, 진아는 9개를 골대에 넣었습니다. 골대에 넣지 못한 공은 누가 몇 개 더 많은지 차례로 쓰시오.

( ), ( )

응용 5 · 모르는 수 구하기

예제 5-1 같은 모양은 같은 수를 나타냅니다. ■에 알맞은 수를 알아보시오.

$$6 + 8 = ★$$
$$★ - 5 = ♥$$
$$6 + ■ = ♥$$

생각 열기

★, ♥, ■의 순서로 구합니다.

(1) ★에 알맞은 수를 구하시오.

(　　　　　　　)

(2) ♥에 알맞은 수를 구하시오.

(　　　　　　　)

(3) ■에 알맞은 수를 구하시오.

(　　　　　　　)

예제 5-2 같은 모양은 같은 수를 나타냅니다. ◉에 알맞은 수를 구하시오.

$$12 - 9 = ◆$$
$$◆ + 6 = ▲$$
$$17 - ▲ = ◉$$

(　　　　　　　)

예제 5-3 같은 모양은 같은 수를 나타냅니다. ▲에 알맞은 수를 구하시오.

$$5 + 6 = ★, \quad ★ - 3 = ◆$$
$$◆ + ◆ = ●, \quad ● - ▲ = 10$$

(　　　　　　　)

응용 6

□ 안에 들어갈 수 있는 수 구하기

예제 6-1 1부터 9까지의 수 중에서 □ 안에 들어갈 수 있는 수를 모두 알아보시오.

$$17-9>4+\square$$

생각 열기

먼저 17−9는 얼마인지 알아봅니다.

(1) 17−9는 얼마입니까?

(　　　　　　　　　)

(2) □ 안에 1부터 차례대로 넣어 계산하시오.

$$4+\boxed{1}=\boxed{},\ 4+\boxed{2}=\boxed{},$$

$$4+\boxed{}=\boxed{},\ 4+\boxed{}=\boxed{}$$

(3) □ 안에 들어갈 수 있는 수를 모두 구하시오.

(　　　　　　　　　)

예제 6-2 1부터 9까지의 수 중에서 □ 안에 들어갈 수 있는 수를 모두 구하시오.

$$6+\square>4+7$$

(　　　　　　　　　)

예제 6-3 1부터 9까지의 수 중에서 □ 안에 공통으로 들어갈 수 있는 수를 모두 구하시오.

$$14-6>3+\square,\ 11-9<\square$$

(　　　　　　　　　)

응용 7 | 덧셈과 뺄셈의 활용 (1)

예제 7–1 빨간 색연필과 파란 색연필은 같은 수만큼 있고 볼펜은 9자루 있습니다. 빨간 색연필, 파란 색연필, 볼펜이 모두 15자루일 때 빨간 색연필은 몇 자루인지 알아보시오.

생각 열기
전체의 수에서 볼펜의 수를 빼면 빨간 색연필과 파란 색연필의 수가 됩니다.

(1) 빨간 색연필, 파란 색연필, 볼펜은 모두 몇 자루입니까?

(   )

(2) 빨간 색연필과 파란 색연필은 모두 몇 자루입니까?

(   )

(3) 빨간 색연필은 몇 자루입니까?

(   )

예제 7–2 노란색 우산과 초록색 우산은 같은 수만큼 있고 노란색 우산, 분홍색 우산, 초록색 우산은 모두 13개입니다. 빈칸에 알맞은 수를 써넣으시오.

노란색 우산	분홍색 우산	초록색 우산
☐개	5개	☐개

예제 7–3 꽃집에 백합, 장미, 해바라기, 국화가 있습니다. 백합과 장미는 같은 수만큼 있고 해바라기는 7송이, 국화는 2송이 있습니다. 백합, 장미, 해바라기, 국화가 모두 19송이일 때 장미는 몇 송이입니까?

(   )

응용 8 덧셈과 뺄셈의 활용 (2)

예제 8-1 딱지를 현석이는 **18**장, 미진이는 **13**장 가지고 있습니다. 그중 현석이는 **9**장을 친구에게 주었고, 미진이는 **6**장을 동생에게 주었습니다. 현석이와 미진이에게 남은 딱지는 모두 몇 장인지 알아보시오.

생각 열기

상황에 맞게 덧셈식이나 뺄셈식으로 나타냅니다.

(1) 현석이에게 남은 딱지는 몇 장입니까?

( )

(2) 미진이에게 남은 딱지는 몇 장입니까?

( )

(3) 현석이와 미진이에게 남은 딱지는 모두 몇 장입니까?

( )

예제 8-2 초록색 버스에는 남자 **4**명과 여자 **9**명이 타고 있고, 파란색 버스에는 남자 **5**명과 여자 **3**명이 타고 있습니다. 어느 색 버스에 몇 명 더 많이 타고 있는지 차례로 쓰시오.

( ), ( )

예제 8-3 준호는 도화지를 **9**장 가지고 있었는데 **6**장을 더 샀습니다. 하랑이는 도화지를 **12**장 가지고 있었는데 친구에게 **3**장을 주었습니다. 누가 도화지를 몇 장 더 많이 가지고 있는지 차례로 쓰시오.

( ), ( )

3 STEP 응용 유형 뛰어넘기

뺄셈하기

1 계산 결과가 같은 것끼리 선으로 이어 보시오.

● 쌍둥이

16−8 ·		· 12−5
14−7 ·		· 17−9

덧셈하기 〔서술형〕

2 그림을 보고 알맞은 덧셈 문제를 만들고 답을 구하시오.

● 쌍둥이

〔문제〕

(   )

뺄셈하기

3 유연이와 친구들이 갯벌에서 잡은 게의 수입니다. 게를 가장 많이 잡은 사람과 가장 적게 잡은 사람의 잡은 게의 수의 차는 몇 마리입니까?

유연	석현	지웅	하율

(   )

4

덧셈과
뺄셈
(2)

덧셈하기, 뺄셈하기

4 ㉠에 알맞은 수를 구하시오.

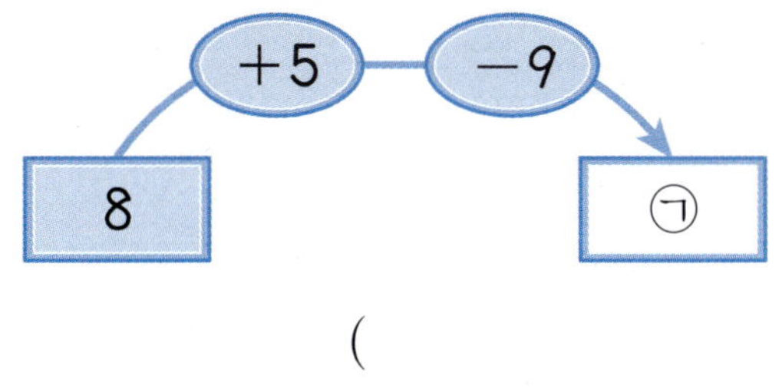

$$8 \xrightarrow{+5} \xrightarrow{-9} ㉠$$

(   )

여러 가지 뺄셈하기　　　　　　　　　　　서술형

5 가로줄과 세로줄에 있는 두 수의 차를 구하여 표
❱쌍둥이 를 완성하고 표에서 알 수 있는 뺄셈의 특징을 찾
아 **2**가지 쓰시오.

−	11	12	13	14	15	16	17
7	4					9	10
8		4		6		8	
9	2			5	6		

11−7=4

┌─────┐
│특징 │
└─────┘

뺄셈하기　　　　　　　　　　　　　　　창의·융합

6 진구의 휴대 전화 비밀번호는 ㉠, ㉡, ㉢, ㉣의 결
❱쌍둥이 과를 차례대로 쓴 것입니다. 비밀번호를 구하시오.
▶동영상

㉠	㉡	㉢	㉣
15−8	14−9	11−7	13−4

(   )

여러 가지 뺄셈하기

7 다음 뺄셈의 계산 결과는 모두 같습니다. ㉠, ㉡에
알맞은 수를 각각 구하시오.

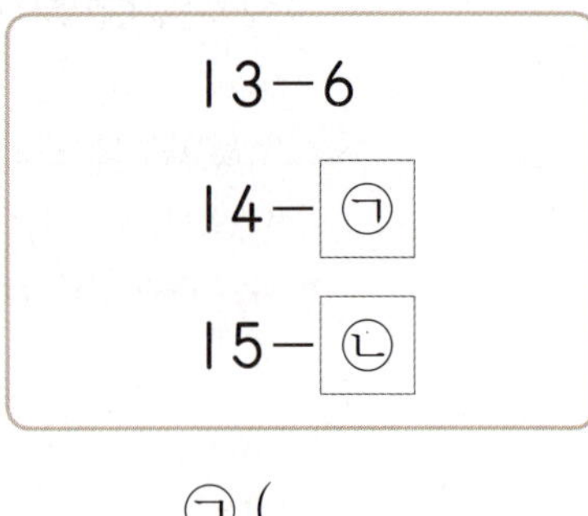

㉠ (   )

㉡ (   )

덧셈하기

8 옆으로 또는 아래로 덧셈식이 되는 세 수를 모두
🔄 쌍둥이   찾아 ⬚+⬚=⬚ 표 하시오.
▶ 동영상

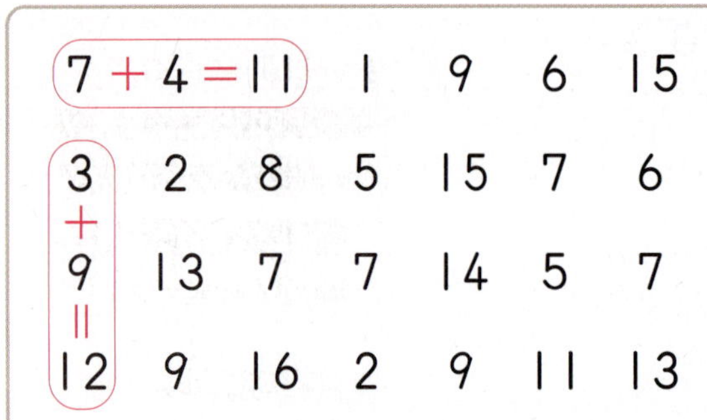

덧셈하기, 뺄셈하기

9 ㉠과 ㉡에 알맞은 수의 차를 구하시오.
🔄 쌍둥이

$$5+7=㉠, \quad 16-8=㉡$$

(   )

덧셈하기, 뺄셈하기　　　　　　　　　　　서술형

10 계산 결과가 $15-7$ 보다 크고 $6+8$ 보다 작은 것을 모두 찾아 기호를 쓰려고 합니다. 풀이 과정을 쓰고 답을 구하시오.

ㄱ $6+6$　　ㄴ $13-6$　　ㄷ $14-8$

ㄹ $9+4$　　ㅁ $17-8$

(　　　　　　　　　)

풀이

덧셈하기, 뺄셈하기　　　　　　　　　　창의·융합

11 열기구에서 아래에 있는 것은 계산 결과입니다. ▲, ♥, ◆에 알맞은 수를 각각 구하시오. (단, 같은 모양은 같은 수를 나타냅니다.)

$4+8$　　▲

$▲-3$　　♥

$♥+4$　　◆

계산 결과

▲ (　　　　　　　)

♥ (　　　　　　　)

◆ (　　　　　　　)

덧셈하기, 뺄셈하기

12 •보기•에서 계산 규칙을 찾아 빈 곳에 알맞은 수를 써넣으시오.

보기

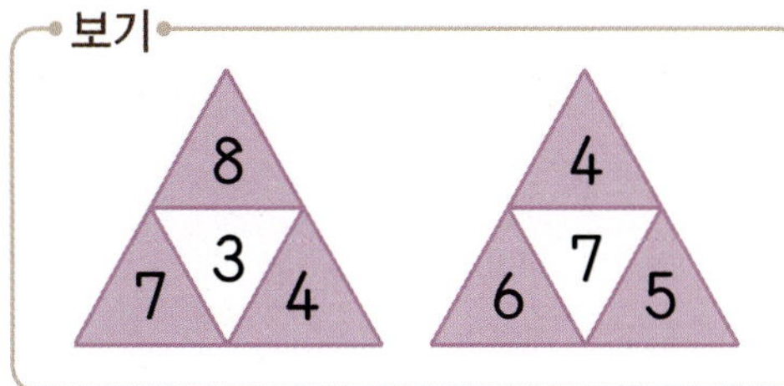

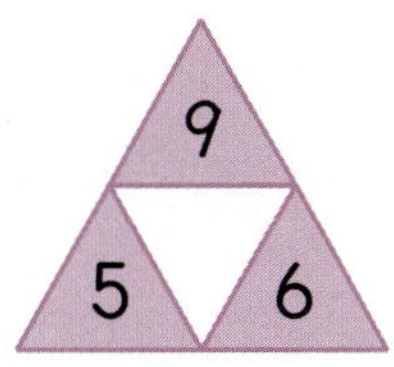

뺄셈하기

13 5부터 9까지의 수 중에서 서로 다른 수 2개를 골라 □ 안에 써넣어 다음 **뺄셈식**을 만들려고 합니다. 만들 수 있는 **뺄셈식**은 모두 몇 개입니까?

$$14-\square=\square$$

( )

여러 가지 덧셈하기

14 ●와 ★을 각각 두 번 더한 결과가 14와 18입니다. ●+★은 얼마입니까? (단, 같은 모양은 같은 수를 나타내고 ●는 ★보다 작습니다.)

●+● ★+★ ⇨ 14 18

( )

덧셈하기, 뺄셈하기　　　　　　　　　서술형

15 민서의 관찰 일기를 보고 하윤이가 딴 옥수수는 몇 개인지 풀이 과정을 쓰고 답을 구하시오.

민서의 관찰 일기	주제: 옥수수

수염
이삭
알갱이
껍데기

옥수수는 수염, 이삭, 알갱이, 껍데기로 구성되어 있고 우리가 주로 먹는 부분은 알갱이이다.

오늘 밭에서 옥수수를 나는 2개 땄고 보람이는 나보다 4개 더 많이 땄다. 나, 보람이, 하윤이가 딴 옥수수가 모두 10개씩 상자 1개와 낱개 7개였다. 하윤이는 몇 개 딴 것일까?

( )

풀이

뺄셈하기

16 5장의 수 카드 중 각자 2장씩 뽑았을 때 두 수의 차가 더 작은 사람이 이깁니다. 현수가 **3** 과 **11** 을 뽑았을 때 은채가 이기려면 어떤 수가 쓰인 카드 2장을 뽑아야 하는지 구하시오. (단, 은채는 현수가 뽑은 카드를 뽑을 수 없습니다.)

2 **3** **4** **11** **12**

(   )

덧셈하기, 뺄셈하기

창의·융합

17 오른쪽 과녁에 화살을 쏘아 파란색을 맞히면 적힌 수만큼 빼고, 빨간색을 맞히면 적힌 수만큼 더 해야 합니다. 기본 점수는 12점 이고 다음과 같이 화살 2개를 맞

혔을 때 점수가 높은 사람부터 차례대로 이름을 쓰시오.

(   )

덧셈하기

18 지훈이는 동화책을 어제는 아침에 6쪽, 낮에 3쪽, 저녁에 6쪽 읽었고, 오늘은 아침에 7쪽, 낮에 3쪽 읽었습니다. 오늘은 어제보다 더 많이 읽으려면 저녁에 적어도 몇 쪽 읽어야 합니까?

(   )

4. 덧셈과 뺄셈 (2)

1 덧셈을 하시오.

(1) 5+6=☐ (2) 9+6=☐

  5+7=☐   8+6=☐

  5+8=☐   7+6=☐

  5+9=☐   6+6=☐

2 14−6을 2가지 방법으로 계산하시오.

> **방법 1**

> **방법 2**

3 두 수의 차를 빈 곳에 써넣으시오.

15	7

4 다음 모형이 나타내는 수보다 8만큼 더 작은 수를 구하시오.

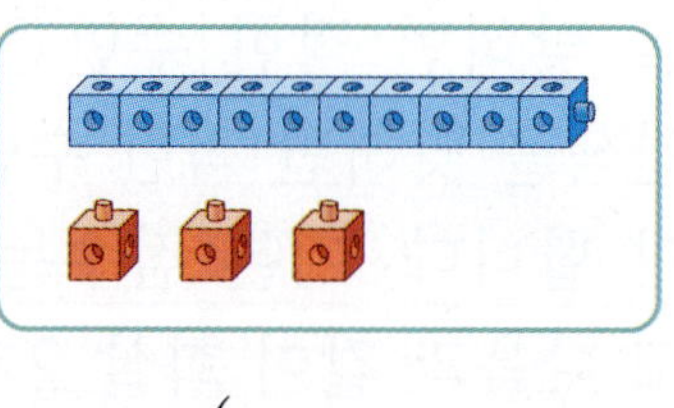

(   )

5 지용이는 칭찬 붙임딱지를 어제는 7장, 오늘은 4장 받았습니다. 지용이가 어제와 오늘 받은 칭찬 붙임딱지는 모두 몇 장인지 식을 쓰고 답을 구하시오.

식 ____________________

답 ____________________

6 크기를 비교하여 ○ 안에 >, =, <를 알맞게 써넣으시오.

$$6+8 \quad \bigcirc \quad 7+9$$

7 수와 기호를 한 번씩 모두 사용하여 덧셈식을 2개 만들어 보시오.

$$8, \ 4, \ 12, \ +, \ =$$

① ⬜⬜⬜⬜⬜

② ⬜⬜⬜⬜⬜

8 빈 곳에 알맞은 수를 써넣으시오.

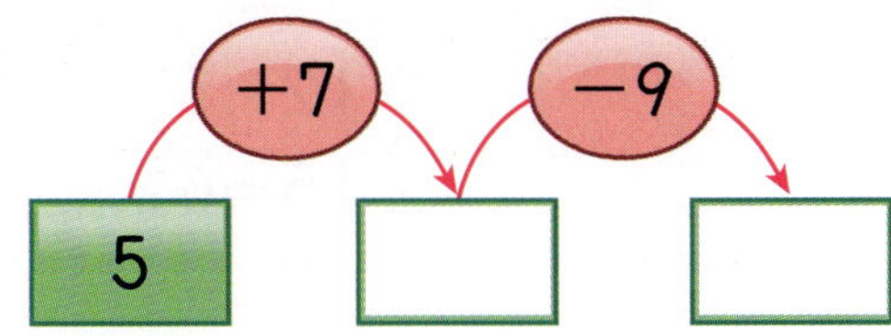

9 차가 같은 뺄셈식을 찾아 같은 색으로 칠하시오.

	13−7	
14−6	14−7	14−8
15−6	15−7	15−8
	16−7	

10 승희는 타일을 17개 붙이려고 합니다. 지금까지 8개를 붙였다면 몇 개를 더 붙여야 하는지 식을 쓰고 답을 구하시오.

식 __________________

답 __________________

11 두 수의 합이 작은 것부터 차례대로 이어 보시오.

12 실에 구슬 13개를 꿰어 놓았습니다. 상자 안에 있는 구슬은 몇 개입니까?

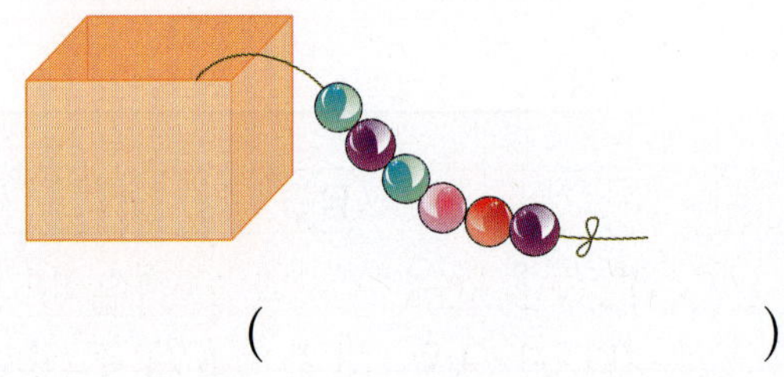

( )

13 가장 작은 수와 가장 큰 수의 합을 구하시오.

7, 4, 9

( )

14 빈 곳에 알맞은 수를 써넣으시오.

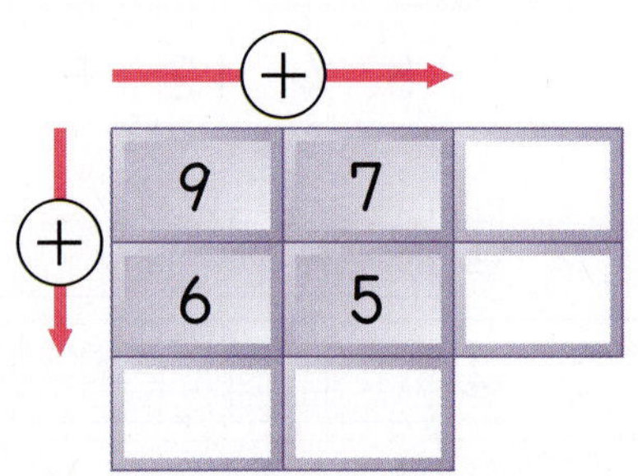

15 ㉮와 ㉯ 사이의 수를 구하시오.

㉮ 12-5
㉯ 15-6

( )

창의·융합

16 수 카드를 각자 **2**장씩 골랐을 때 카드에 적힌 두 수의 합이 더 큰 사람이 이기는 놀이를 하였습니다. 미라와 진호 중 이긴 사람은 누구입니까?

( )

서술형

17 나미의 필통 속에는 연필, 색연필, 사인펜이 모두 **1**5자루 있습니다. 연필은 5자루, 색연필은 3자루일 때 사인펜은 몇 자루인지 풀이 과정을 쓰고 답을 구하시오.

풀이 _______________________________

____

____

답 _______________

18 가, 나, 다 매표소에 사람들이 줄을 서 있습니다. 가 매표소에는 **1**1명이 서 있고, 나 매표소에는 가 매표소보다 **5**명 더 적게 서 있습니다. 다 매표소에는 나 매표소보다 **9**명 더 많이 서 있다면 다 매표소에 서 있는 사람은 몇 명입니까?

( )

19 ★에 알맞은 수를 구하시오. (단, 같은 모양은 같은 수를 나타냅니다.)

$$6 + \triangle = 13$$
$$16 - \triangle = ★$$

( )

20 진희는 한 봉지에 **7**개씩 들어 있는 사탕을 **2**봉지 사서 **9**개를 먹었습니다. 민영이는 가지고 있던 사탕 **1**6개 중에서 **7**개를 먹고, 동생에게 **3**개를 주었습니다. 남은 사탕은 누가 몇 개 더 많은지 차례로 쓰시오.

( ), ( )

★ 정답은 **43**쪽

① •보기•와 같은 규칙으로 계산하여 빈 곳에 알맞은 수를 써넣으시오.

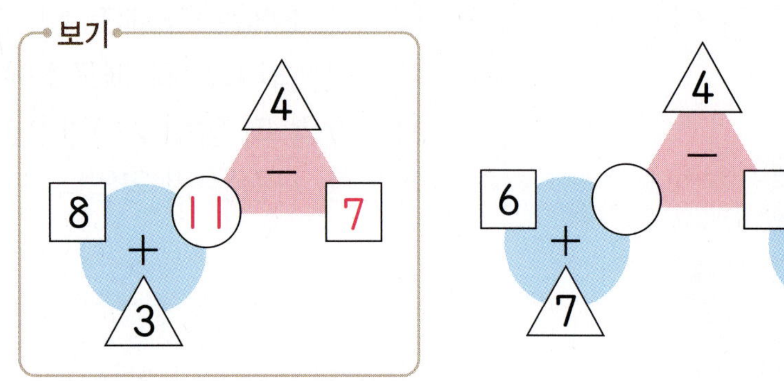

② 뺄셈 놀이에서 먼저 '빙고'를 외치는 사람이 이깁니다. 선생님께서 다음 과 같이 수 카드를 보여 주셨습니다. 해주와 진호 중 뺄셈 놀이에서 이기 는 사람은 누구입니까?

놀이 방법			
2 5 9 4 6 3 2 3 8 5 8 9 4 7 6 7	**13** **9** ⇨ 13−9=4	2 5 9 ④ 6 3 2 3 8 5 8 9 4 7 6 7	2 5 9 ④ 6 3 ② 3 ⑧ ⑤ ⑧ ⑨ ④ 7 6 ⑦
1. 놀이판에 2부터 9 까지의 수를 두 번씩 씁니다.	2. 선생님께서 보여 주시는 수 카드 2장의 차를 구합니다.	3. 놀이판에서 그 차가 있는 한 칸에만 ○표 합니다.	4. →, ↓, ↘, ↗ 방향 으로 두 줄을 완성하 면 '빙고'를 외칩니다.

해주

7	9	②	④
③	⑤	8	⑨
7	5	④	2
3	⑥	⑧	6

진호

②	⑧	④	⑥
③	⑨	⑤	2
7	5	3	8
④	9	7	6

(   )

5 규칙 찾기

● **학습계획표**
계획표대로 공부했으면 ○표, 못했으면 △표 하세요.

내용	쪽수	날짜	확인
일등 비법	106~107쪽	월 일	
STEP 1 기본 유형 익히기	108~111쪽	월 일	
STEP 2 응용 유형 익히기	112~115쪽	월 일	
STEP 3 응용 유형 뛰어넘기	116~121쪽	월 일	
실력 평가	122~125쪽	월 일	
창의 사고력	126쪽	월 일	

비법 ① 규칙을 찾고 말하기

> ① 처음 모양(색깔)이 다시 나오는 곳의 바로 앞까지 묶습니다.
> ② 묶은 부분이 반복되고 있는지 확인해 보고 규칙을 찾습니다.

예 모양의 규칙 찾기

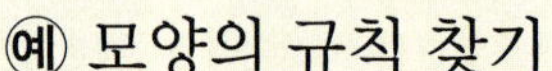
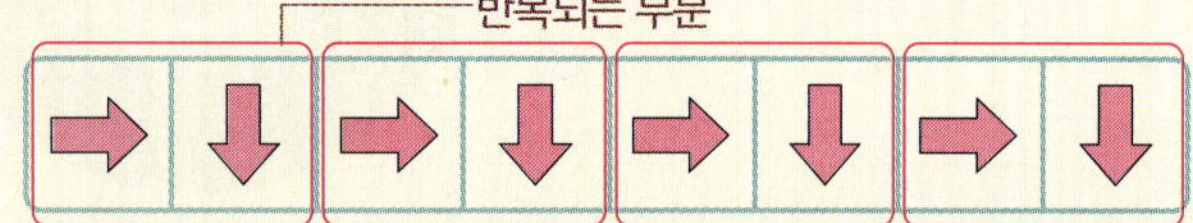

규칙 ➡와 ⬇가 반복됩니다.

예 색깔의 규칙 찾기

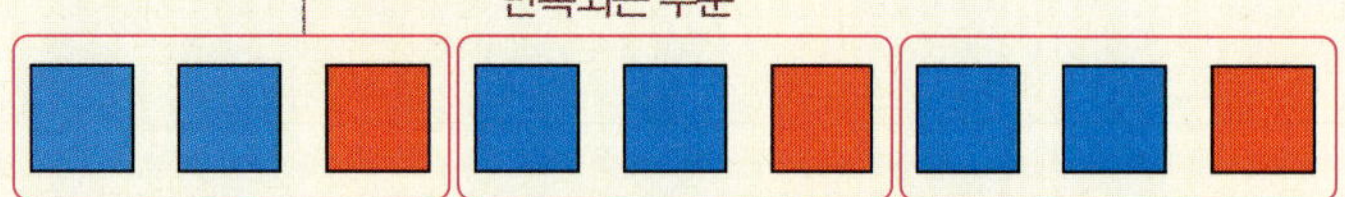

규칙 파란색, 파란색, 빨간색이 반복됩니다.

비법 ② 규칙을 만들어 무늬 꾸미기

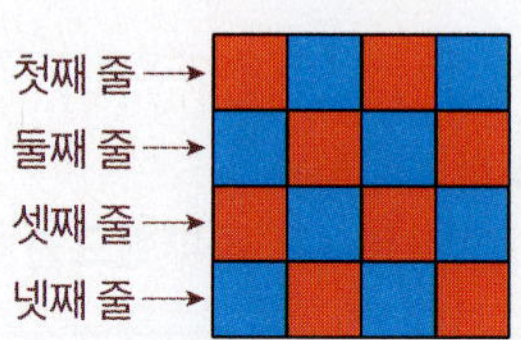

규칙 첫째 줄과 셋째 줄은 ◣와 ●이 반복되고, 둘째 줄과 넷째 줄은 ●와 ◣이 반복되는 규칙입니다.

➡ 규칙에 따라 빈칸에 알맞은 모양은 ●와 ◣가 순서대로 들어갑니다.

· 규칙 찾기

〈 〈 〉 〉 〈 〈 〉 〉

① 반복되는 부분을 찾기

② 규칙 찾기

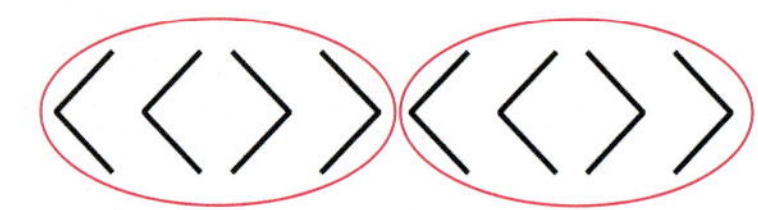이 반복됩니다.

③ 다음에 올 모양 알아보기

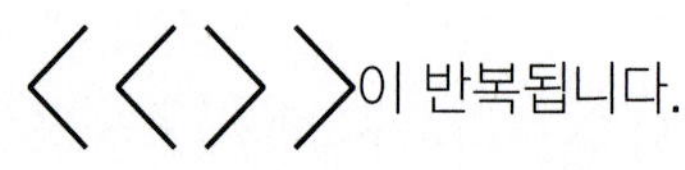이 2번 반복되었으므로 다음에 올 모양은 〈 입니다.

· 규칙에 따라 색칠하기

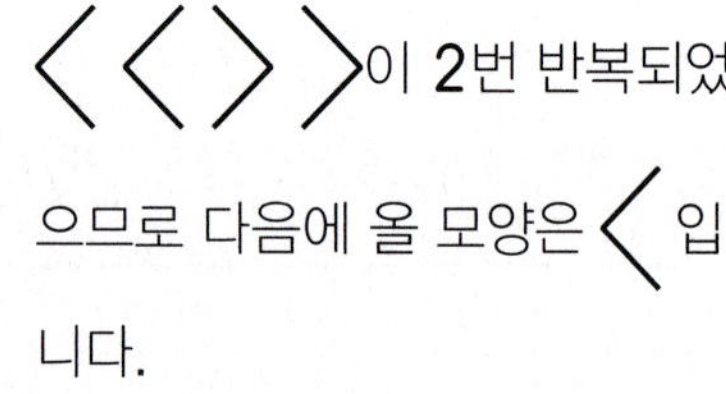

규칙 첫째 줄과 셋째 줄은 빨간색과 파란색이 반복되고, 둘째 줄과 넷째 줄은 파란색과 빨간색이 반복되는 규칙입니다.

비법 ③ 수 배열에서 규칙 찾기

| 3 | 5 | 3 | 5 | 3 | |

규칙 ┃ 3과 5가 반복되는 규칙입니다.
빈칸에 알맞은 수는 3 다음의 수인 5입니다.

| 1 | 3 | 5 | 7 | | 11 |

규칙 ┃ 1부터 시작하여 2씩 커지는 규칙입니다.
빈칸에 알맞은 수는 7보다 2만큼 더 큰 수인 9입니다.

비법 ④ 수 배열표에서 규칙 찾기

31	32	33	34	35	36	37	38	39	40
41	42	43	44	45	46	47	48	49	50
51	52	53	54	55	56	57	58	59	60
61	62	63	64	65	66	67	68	69	70

① →에 있는 수들은 31부터 시작하여 40까지 1씩 커집니다.
② ←에 있는 수들은 50부터 시작하여 41까지 1씩 작아집니다.
③ ↓에 있는 수들은 31부터 시작하여 61까지 10씩 커집니다.
④ 보라색으로 색칠한 수들은 35부터 시작하여 70까지 5씩 커집니다.

비법 ⑤ 규칙을 여러 가지 방법으로 나타내기

예 규칙을 수로 나타내기

| | | | | | | | |
| 0 | 2 | 0 | 2 | 0 | 2 | 0 | 2 |

펼친 손가락 수의 규칙을 찾고, 규칙을 수로 나타냈습니다.

✊, ✌가 반복되는 규칙입니다.

✊은 0, ✌는 2로 나타냈습니다.

· 수 배열에서 규칙 찾기

반복되는 수의 규칙, 일정한 수만큼 커지거나 작아지는 규칙(뛰어 세는 규칙)을 찾습니다.

| 2 | 2 | 4 | 2 | 2 | 4 |

⇨ 2, 2, 4가 반복됩니다.

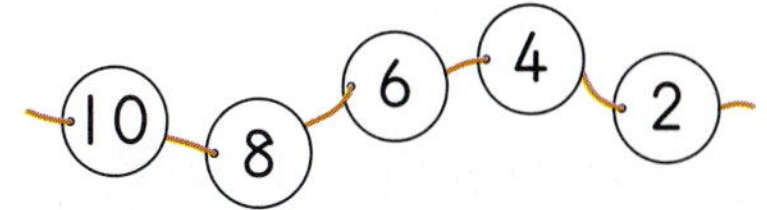

⇨ 10부터 시작하여 2씩 작아집니다.

· 수 배열표에서 규칙 찾기

1	2	3	4	5
6	7	8	9	10
11	12	13	14	15
16	17	18	19	20

규칙 ┃ 색칠한 수들은 3부터 시작하여 3씩 커집니다.

· 규칙을 모양으로 나타내기

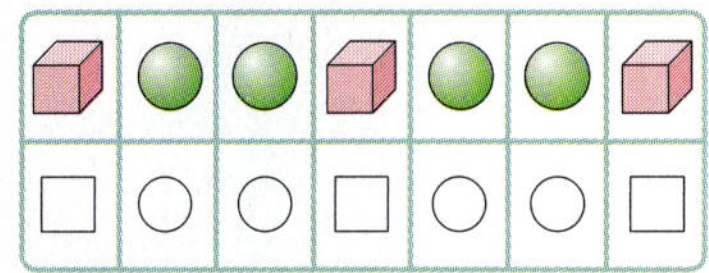

① 🟥, 🟢, 🟢이 반복되는 규칙입니다.

② 🟥은 □로, 🟢은 ○로 나타냈습니다.

5
규칙 찾기

 STEP 1 기본 유형 익히기

1 규칙을 만들어 무늬 꾸미기

예 ▶ 모양과 💚 모양으로 규칙을 만들어 무늬 꾸미기

▶	💚	▶	💚	▶	💚	▶	💚
💚	▶	💚	▶	💚	▶	💚	▶

1-1 반복되는 부분을 찾아 ⬭로 묶고 □ 안에 알맞은 모양을 그려 넣으시오.

⭐ 🔺 🟩 💗 ⭐ 🔺 🟩 💗 ⭐ □

1-2 규칙에 따라 빈칸을 채워 무늬를 완성하시오.

1-3 무늬에서 규칙을 찾아 쓰시오.

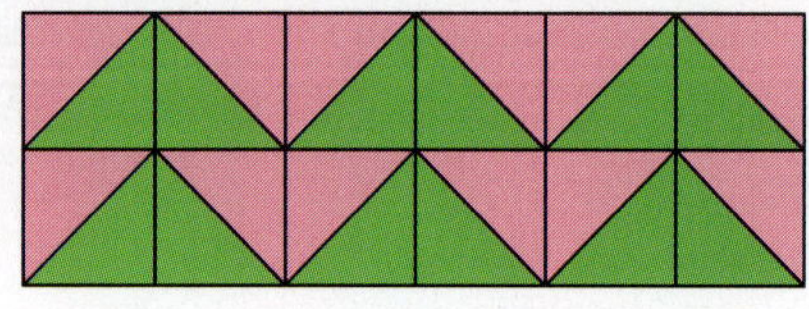

규칙 ___________________________

____

1-4 규칙에 따라 알맞은 색으로 빈칸을 색칠하시오.

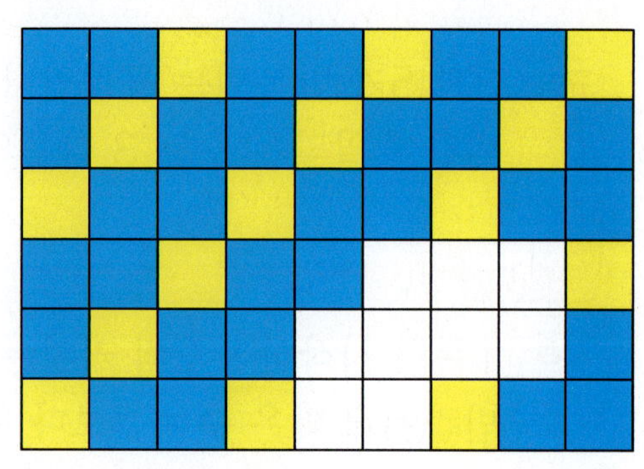

1-5 규칙에 따라 빈칸에 알맞은 모양을 그려 넣고 규칙을 쓰시오.

규칙 ___________________________

1-6 규칙에 따라 ○ 안에 알맞은 음표를 그려 넣으시오.

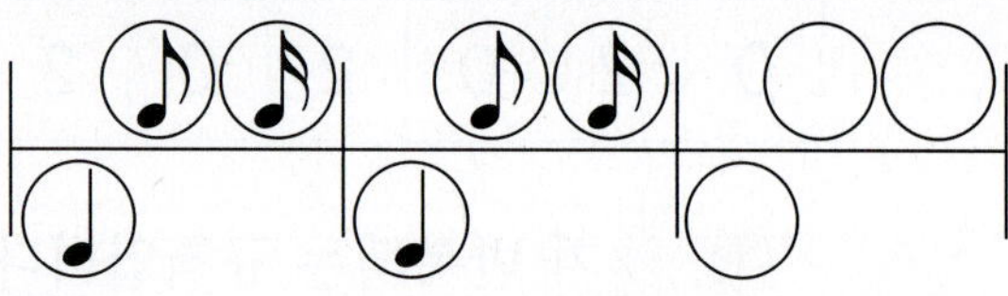

2 수 배열에서 규칙 찾기

(1) 10 — 20 — 30 — 40 — 50 — 60 — 70

⇨ 10부터 시작하여 10씩 커지는 규칙입니다.

(2) 50 — 45 — 40 — 35 — 30 — 25 — 20

⇨ 50부터 시작하여 5씩 작아지는 규칙입니다.

2-1 규칙에 따라 빈칸에 알맞은 수를 써넣으시오.

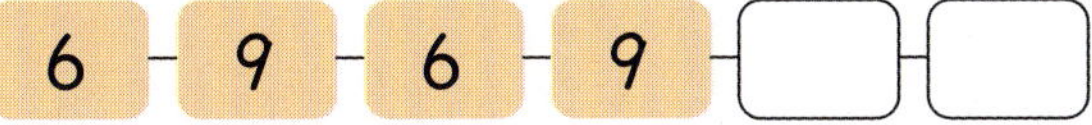

6 — 9 — 6 — 9 — ☐ — ☐

2-2 규칙에 따라 빈 곳에 알맞은 수를 써넣으시오.

2   5   8   11   ☐

2-3 다음 수 배열에서 규칙을 찾아 쓰시오.

규칙 ______________________

____

2-4 규칙에 따라 빈 곳에 알맞은 수를 써넣으시오.

2-5 다음 규칙에 따라 수를 배열하시오.

30부터 시작하여 오른쪽으로 1씩 커지고 아래쪽으로 2씩 커집니다.

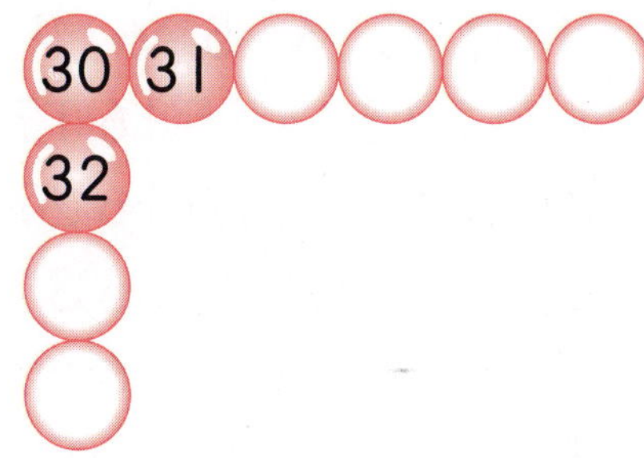

2-6 대화를 읽고 규칙에 따라 빈 곳에 알맞은 수를 써넣으시오.

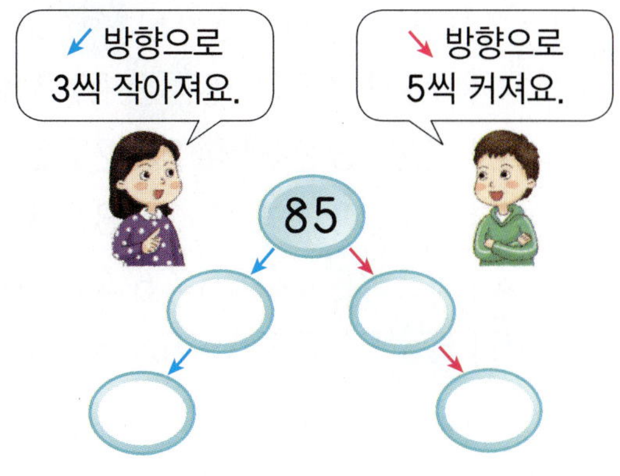

5
규칙 찾기

3 수 배열표에서 규칙 찾기

1	2	3	4	5
6	7	8	9	10
11	12	13	14	15
16	17	18	19	20

(1) ▨에 있는 수는 11부터 시작하여 → 방향으로 1씩 커지는 규칙이 있습니다.

(2) ▨에 있는 수는 5부터 시작하여 ↓ 방향으로 5씩 커지는 규칙이 있습니다.

3-1 규칙에 따라 색칠하시오.

1	2	3	4	5	6	7	8	9	10
11	12	13	14	15	16	17	18	19	20
21	22	23	24	25	26	27	28	29	30
31	32	33	34	35	36	37	38	39	40
41	42	43	44	45	46	47	48	49	50
51	52	53	54	55	56	57	58	59	60

3-2 색칠한 수들은 얼마씩 커집니까?

1	2	3	4	5	6	7	8	9	10
11	12	13	14	15	16	17	18	19	20
21	22	23	24	25	26	27	28	29	30
31	32	33	34	35	36	37	38	39	40
41	42	43	44	45	46	47	48	49	50
51	52	53	54	55	56	57	58	59	60

(   )

3-3 수 배열표에서 색칠한 수들의 규칙을 찾아 쓰시오.

1	2	3	4	5
6	7	8	9	10
11	12	13	14	15
16	17	18	19	20

규칙 _______________________________

____

3-4 규칙을 찾아 수 배열표를 완성하시오.

1	2	3	4	5	6	7
8	9	10	11	12	13	
15	16	17	18	19	20	
22						

3-5 수 배열표에서 ★에 알맞은 수는 얼마인지 풀이 과정을 쓰고 답을 구하시오.

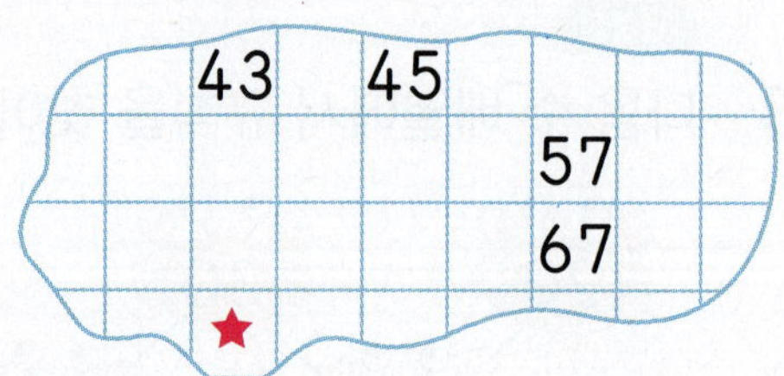

풀이 _______________________________

____

답 _______________________________

4 규칙을 여러 가지 방법으로 나타내기

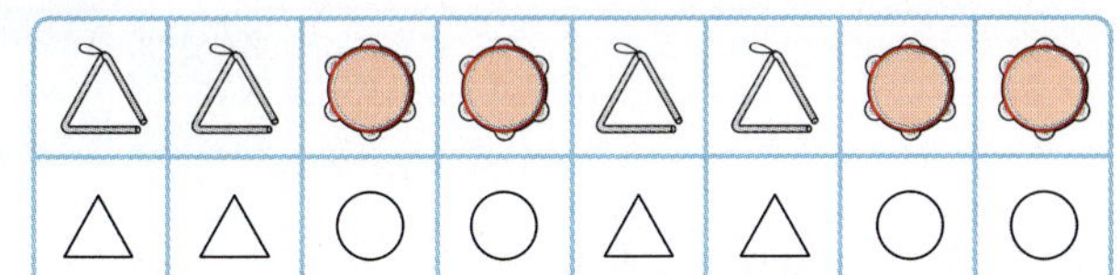

(1) 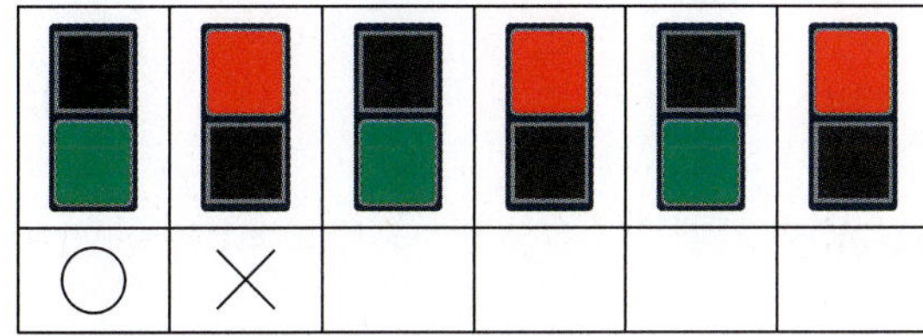 이 반복되는 규칙입니다.

(2) △은 △, ○은 ○로 나타냈습니다.

[4-1~4-2] 규칙에 따라 신호등의 불이 들어 옵니다. 물음에 답하시오.

서술형

4-1 신호등의 규칙을 찾아 쓰시오.

[규칙] ______________________

____

4-2 위의 빈칸에 규칙에 따라 ○, ×로 나타내 보시오.

4-3 규칙에 따라 빈칸에 알맞은 모양을 그려 넣으시오.

4-4 규칙에 따라 빈칸에 알맞은 수를 써넣으시오.

2	4	2			

4-5 규칙을 찾아 ㉠에 알맞은 그림에 ○표 하고 알맞은 수로 나타내 보시오.

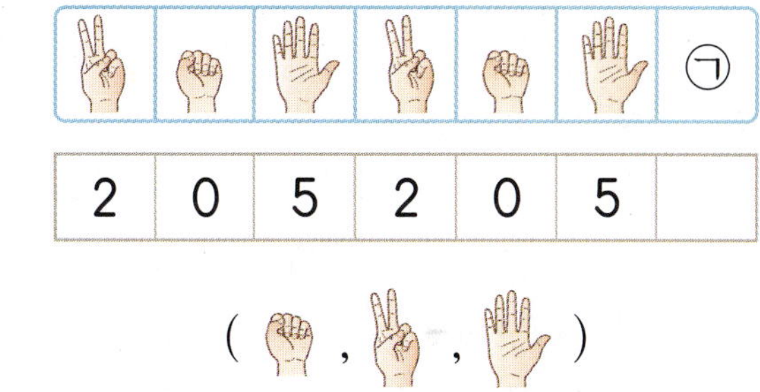

2	0	5	2	0	5	

4-6 규칙을 찾아 빈칸을 완성하시오.

6	4	4	6	4	4	

규칙 찾기

응용 1

예제 1-1 규칙을 찾아 □ 안에 알맞은 동물은 무엇인지 알아보시오.

곰　토끼　사자

생각 열기

처음 동물이 다시 나오는 곳의 바로 앞까지 묶어 봅니다.

(1) 위 그림에서 반복되는 부분을 찾아 ◯로 묶어 보시오.

(2) 반복되는 동물의 이름을 차례대로 쓰시오.

(　　　　　)

(3) □ 안에 알맞은 동물의 이름을 쓰시오.

(　　　　　)

예제 1-2 규칙을 찾아 빈칸에 알맞은 그림을 그려 넣으시오.

| ↑ | → | ↓ | ← | ↑ | → | ↓ | ← | ↑ | | |

예제 1-3 규칙을 찾아 빈칸에 알맞은 수를 써넣을 때 ㉠과 ㉡에 알맞은 수의 차를 구하시오.

| 3 | 7 | 2 | 3 | 7 | 2 | ㉠ | 7 | 2 | 3 | ㉡ |

(　　　　　)

<table>
<tr><td>응용
2</td><td>## 수 배열에서 규칙 찾기</td><td>동영상
강의</td></tr>
</table>

예제 2 – 1 •보기•와 같은 규칙으로 수를 쓸 때 ㉠에 알맞은 수를 알아보시오.

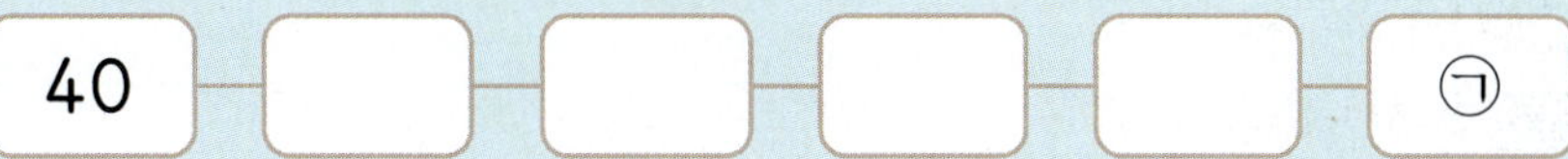

생각 열기

•보기•에 있는 수들의 규칙을 알아봅니다.

(1) •보기•에 있는 수들의 규칙을 쓰시오.

[규칙] ______________________________

(2) ㉠에 알맞은 수를 구하시오. (   )

5

규칙 찾기

예제 2 – 2 •보기•와 같은 규칙으로 수를 쓸 때 ㉠에 알맞은 수를 구하시오.

보기
80 − 76 − 72 − 68 − 64

75 — ☐ — ☐ — ☐ — ☐ — ㉠

(   )

예제 2 – 3 화살표 색깔을 보고 규칙을 찾아 빈 곳에 알맞은 수를 써넣으시오.

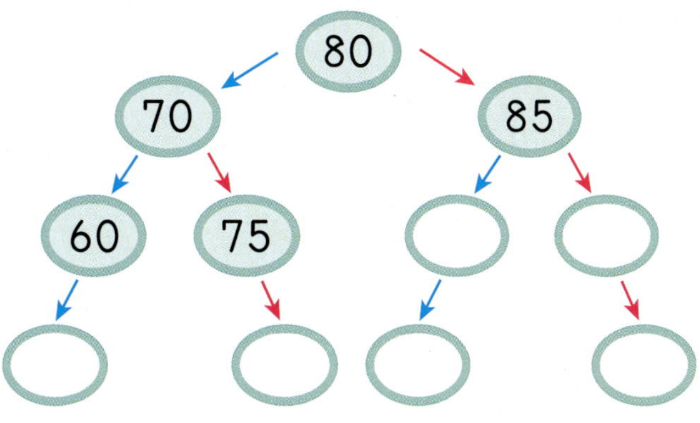

응용 3 규칙을 여러 가지 방법으로 나타내기

예제 3-1 나는 가의 규칙에 따라 □와 ○를 사용하여 나타낸 것입니다. 나의 빈칸에 알맞은 모양을 각각 알아보시오.

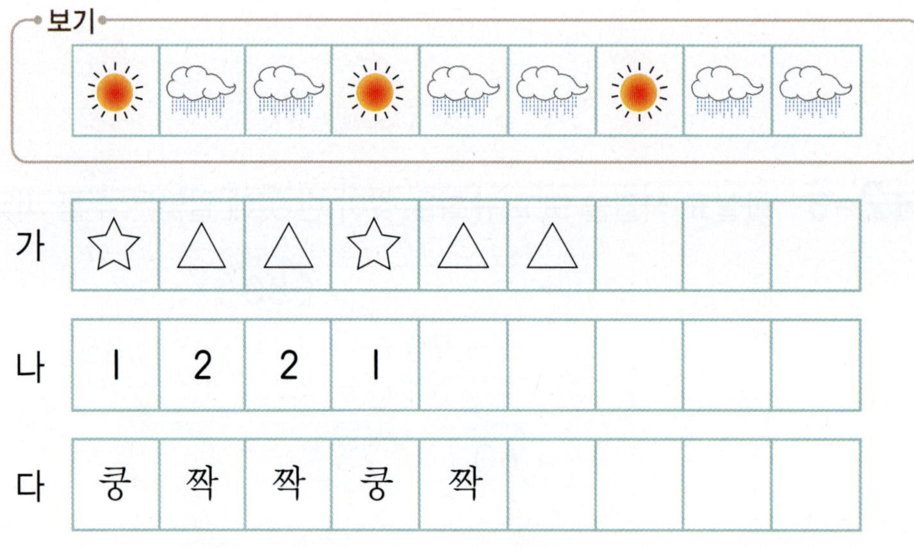

생각 열기

물건이 배열된 규칙을 알아봅니다.

(1) 규칙을 찾아 가의 빈칸에 들어갈 물건의 이름을 쓰시오.

( )

(2) 나는 주사위와 배구공을 각각 어떤 모양으로 나타냈습니까?

주사위 ( ), 배구공 ( )

(3) 나의 빈칸에 알맞은 모양을 차례대로 그려 보시오.

( ), ( )

예제 3-2 보기의 규칙을 여러 가지 방법으로 나타낸 것입니다. 가, 나, 다의 빈칸을 알맞게 채우시오.

보기

☀	🌧	🌧	☀	🌧	🌧	☀	🌧	🌧

가	☆	△	△	☆	△	△			

나	l	2	2	l					

다	쿵	짝	짝	쿵	짝				

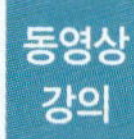

응용 4 · 수 배열표에서 규칙 찾기

예제 4-1 수 배열표에 색칠한 수들과 같은 규칙으로 빈칸에 알맞은 수를 알아보시오.

60	61	**62**	63	64	65	66	67	**68**	69
70	71	72	73	**74**	75	76	77	78	79
80	81	82	83	84	85	**86**	87	88	89

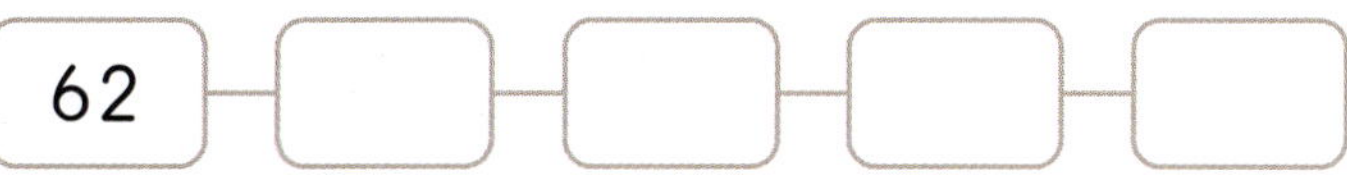

생각 열기

먼저 수 배열표에 색칠한 수들의 규칙을 알아봅니다.

(1) 색칠한 수들을 작은 수부터 차례대로 쓰시오.

(2) 색칠한 수들은 얼마씩 커집니까?　　　(　　　　　　　　　　　)

(3) 색칠한 수들과 같은 규칙으로 빈칸에 알맞은 수를 써넣으시오.

50 □ □ □

예제 4-2 수 배열표에서 색칠한 수들이 커지는 규칙에 따라 빈칸에 알맞은 수를 써넣으시오.

51	**52**	53	54	55	56
57	58	**59**	60	61	62
63	64	65	**66**	67	68
69	70	71	72	**73**	74
75	76	77	78	79	**80**

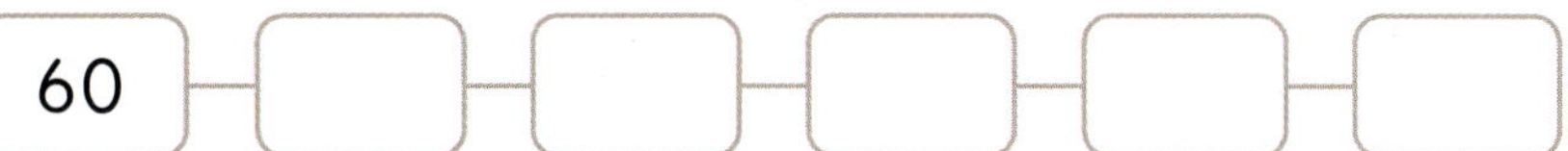

5
규칙 찾기

3 STEP 응용 유형 뛰어넘기

규칙 찾기

1 장미, 백합, 튤립을 규칙에 따라 놓고 있습니다. 빈칸에 알맞은 꽃은 무엇인지 쓰시오.

( )

규칙을 여러 가지 방법으로 나타내기

2 🐴쌍둥이 규칙을 여러 가지 방법으로 나타낸 것 중 알맞은 것은 어느 것입니까? ·····( )

① 가나가나가나가나가
② ○●●○●●○○●
③ 도레미도레미도레미
④ 2 2 1 2 2 1 2 2 1
⑤ ●■▲●■▲●■▲

수 배열에서 규칙 찾기

3 규칙을 찾아 ☐ 안에 알맞은 수를 구하시오.

| 30 | 31 | 33 | 36 | 40 | ☐ | 51 |

( )

규칙 찾기

4 몸으로 표현한 것을 보고 규칙을 쓰시오. <서술형>

규칙

규칙 찾기

5 규칙에 따라 빈칸에 들어갈 그림의 펼친 손가락 수는 모두 몇 개인지 풀이 과정을 쓰고 답을 구하시오. <서술형>
📱 쌍둥이
▶ 동영상

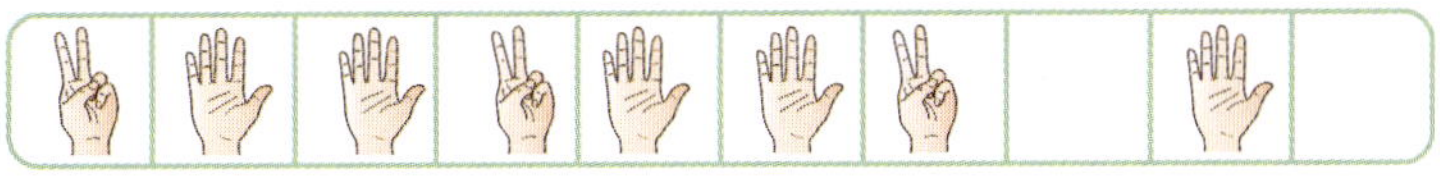

(   )

풀이

---

5 규칙 찾기

규칙 찾기

6 규칙에 따라 각각 배열된 모양을 보고 바르게 말한 사람을 찾아 이름을 쓰시오. <창의·융합>
📱 쌍둥이

㉠과 ㉡에 모두 ⬤가 들어가. 진호

㉠과 ㉡에 들어갈 모양은 달라. 미라

㉠에는 ⬛ 모양이 들어가. 해주

(   )

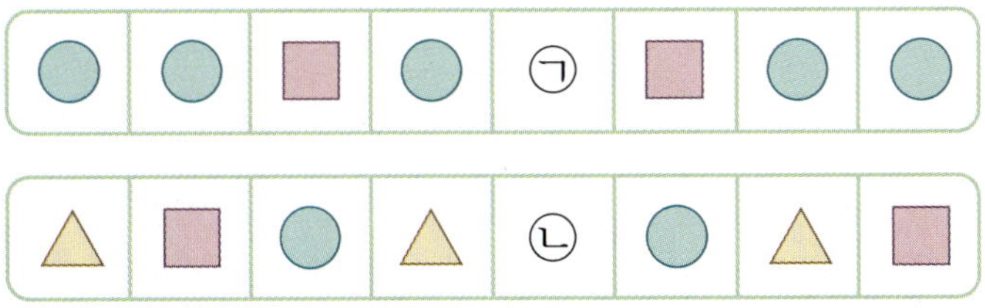

규칙을 여러 가지 방법으로 나타내기 창의·융합

7 민희가 규칙에 따라 만든 무늬를 수영이가 몸으로 나타낸 것입니다. 빈칸에 알맞은 것을 찾아 기호를 쓰시오.

(   )

규칙 찾기

8 흰색 바둑돌과 검은색 바둑돌이 규칙에 따라 놓여 있습니다. 열여섯째에 놓이는 바둑돌은 무슨 색입니까?

● ○ ● ○ ● ○ ● ○ ……

(   )

수 배열에서 규칙 찾기 서술형

9 규칙에 따라 수를 배열할 때 ㉠과 ㉡에 알맞은 수의 합은 얼마인지 풀이 과정을 쓰고 답을 구하시오.

🔴 쌍둥이
▶ 동영상

| 3 | 0 | 1 | 4 | 3 | 0 | ㉠ | ㉡ | 3 | 0 | 1 |

풀이

(   )

수 배열에서 규칙 찾기

10 다음 수 배열에서 반복되는 부분을 묶었을 때 한 묶음 안에 있는 수의 합을 구하시오.

| 1 | 1 | 3 | 4 | 1 | 1 | 3 | 4 | 1 | 1 | 3 |

(   )

규칙 찾기

11 규칙에 따라 무늬를 만들었습니다. ㉠, ㉡, ㉢에 알맞은 모양을 모두 그려 넣으면 무늬에는 ★ 모양이 모두 몇 개 있습니까?

(   )

규칙을 여러 가지 방법으로 나타내기

12 규칙에 따라 수로 나타냈습니다. ㉠, ㉡, ㉢에 알맞은 수의 합을 구하시오.

| 1 | 2 | 1 | 1 | 2 | 1 | 1 | 2 | 1 | ㉠ | ㉡ | ㉢ |

(   )

수 배열에서 규칙 찾기

13 •보기•의 수 배열과 같은 규칙으로 수를 배열하려고 합니다. 29부터 시작하여 수를 배열할 때 세 번째에 놓이는 수를 구하시오.

┌─ 보기 ─
| 77 | 72 | 67 | 62 | 57 | 52 |

(   )

규칙 찾기 〔서술형〕

14 규칙에 따라 ☆ 모양을 색칠하였습니다. 열셋째 ☆ 모양에 칠해야 하는 색깔은 무엇인지 풀이 과정을 쓰고 답을 구하시오.

🔵쌍둥이
▶동영상

(   )

〔풀이〕

규칙을 만들어 무늬 꾸미기

15 규칙에 따라 빈칸을 채워 무늬를 완성하였을 때 가장 많은 모양에 ◯표, 가장 적은 모양에 △표 하시오.

🔵쌍둥이
▶동영상

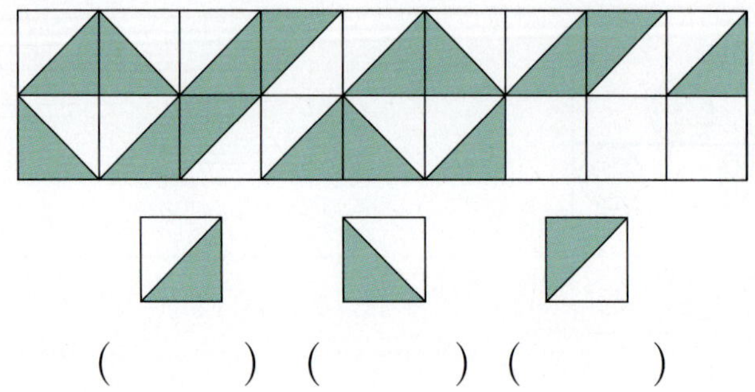

(   ) (   ) (   )

수 배열에서 규칙 찾기

16 수 배열에서 여러 가지 규칙을 찾았습니다. ☐ 안에 알맞은 수를 써넣으시오.

〔규칙 1〕 ↙ 방향으로 ☐ 씩 커지고 ↘ 방향으로 ☐ 씩 커집니다.

〔규칙 2〕 → 방향으로 ☐ 씩 커지고 ← 방향으로 ☐ 씩 작아집니다.

수 배열표에서 규칙 찾기

17 수 배열표의 일부분입니다. 색칠한 곳에 들어갈 수들이 커지는 규칙에 따라 ○ 안에 알맞은 수를 써넣으시오.

🔖 쌍둥이
▶ 동영상

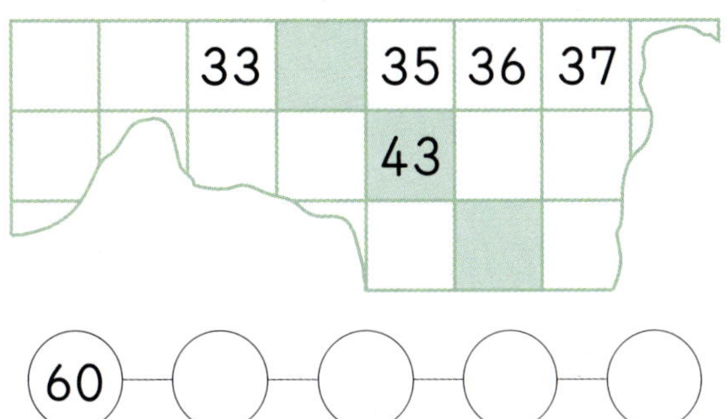

수 배열에서 규칙 찾기

18 규칙에 따라 빈칸에 알맞은 수를 써넣으시오.

| 34 | | 56 | | | 89 |

1 규칙을 찾아 빈칸에 알맞은 곤충의 이름을 쓰시오.

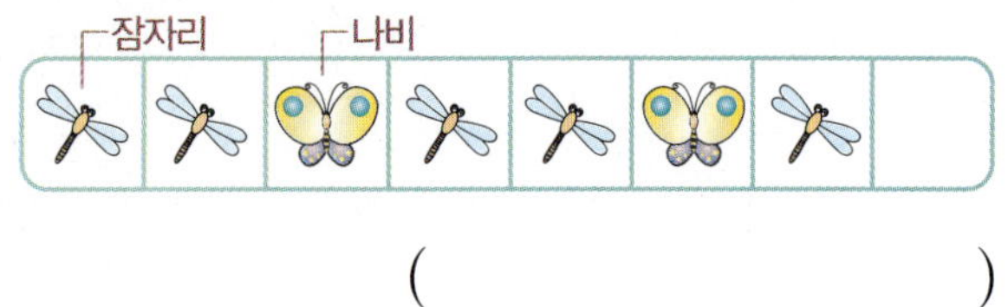

(   )

2 규칙에 따라 빈칸을 알맞게 색칠하시오.

3 규칙에 따라 빈칸에 알맞은 그림을 그려 넣으시오.

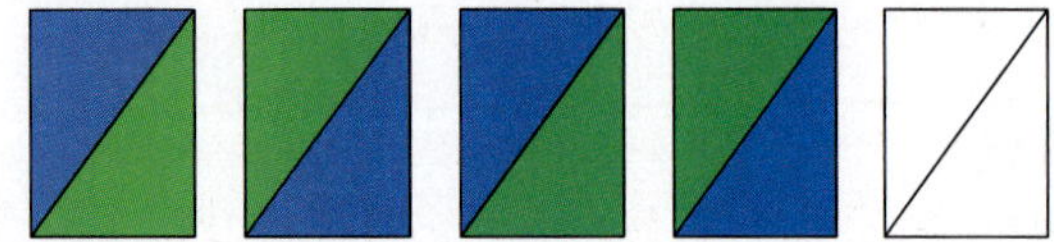

4 규칙을 찾아 빈칸에 알맞은 구슬의 색깔을 쓰시오.

(   )

5 규칙에 따라 ▲에 알맞은 수를 구하시오.

12	13	14	15	16	17	18
	20				24	25
		28	29			
				▲		

(   )

6 규칙에 따라 음표를 그리고 규칙을 쓰시오.

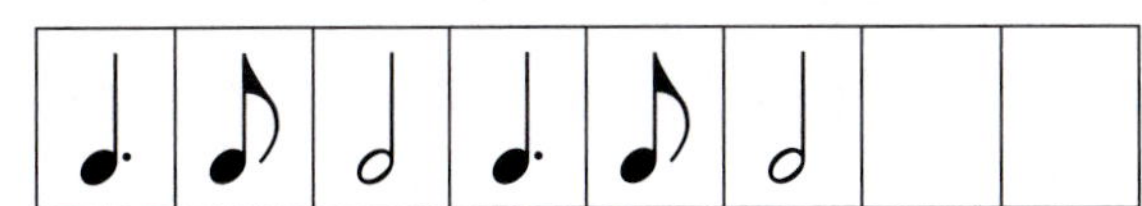

[규칙] _______________________________

____

7 규칙에 따라 빈칸에 알맞은 수를 써넣으시오.

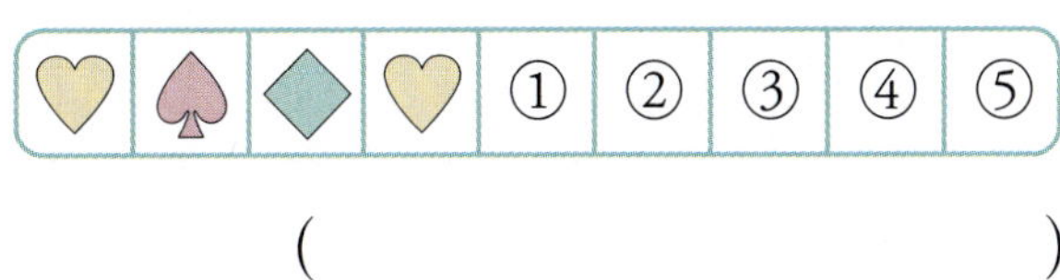

3	2	1					

8 ♥, ♠, ◆가 반복되는 규칙으로 모양을 늘어놓을 때 ◆가 들어갈 곳의 번호를 모두 쓰시오.

♥	♠	◆	♥	①	②	③	④	⑤

(   )

[9~10] 규칙에 따라 놓은 꽃을 보고 물음에 답하시오.

9 규칙에 따라 □, △로 나타내 보시오.

□	△	△	□				

10 규칙에 따라 수로 나타낼 때 ㉠과 ㉡에 알맞은 수의 합은 얼마인지 풀이 과정을 쓰고 답을 구하시오.

4	3	3	㉠				㉡

[풀이] _______________________________

____

____

[답] _______________________________

11 규칙에 따라 배열된 숫자를 보고 반복되는 부분을 찾아 ⬭로 묶어 보시오.

2 4 2 3 2 4 3 2 4 2 3 2 4 3 2 4 2 3 2 4 3

12 규칙에 따라 빈 곳에 알맞은 수를 써넣으시오.

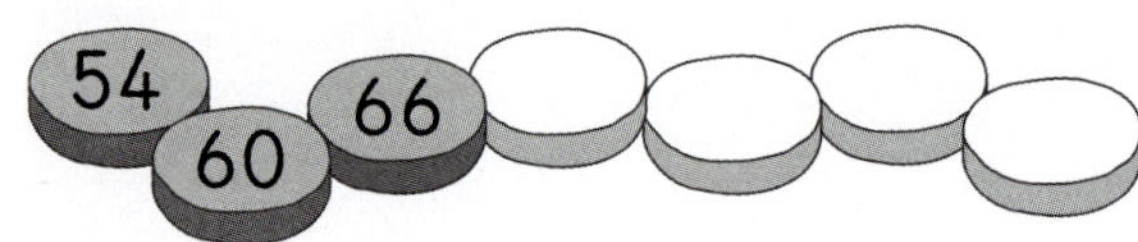

서술형

13 머리빗과 거울을 규칙에 따라 놓고 있습니다. 빈칸에 놓이는 물건은 무엇인지 풀이 과정을 쓰고 답을 구하시오.

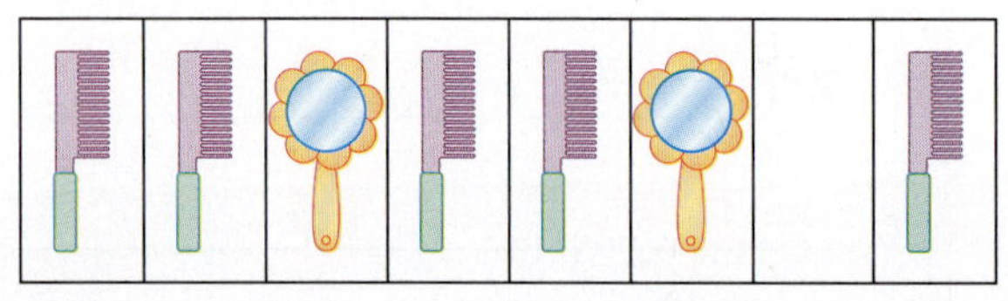

풀이 ________________________________

____

____

답 ________________________________

14 규칙에 따라 빈칸에 알맞은 모양을 그려 넣으시오.

[15~16] 무늬를 꾸미려고 합니다. 물음에 답하시오.

15 규칙에 따라 빈칸에 알맞은 색을 칠해 보시오.

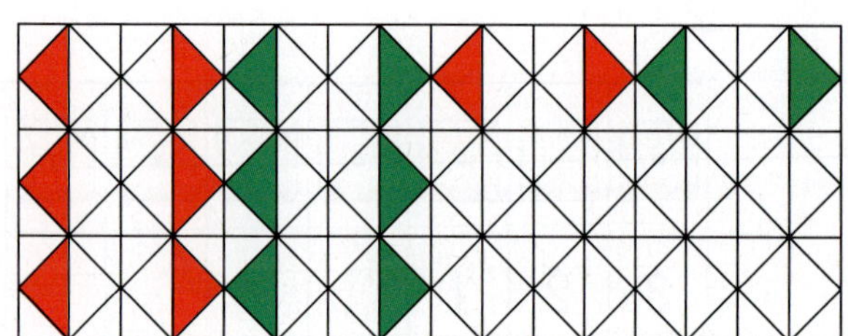

16 위 **15**와 다른 규칙을 만들어 색을 칠해 보시오.

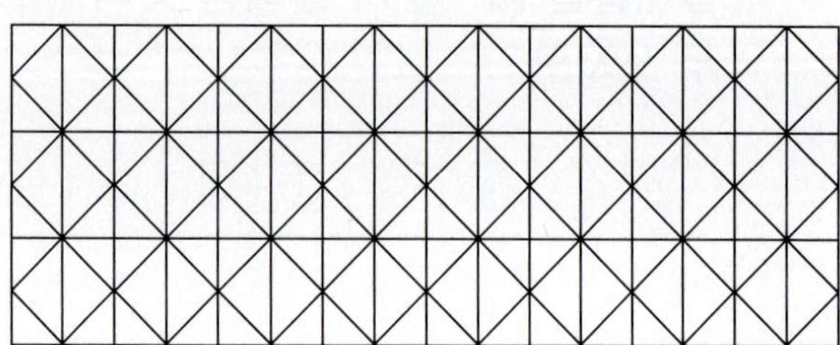

17 사물함에 규칙에 따라 1부터 9까지의 수를 써넣었습니다. ⊙과 ⓒ에 알맞은 수를 각각 구하시오.

3	6	9
2	⊙	8
1	4	ⓒ

⊙ (   )

ⓒ (   )

창의·융합

18 대화를 읽고 진호가 가져와야 하는 물건을 쓰시오.

(   )

[19~20] 수 배열표를 보고 물음에 답하시오.

52	53	54	55	56	57
58	59	60	61	62	63
64	65	66	67	68	69
70	71	72	73	74	75

서술형

19 색칠한 수들의 규칙을 쓰시오.

규칙 _______________________

____

서술형

20 색칠한 수들이 커지는 규칙에 따라 빈칸에 수를 써넣을 때 ⊙에 알맞은 수는 얼마인지 풀이 과정을 쓰고 답을 구하시오.

80 — ☐ — ☐ — ⊙

풀이 _______________________

____

____

답 _______________________

⭐정답은 **50**쪽

1 지호의 방의 모습입니다. 규칙적인 무늬를 볼 수 있는 곳을 **3**군데 찾아 ◯표 하고 규칙을 쓰시오.

규칙 1 ________________________________

규칙 2 ________________________________

규칙 3 ________________________________

2 토끼와 거북이 다음과 같은 규칙으로 이동하고 있습니다. 동시에 출발하여 같은 빠르기로 간다면 토끼와 거북이 만나는 곳에 있는 것은 무엇인지 쓰시오.

┌─ 이동하는 규칙 ─
· 토끼: → 방향으로 **3**칸, ↑ 방향으로 **1**칸 이동하기를 반복합니다.
· 거북: ← 방향으로 **2**칸, ↓ 방향으로 **2**칸 이동하기를 반복합니다.

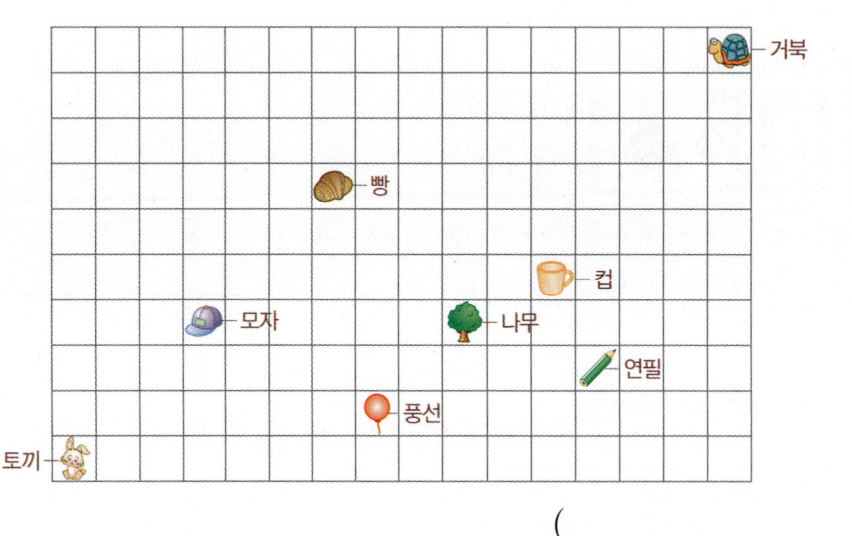

(   )

6 덧셈과 뺄셈 (3)

● 학습계획표
계획표대로 공부했으면 ○표, 못했으면 △표 하세요.

내용	쪽수	날짜		확인
일등 비법	128~129쪽	월	일	
STEP 1 기본 유형 익히기	130~133쪽	월	일	
STEP 2 응용 유형 익히기	134~137쪽	월	일	
	138~141쪽	월	일	
STEP 3 응용 유형 뛰어넘기	142~147쪽	월	일	
실력 평가	148~151쪽	월	일	
창의 사고력	152쪽	월	일	

비법 1 덧셈하기

덧셈이 활용되는 경우

예 ① 남학생이 ■명, 여학생이 ▲명 있을 때 학생은 모두 몇 명인지 구하는 경우
② 연필을 ●자루 가지고 있었는데 친구에게 ●자루를 더 받은 경우
③ 금붕어가 ★마리 있었는데 ♥마리를 더 산 경우
④ 두 수의 합은 얼마인지 구하는 경우
⑤ ◆보다 ♣만큼 더 큰 수를 구하는 경우

· (몇십몇)+(몇)

$$62 + 7 = 69$$

2+7=9
6은 그대로 씁니다.

6은 그대로 내려 씁니다. | 2+7=9

· (몇십몇)+(몇십몇)

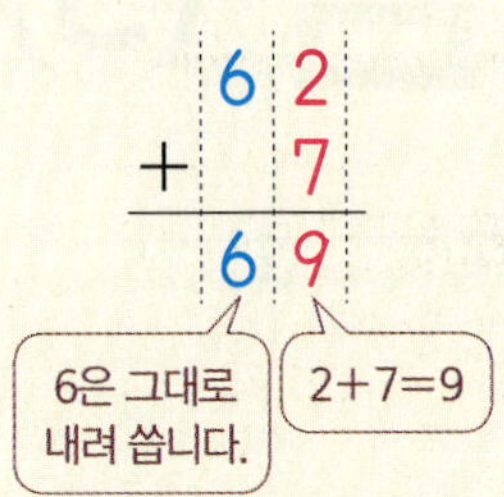

십 모형	일 모형

십 모형	일 모형

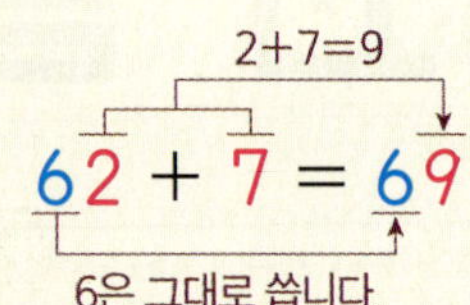

$$45 + 23 = 68$$

5+3=8
4+2=6

4+2=6 | 5+3=8

· (몇십몇)+(몇)

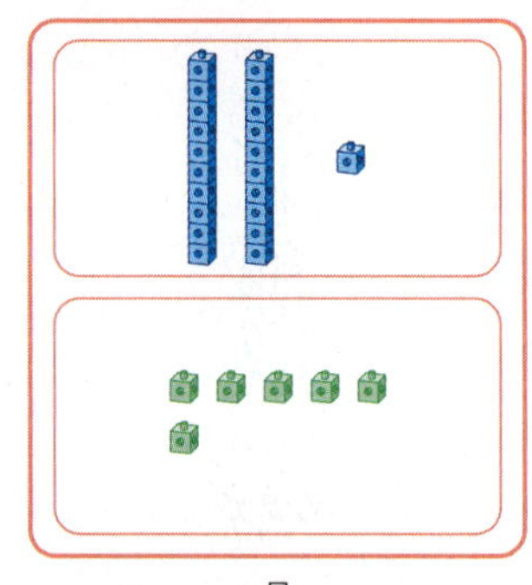

$$\begin{array}{r} 21 \\ + 16 \\ \hline 7 \end{array} \Rightarrow \begin{array}{r} 21 \\ + 16 \\ \hline 27 \end{array}$$

· (몇십)+(몇십)

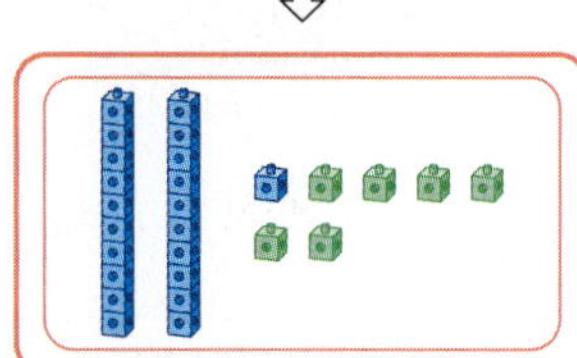

$$\begin{array}{r} 20 \\ + 30 \\ \hline 0 \end{array} \Rightarrow \begin{array}{r} 20 \\ + 30 \\ \hline 50 \end{array}$$

· 여러 가지 방법으로 덧셈하기

$$13+34$$

① 13 + 34 — 10과 34를 더하고 3을 더하기
44
47

② 13 + 34 — 3과 4를 더하고 10과 30을 더하기
40   7
47

③ 13 + 34 — 13과 30을 더하고 4를 더하기
43
47

비법 ② 뺄셈하기

빼셈이 활용되는 경우

⑩ ① 구슬 ■개 중 ▲개를 친구에게 주고 남은 구슬의 수를 구하는 경우
② 버스에 ●명이 타고 있었는데 ◉명이 내린 경우
③ 가게에 빵이 ★개 있었는데 ♥개를 판 경우
④ 누가 몇 개 더 많이 가지고 있는지 구하는 경우
⑤ 두 수의 차는 얼마인지 구하는 경우
⑥ ◆보다 ♣만큼 더 작은 수를 구하는 경우

• (몇십몇)−(몇)

$$5\ 8$$
$$-\ \ 3$$
$$5\ 5$$

$$8-3=5$$
$$5\ 8\ -\ 3\ =\ 5\ 5$$
5는 그대로 씁니다.

5는 그대로 내려 씁니다.
8−3=5

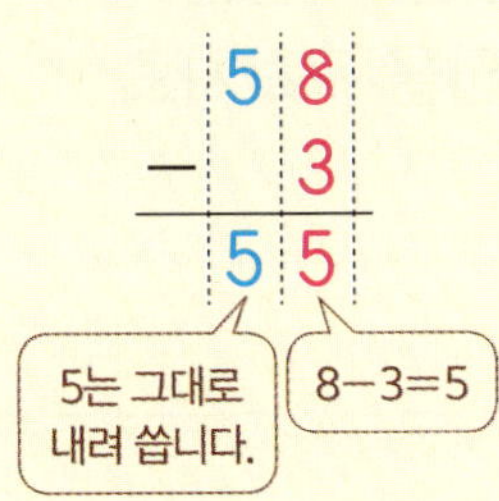

• (몇십몇)−(몇십몇)

십 모형	일 모형		십 모형	일 모형
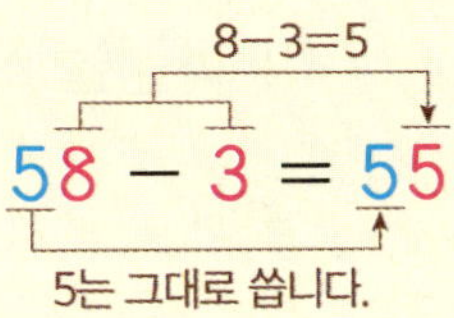		⇨		

십 모형에서 4개 빼기   일 모형에서 2개 빼기

$$7\ 9$$
$$-\ 4\ 2$$
$$3\ 7$$

$$9-2=7$$
$$7\ 9\ -\ 4\ 2\ =\ 3\ 7$$
$$7-4=3$$

7−4=3   9−2=7

• (몇십몇)−(몇십몇)

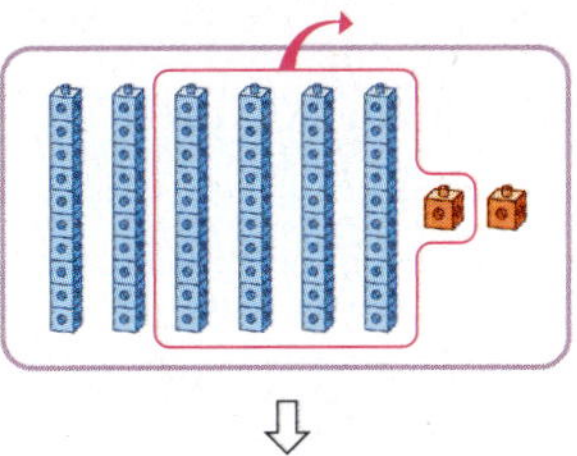

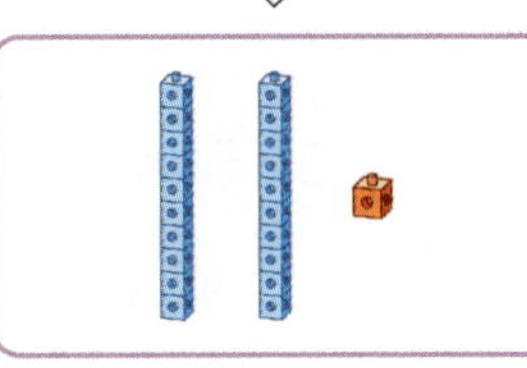

$$6\ 2$$
$$-4\ 1$$
$$\ \ \ 1$$
⇨
$$6\ 2$$
$$-4\ 1$$
$$2\ 1$$

• 여러 가지 방법으로 뺄셈하기

$$85-21$$

① 85 − 21 —— 85에서 1을 뺀 후 20을 빼기
84
64

② 85 − 21 —— 5에서 1을 뺀 후 80에서 20을 빼기
60   4
64

• 21 과 56 을 사용하여 덧셈식과 뺄셈식 만들기

① 21 + 56 = 77
56 + 21 = 77
⇨ 덧셈식을 만들 때에는 두 수를 바꾸어 더해도 결과가 같습니다.

② 56 − 21 = 35
⇨ 뺄셈식을 만들 때에는 큰 수에서 작은 수를 뺍니다.

6

덧셈과 뺄셈 (3)

STEP 1 기본 유형 익히기

1 (몇십)+(몇), (몇십몇)+(몇)

$$
\begin{array}{r} 4\ 0 \\ +\quad\ 9 \\ \hline 4\ 9 \end{array}
\qquad
\begin{array}{r} \ \ 2 \\ +7\ 6 \\ \hline 7\ 8 \end{array}
\qquad
\begin{array}{r} 5\ 3 \\ +\quad\ 4 \\ \hline 5\ 7 \end{array}
$$

낱개끼리 더하고 10개씩 묶음은 그대로 씁니다.

1-1 빈 곳에 두 수의 합을 써넣으시오.

50	7

1-2 계산 결과가 더 큰 것에 ○표 하시오.

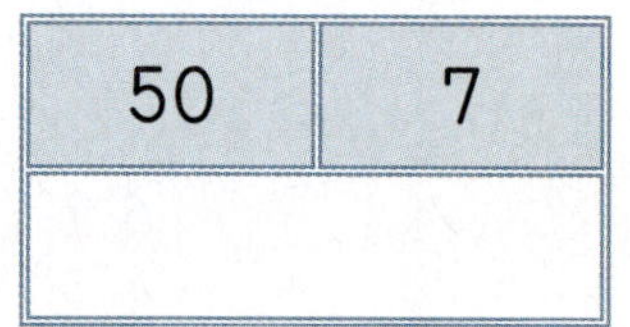

$\begin{array}{r}3\ 4\\+\quad\ 4\\\hline\end{array}$	$\begin{array}{r}6\\+3\ 1\\\hline\end{array}$
(　　　)	(　　　)

1-3 지후와 정아가 말한 수의 합을 구하시오.

(　　　　　　　　)

1-4 가장 큰 수와 가장 작은 수의 합을 구하시오.

63,　2,　5,　52

(　　　　　　　　)

서술형

1-5 인호는 파란 구슬 50개와 노란 구슬 8개를 가지고 있고, 진우는 구슬을 55개 가지고 있습니다. 인호와 진우 중 구슬을 더 많이 가지고 있는 사람은 누구인지 풀이 과정을 쓰고 답을 구하시오.

풀이 ________________________

____

____

답 ________________________

2 (몇십)+(몇십), (몇십몇)+(몇십몇)

$$
\begin{array}{r} 3\ 0 \\ +5\ 0 \\ \hline 8\ 0 \end{array}
\qquad
\begin{array}{r} 1\ 3 \\ +3\ 0 \\ \hline 4\ 3 \end{array}
\qquad
\begin{array}{r} 6\ 1 \\ +1\ 5 \\ \hline 7\ 6 \end{array}
$$

낱개끼리 더하고 10개씩 묶음끼리 더합니다.

2-1 합이 같은 것끼리 선으로 이어 보시오.

20+20	·	·	10+30
50+30	·	·	40+40

2-2 13+25를 여러 가지 방법으로 구하시오.

방법 1 10과 ☐를 더하고 3을 더합니다.

방법 2 13과 20을 더하고 ☐를 더합니다.

방법 3 세로로 계산하기

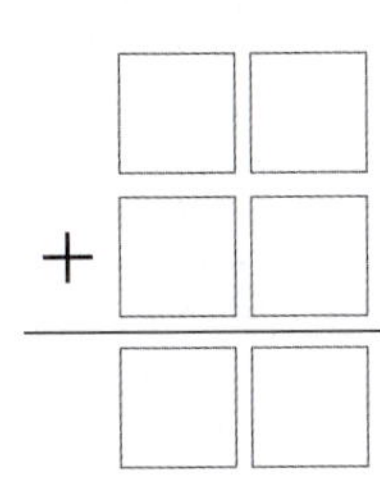

2-3 빈 곳에 알맞은 수를 써넣으시오.

2-4 같은 모양에 적힌 수의 합을 구하시오.

(1) ⬛ 모양에 적힌 수의 합: ☐

(2) ⬭ 모양에 적힌 수의 합: ☐

2-5 두 수의 합이 88인 수 카드를 뽑은 사람이 선물을 받을 수 있습니다. 지민이와 흥수 중 선물을 받는 사람은 누구입니까?

(   )

창의·융합

2-6 합이 큰 순서대로 글자를 쓰시오.

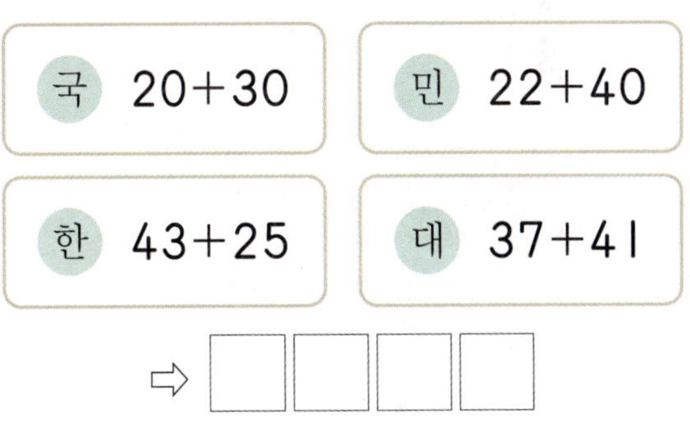

⇨ ☐☐☐☐

서술형

2-7 밤은 10개씩 묶음 4개와 낱개 5개가 있고, 땅콩은 50개보다 2개 더 많습니다. 밤과 땅콩은 모두 몇 개인지 풀이 과정을 쓰고 답을 구하시오.

풀이 ________________________

____

____

답 ________________________

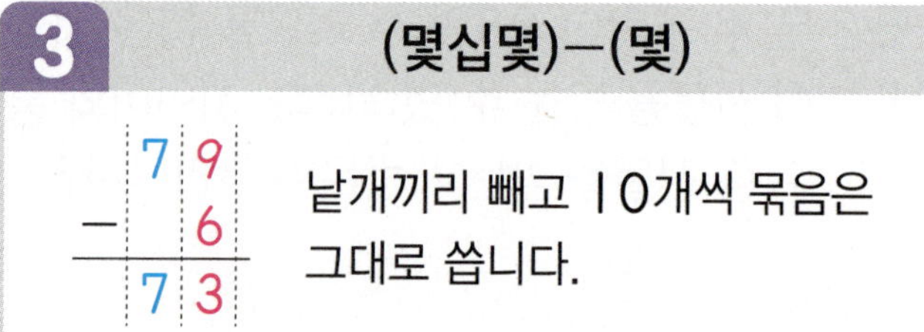

3 (몇십몇)−(몇)

$$\begin{array}{r} 7\;9 \\ -\;\;6 \\ \hline 7\;3 \end{array}$$

낱개끼리 빼고 10개씩 묶음은 그대로 씁니다.

3-1 빈 곳에 알맞은 수를 써넣으시오.

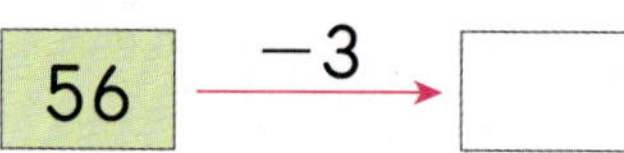

$$\boxed{56} \xrightarrow{-3} \boxed{}$$

3-2 선으로 이은 곳에 계산 결과를 써넣으시오.

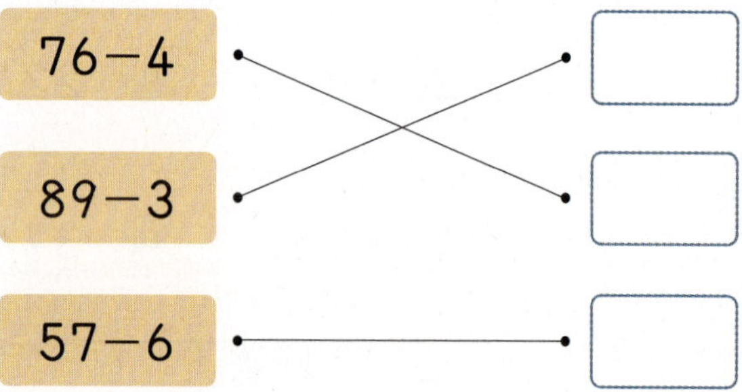

$76-4$	
$89-3$	
$57-6$	

3-3 계산 결과의 크기를 비교하여 ○ 안에 >, =, <를 알맞게 써넣으시오.

$$\boxed{88-5} \;\bigcirc\; \boxed{52+30}$$

서술형

3-4 붕어가 48마리 있고 거북이 7마리 있습니다. 붕어는 거북보다 몇 마리 더 많은지 식을 쓰고 답을 구하시오.

식 ___________________________

답 ___________________________

4 (몇십)−(몇십), (몇십몇)−(몇십몇)

$$\begin{array}{r} 9\;0 \\ -3\;0 \\ \hline 6\;0 \end{array} \qquad \begin{array}{r} 8\;8 \\ -5\;0 \\ \hline 3\;8 \end{array} \qquad \begin{array}{r} 7\;6 \\ -2\;5 \\ \hline 5\;1 \end{array}$$

낱개끼리 빼고 10개씩 묶음끼리 뺍니다.

4-1 바르게 계산한 것에 ○표 하시오.

$$\begin{array}{r} 7\;0 \\ -3\;0 \\ \hline 4 \end{array} \qquad\qquad \begin{array}{r} 4\;0 \\ -1\;0 \\ \hline 3\;0 \end{array}$$

(   )   (   )

4-2 •보기•와 같은 방법으로 계산하시오.

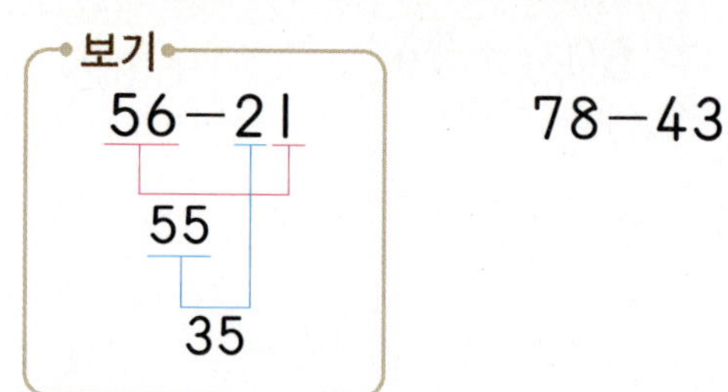

보기
$$56-21$$
$$55$$
$$35$$

$$78-43$$

4-3 계산 결과가 다른 하나를 찾아 기호를 쓰시오.

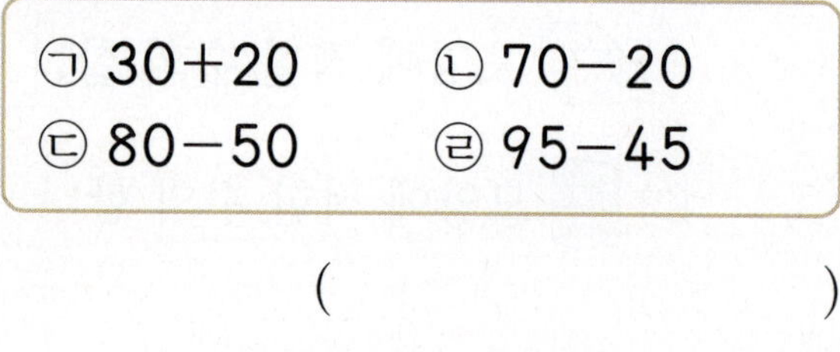

| ㉠ $30+20$ | ㉡ $70-20$ |
| ㉢ $80-50$ | ㉣ $95-45$ |

(   )

4-4 가장 큰 수와 가장 작은 수의 차를 구하시오.

| 53　20　47　56 |

(　　　　　　　)

4-5 은수는 색종이 64장 중 24장을 사용하여 종이학을 접었습니다. 남은 색종이는 몇 장입니까?

(　　　　　　　)

4-6 짝 지은 두 수의 차를 구하여 아래 □ 안에 써넣으시오.

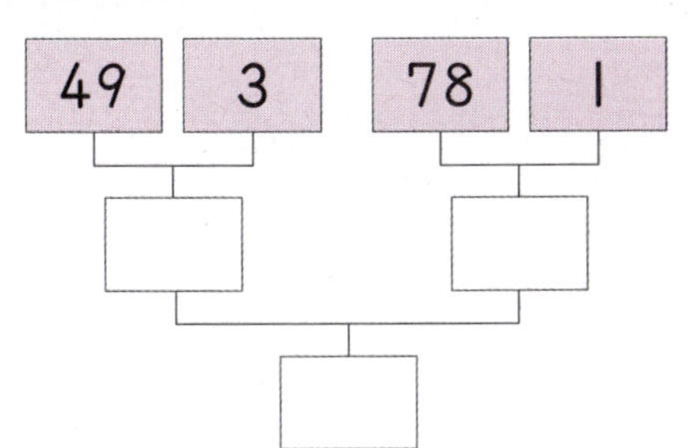

창의·융합

4-7 박쥐는 무리를 지어 생활합니다. 다음을 보고 동굴 안에 남은 박쥐는 몇 마리인지 구하시오.

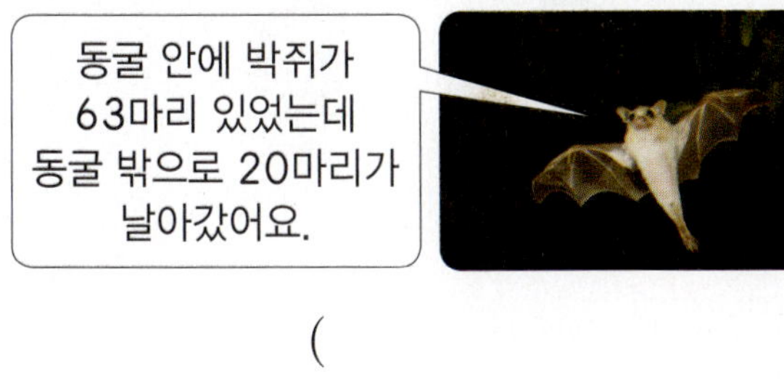

(　　　　　　　)

4-8 수 카드 중 2장을 골라 뺄셈식을 만들어 계산해 보시오.

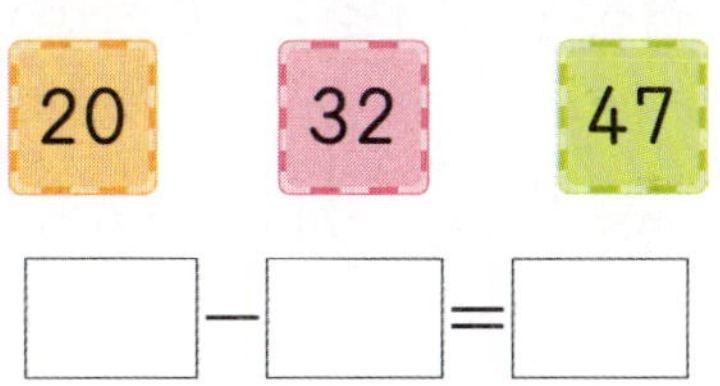

□ − □ = □

4-9 차가 32인 두 수를 찾아 쓰시오.

| 43 | 12 | 75 | 54 |

(　　　　　　　)

4-10 현주네 반은 우유 33개 중 21개를 먹었고, 진효네 반은 우유 36개 중 24개를 먹었습니다. 두 반에 남은 우유의 수는 같습니까, 다릅니까?

(　　　　　　　)

4-11 같은 모양은 같은 수를 나타냅니다. ▲에 알맞은 수를 구하시오.

$$71+16=♣$$
$$♣-54=▲$$

(　　　　　　　)

6
덧셈과 뺄셈 (3)

응용 1 (몇십몇)+(몇), (몇십몇)-(몇)

예제 1-1 계산 결과가 큰 것부터 차례대로 알아보시오.

$$ㄱ\ 23+3 \qquad ㄴ\ 29-2 \qquad ㄷ\ 22+6$$

생각 열기

ㄱ, ㄴ, ㄷ을 각각 계산한 후 크기를 비교합니다.

(1) ㄱ, ㄴ, ㄷ을 계산하면 각각 얼마입니까?

ㄱ (   ), ㄴ (   ), ㄷ (   )

(2) 계산 결과가 큰 것부터 차례대로 기호를 쓰시오.

(   )

예제 1-2 계산 결과가 작은 것부터 차례대로 ( ) 안에 1, 2, 3을 써넣으시오.

$35-4$	$31+3$	$38-5$
( )	( )	( )

예제 1-3 계산 결과가 큰 사람부터 차례대로 이름을 쓰시오.

$82+6$ $87-1$ $80+3$ $89-4$

진아   경주   민성   형준

(   )

응용 2   (몇십)+(몇십), (몇십)−(몇십) 활용하기

예제 2-1   딱지를 유진이는 10장 가지고 있고, 성호는 유진이보다 30장 더 많이 가지고 있습니다. 유진이와 성호가 가지고 있는 딱지는 모두 몇 장인지 알아보시오.

생각 열기

유진이의 딱지 수를 이용하여 성호의 딱지 수를 구합니다.

(1) 유진이가 가지고 있는 딱지는 몇 장입니까?

(   )

(2) 성호가 가지고 있는 딱지는 몇 장입니까?

(   )

(3) 유진이와 성호가 가지고 있는 딱지는 모두 몇 장입니까?

(   )

예제 2-2   딸기를 성희는 50개 땄고, 진수는 성희보다 20개 더 적게 땄습니다. 성희와 진수가 딴 딸기는 모두 몇 개입니까?

(   )

예제 2-3   생선 가게에 고등어가 30마리 있습니다. 꽁치는 고등어보다 20마리 더 많고, 갈치는 꽁치보다 10마리 더 적습니다. 고등어 수와 갈치 수의 합은 몇 마리입니까?

(   )

응용 3 계산식에서 ㉠과 ㉡에 알맞은 수 구하기

예제 3-1 1부터 9까지의 수 중에서 ㉠과 ㉡에 알맞은 수를 각각 알아보시오.

$$
\begin{array}{r}
5\ ㉠ \\
-\ 2\ 3 \\
\hline
㉡\ 5
\end{array}
$$

생각 열기

낱개끼리, 10개씩 묶음끼리 계산하여 ㉠과 ㉡에 알맞은 수를 알아봅니다.

(1) 낱개끼리 계산하여 ㉠에 알맞은 수를 구하시오.

( )

(2) 10개씩 묶음끼리 계산하여 ㉡에 알맞은 수를 구하시오.

( )

예제 3-2 1부터 9까지의 수 중에서 ㉠과 ㉡에 알맞은 수를 각각 구하시오.

$$㉠1+56=9㉡$$

㉠ ( ), ㉡ ( )

예제 3-3 1부터 9까지의 수 중에서 ㉠과 ㉡에 알맞은 수를 각각 구하시오.

$$㉠8-12=㉡㉠$$

㉠ ( ), ㉡ ( )

응용 4 — (몇십몇)+(몇십몇) 활용하기

예제 4–1 명희네 마을 남학생은 22명, 여학생은 23명이고 진수네 마을 남학생은 23명, 여학생은 21명입니다. 명희네 마을과 진수네 마을의 학생은 모두 몇 명인지 알아보시오.

생각 열기

각 마을의 학생 수를 구한 후 두 마을의 학생 수를 더합니다.

(1) 명희네 마을 학생은 모두 몇 명입니까?

(   )

(2) 진수네 마을 학생은 모두 몇 명입니까?

(   )

(3) 명희네 마을과 진수네 마을의 학생은 모두 몇 명입니까?

(   )

예제 4–2 은지는 파란 색종이 12장, 빨간 색종이 21장을 가지고 있고 현우는 파란 색종이 14장, 빨간 색종이 32장을 가지고 있습니다. 은지와 현우가 가지고 있는 색종이는 모두 몇 장입니까?

(   )

예제 4–3 백합은 장미와 튤립 중 더 많은 꽃보다 30송이 더 많습니다. 백합은 몇 송이입니까?

파란 장미	빨간 장미	노란 튤립	분홍 튤립

27송이	20송이	15송이	34송이

(   )

응용 5 · 크기를 비교하여 □ 안에 들어갈 수 구하기

동영상 강의

예제 5-1 □ 안에 들어갈 수 있는 수 중에서 가장 작은 수는 얼마인지 알아보시오.

$$78 - 5 < \square$$

생각 열기
먼저 78−5의 결과를 구합니다.

(1) 78−5는 얼마입니까? ( )

(2) □ 안에 들어갈 수 있는 수는 어떤 수보다 큰 수입니까?

( )

(3) □ 안에 들어갈 수 있는 수 중에서 가장 작은 수를 구하시오.

( )

예제 5-2 □ 안에 들어갈 수 있는 수 중에서 가장 큰 수를 구하시오.

$$\square < 56 - 4$$

( )

예제 5-3 □ 안에 공통으로 들어갈 수 있는 수는 모두 몇 개입니까?

$$\square < 86 - 5$$
$$\square > 79 - 4$$

( )

응용 6 모르는 수 구하기

예제 6-1 같은 모양은 같은 수를 나타냅니다. ◉에 알맞은 수를 알아보시오.

$$49-13=\blacktriangle$$
$$\blacktriangle-25=\blacklozenge$$
$$\blacktriangle+\blacklozenge=◉$$

생각 열기

▲, ◆, ◉의 순서로 구합니다.

(1) ▲에 알맞은 수를 구하시오. (　　　　　　　)

(2) ◆에 알맞은 수를 구하시오. (　　　　　　　)

(3) ◉에 알맞은 수를 구하시오. (　　　　　　　)

예제 6-2 같은 모양은 같은 수를 나타냅니다. ■에 알맞은 수를 구하시오.

$$87-45=\heartsuit$$
$$\heartsuit-30=\clubsuit$$
$$\heartsuit+\clubsuit=\blacksquare$$

(　　　　　　　)

예제 6-3 같은 모양은 같은 수를 나타냅니다. ◆에 알맞은 수를 구하시오.

$$40+57=\bigstar,\quad \bigstar-73=\bullet$$
$$\bullet+\bullet=◉,\quad 79-◉=\blacklozenge$$

(　　　　　　　)

6

덧셈과 뺄셈 (3)

응용 7 — 덧셈과 뺄셈 활용하기

예제 7-1 과수원에서 정미는 사과 21개, 배 23개를 땄고 영수는 사과 20개, 배 26개를 땄습니다. 정미와 영수 중 누가 과일을 몇 개 더 많이 땄는지 알아보시오.

생각 열기
먼저 정미와 영수가 딴 사과와 배의 수를 각각 구합니다.

(1) 정미가 딴 사과와 배는 모두 몇 개입니까?

( )

(2) 영수가 딴 사과와 배는 모두 몇 개입니까?

( )

(3) 정미와 영수 중 누가 과일을 몇 개 더 많이 땄는지 차례대로 쓰시오.

( ), ( )

예제 7-2 성재네 농장과 미주네 농장에서 기르는 오리와 닭의 수입니다. 두 농장에서 기르는 오리와 닭 중 어느 것이 몇 마리 더 많은지 차례대로 쓰시오.

	오리 수	닭 수
성재네 농장	13마리	24마리
미주네 농장	22마리	12마리

( ), ( )

예제 7-3 영미와 진서의 대화를 읽고 1월과 2월 두 달 동안 칭찬 붙임딱지를 누가 몇 장 더 많이 받았는지 차례대로 쓰시오.

- 영미: 1월에 11장 받았고 2월에는 1월보다 14장 더 많이 받았어.
- 진서: 1월에 29장 받았는데 2월에는 10장밖에 못 받았어.

( ), ( )

응용 8 수 카드로 몇십몇을 만들어 계산하기

예제 8-1 수 카드 4장 중 2장을 뽑아 한 번씩 사용하여 몇십몇을 만들려고 합니다.
만들 수 있는 가장 큰 몇십몇과 가장 작은 몇십몇의 합을 알아보시오.

4  5 

생각 열기

가장 큰 몇십몇과 가장 작은 몇십몇을 각각 만들어 봅니다.

(1) 가장 큰 몇십몇을 구하시오. (   )

(2) 가장 작은 몇십몇을 구하시오. (   )

(3) 가장 큰 몇십몇과 가장 작은 몇십몇의 합을 구하시오.

(   )

예제 8-2 수 카드 4장 중 2장을 뽑아 한 번씩 사용하여 몇십몇을 만들려고 합니다.
만들 수 있는 가장 큰 몇십몇과 가장 작은 몇십몇의 차를 구하시오.

5    

(   )

예제 8-3 수 카드 5장 중 2장을 뽑아 한 번씩 사용하여 몇십몇을 만들려고 합니다.
만들 수 있는 가장 큰 몇십몇과 가장 작은 몇십몇의 합과 차를 각각 구하시오.

5  7   

합 (   ), 차 (   )

3 STEP 응용 유형 뛰어넘기

(몇십몇)+(몇)

1 빈 곳에 알맞은 수를 써넣으시오.
🐴 쌍둥이

+	2	4	6
53			

(몇십)+(몇) 창의·융합

2 환갑은 나이 예순을 이르는 말입니다. 다음을 보
🐴 쌍둥이 고 올해 할아버지의 연세는 몇 세인지 구하시오.

( )

(몇십몇)−(몇)

3 다음 설명하는 수보다 6만큼 더 작은 수를 구하
시오.

> 10개씩 묶음 5개와 낱개 8개인 수

( )

덧셈과 뺄셈하기

4 □ 안에 알맞은 수를 써넣으시오.

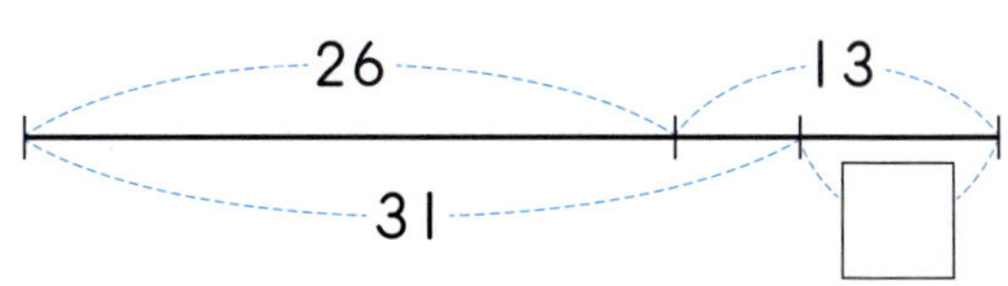

덧셈과 뺄셈하기

5 □ 안에 알맞은 수를 구하시오.
🔲 쌍둥이

> • ▲는 48보다 10만큼 더 큰 수입니다.
> • □+6=▲

(   )

(몇십몇)+(몇십몇)

6 🔾 모양에 적혀 있는 모든 수의 합을 구하시오.
🔲 쌍둥이

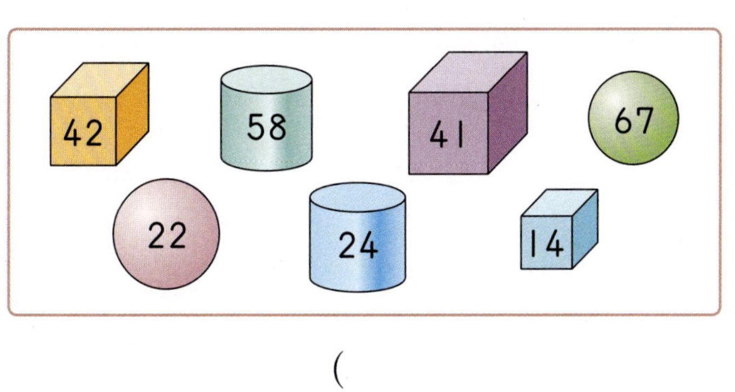

(   )

덧셈과 뺄셈
(3)
6

덧셈과 뺄셈하기

7 ㉠과 ㉡에 알맞은 수를 각각 구하시오.
🔵쌍둥이

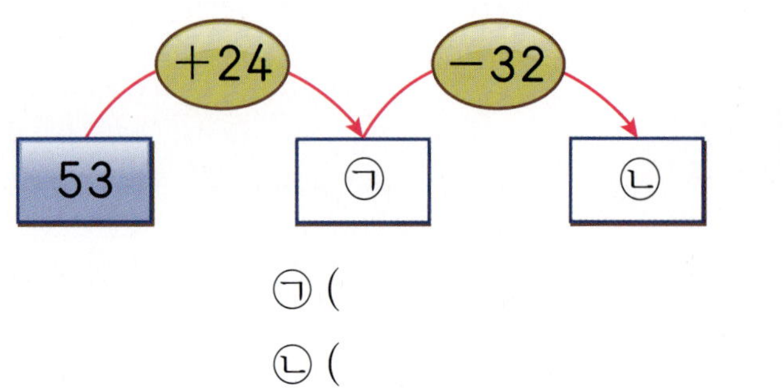

㉠ (   )

㉡ (   )

(몇십)+(몇십몇) 〔서술형〕

8 초콜릿을 지윤이는 10개씩 3봉지 가지고 있고,
🔵쌍둥이 서현이는 10개씩 2봉지와 낱개 6개를 가지고 있
▶동영상 습니다. 두 사람이 가지고 있는 초콜릿은 모두 몇
개인지 풀이 과정을 쓰고 답을 구하시오.

(   )

〔풀이〕

(몇십몇)−(몇십), (몇십몇)−(몇십몇)

9 두 수를 골라 □ 안에 써넣어 뺄셈식을 완성하시오.

| 35 | 58 | 10 | 30 | 24 |

□ − □ = 25

□ − □ = 34

덧셈과 뺄셈하기

10 공뽑기 기계 안에 빨간색 공이 27개, 초록색 공이 32개 들어 있습니다. 세윤이와 은수가 빨간색 공 13개, 초록색 공 12개를 뽑았다면 기계 안에 남아 있는 공은 몇 개입니까?

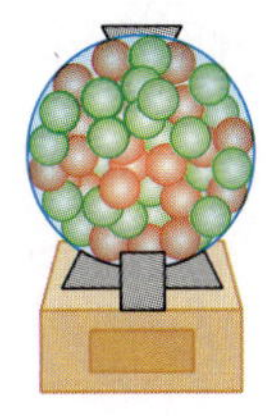

(   )

(몇십몇)−(몇십몇)

서술형

11 다음 두 수의 차가 14일 때 두 수는 각각 얼마인지 풀이 과정을 쓰고 답을 구하시오.

(단, ■9>7▲입니다.)

| ■9 | 7▲ |

(   )

풀이

덧셈과 뺄셈하기

창의·융합

12 은수네 반 학생들이 씨앗을 심어서 싹이 트는 과정을 관찰하려고 합니다. 다음과 같이 3가지 꽃의 씨를 심고 물을 주었습니다. 얼마 후 싹이 65개 텄다면 싹이 트지 않은 씨앗은 몇 개입니까?

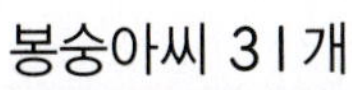

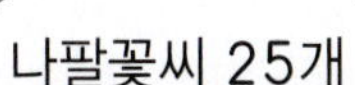

(   )

덧셈과 뺄셈하기

13 서영이가 계단을 맨 아래에서 12칸 올라갔다가 잠시 후 6칸을 더 올라갔습니다. 용석이도 같은 계단을 맨 아래에서 25칸 올라갔다가 11칸 내려왔습니다. 서영이와 용석이 중 누가 더 높은 곳에 있습니까?

(   )

덧셈과 뺄셈하기

14 짝 지어 묶은 두 수의 합이 모두 같습니다. ㉠과 ㉡에 알맞은 수를 각각 구하시오.

| 31 | 26 | ㉠ | 40 | 52 | ㉡ |

㉠ (   )

㉡ (   )

(몇십몇)+(몇십), (몇십몇)+(몇십몇)

15 다음을 읽고 ♥에 알맞은 수를 모두 구하시오.

🔜 쌍둥이
▶ 동영상

- ♥는 15+21보다 큽니다.
- ♥는 24+20보다 작습니다.
- ♥는 30과 40 사이의 수입니다.

(   )

덧셈과 뺄셈하기 서술형

16 공깃돌을 정호는 45개, 우정이는 23개 가지고
있습니다. 두 사람이 가진 공깃돌의 수가 같아지
려면 정호는 우정이에게 몇 개를 주어야 하는지
풀이 과정을 쓰고 답을 구하시오.

(   )

🔲 쌍둥이
▶동영상

풀이

(몇십몇)−(몇십몇)

17 수 카드 6장 중에서 2장을 뽑아 한 번씩 사용하
여 몇십몇을 만들려고 합니다. 만들 수 있는 수 중
가장 큰 짝수와 가장 작은 홀수의 차를 구하시오.

| 9 | 5 | 7 | 6 | 3 | 2 |

(   )

덧셈과 뺄셈하기

18 합이 48이고 차가 6인 두 수가 있습니다. 두 수
중에서 더 큰 수를 구하시오.

🔲 쌍둥이
▶동영상

(   )

6

덧셈과 뺄셈 (3)

6. 덧셈과 뺄셈 (3)

1 □ 안에 알맞은 수를 써넣으시오.

$$95-3=\boxed{}$$

2 빈 곳에 알맞은 수를 써넣으시오.

| 40 | +50 | |

3 계산 결과를 찾아 선으로 이어 보시오.

| 50−20 | 80−30 | 70−10 |

| 60 | 50 | 30 |

4 덧셈을 하시오.

$$32+3=\boxed{}$$

$$45+2=\boxed{}$$

창의·융합

5 무리를 지어 생활하는 곤충에는 개미와 벌이 있습니다. 다음을 보고 개미와 벌은 모두 몇 마리인지 구하시오.

(   )

6 계산 결과의 크기를 비교하여 ○ 안에 >, =, <를 알맞게 써넣으시오.

| 73+6 | ○ | 94−20 |

7 78−4를 잘못 계산한 이유를 쓰고 바르게 계산하시오.

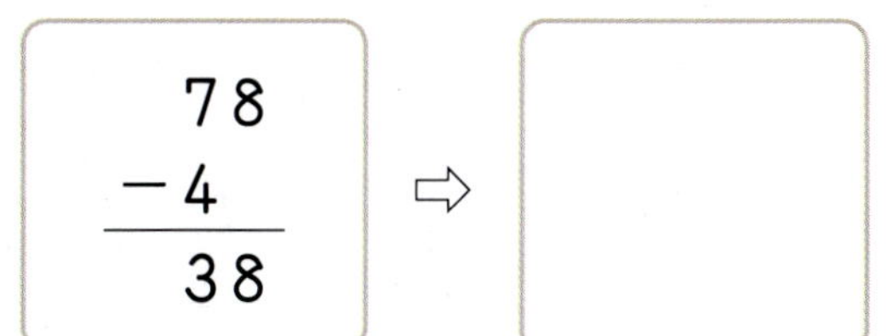

이유 ______________________________

____

8 그림을 보고 □ 안에 알맞은 수를 써넣으시오.

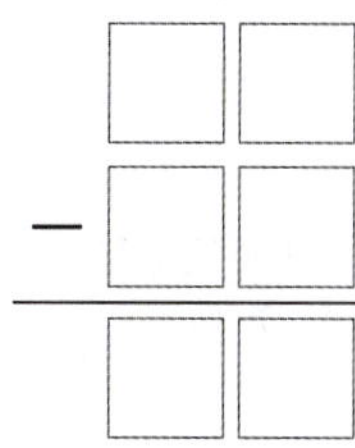

(1) ㉠+㉢= □ + □ = □

(2) ㉣+㉡= □ + □ = □

9 계산 결과가 <u>다른</u> 하나에 ◯표 하시오.

$$59-26 \quad 37-2 \quad 21+12$$

10 46−14를 계산하려고 합니다. 물음에 답하시오.

(1) 계산식을 세로로 쓰고 계산하시오.

(2) 진호와 해주가 여러 가지 방법으로 계산하였습니다. □ 안에 알맞은 수를 써넣으시오.

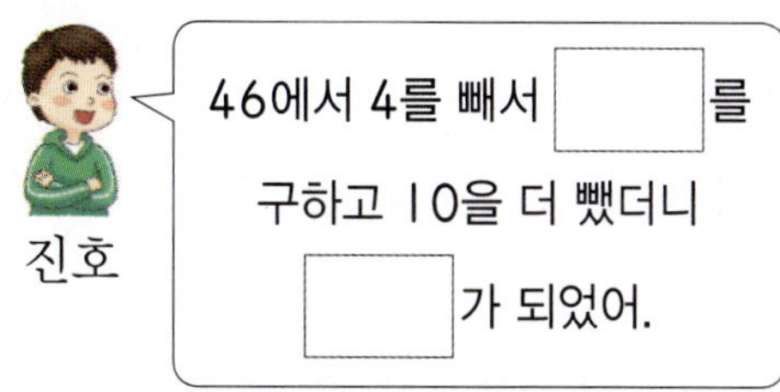

11 주차장에 자동차가 25대 있었는데 10대가 나갔습니다. 주차장에 남아 있는 자동차는 몇 대인지 식을 쓰고 답을 구하시오.

식 ______________________________

답 ______________________________

12 빈 곳에 알맞은 수를 써넣으시오.

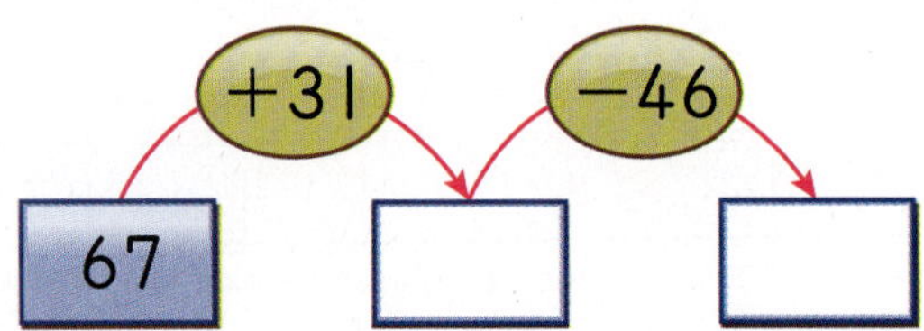

13 계산 결과가 가장 작은 것의 기호를 쓰시오.

㉠ 40+16	㉡ 24+23
㉢ 76−15	㉣ 98−54

( )

14 두 주머니에서 수를 하나씩 골라 덧셈식과 뺄셈식을 각각 만들어 계산해 보시오.

15 소미네 반 학생들은 모두 27명입니다. 아침 활동 시간에 교실에서 책을 읽는 학생은 몇 명입니까?

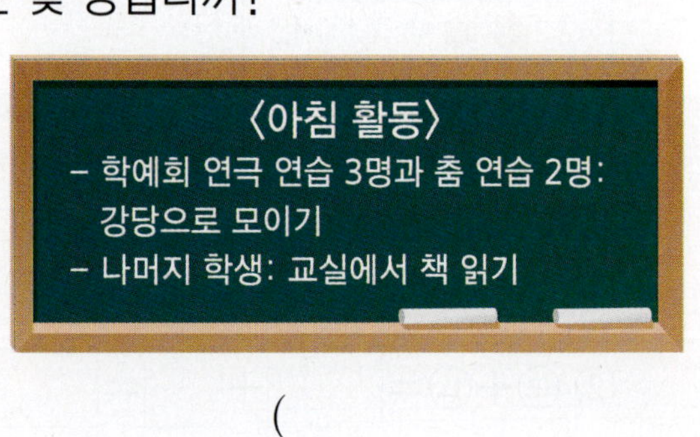

( )

16 다음과 같이 몇십몇이 4개 있습니다. 가장 큰 수와 가장 작은 수의 차가 **35**일 때 ▲에 알맞은 수를 구하시오.

| 7▲ | 67 | 5● | 42 |

(   )

17 가장 큰 수와 가장 작은 수의 합에서 남은 수를 빼면 얼마입니까?

| 35 | 58 | 11 |

(   )

18 성현이가 3일 동안 수학 문제를 풀었습니다. 전체 문제 수와 틀린 문제 수를 보고 문제를 가장 많이 맞힌 날은 무슨 요일인지 구하시오.

요일	전체 문제 수(개)	틀린 문제 수(개)
월	27	3
화	19	2
수	24	1

(   )

19 호두를 지수는 **26**개 중에서 **3**개를 먹었고, 호영이는 **34**개 중에서 **12**개를 먹었습니다. 지수와 호영이 중 호두가 더 많이 남은 사람은 누구인지 풀이 과정을 쓰고 답을 구하시오.

[풀이] ______________________________

____

____

____

[답] ______________________________

20 상자 안에 노란색 구슬과 빨간색 구슬이 있습니다. 노란색 구슬 **44**개에서 **13**개를 꺼내고, 빨간색 구슬 몇 개에서 **21**개를 꺼냈더니 남은 노란색 구슬의 수와 남은 빨간색 구슬의 수가 같았습니다. 처음 상자에 있던 구슬은 몇 개입니까?

(   )

6

덧셈과 뺄셈 (3)

❶ •보기•의 칠교 조각을 이용하여 오른쪽 모양을 만들 때 이용한 조각에 적힌 모든 수의 합을 구하시오. (단, 한 번 이용한 조각은 다시 이용할 수 없습니다.)

┌─보기─┐

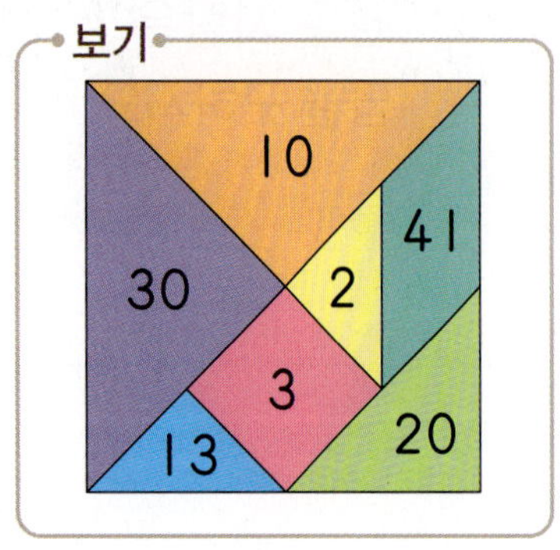

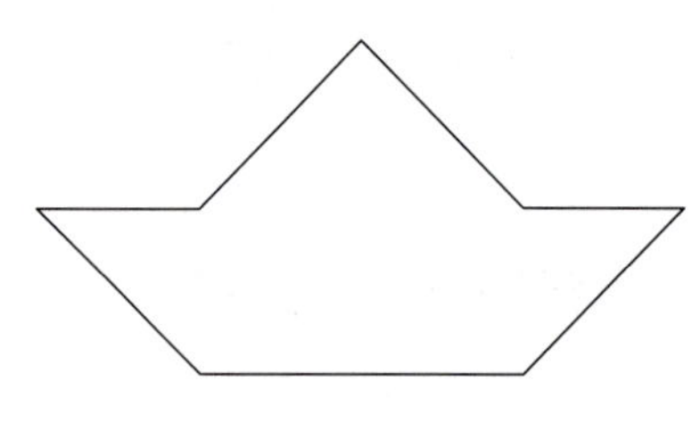

* 칠교 조각: 2학년 '여러 가지 도형' 단원에서 배우는 내용으로 모두 7개의 조각으로 되어 있으며 조각을 이용하여 다양한 모양을 만들 수 있습니다.

(   )

❷ 미라와 진호가 각각 처음 도착한 칸과 둘째로 도착한 칸에 적힌 두 수의 차를 구했을 때 차가 더 작은 사람은 누구입니까? (단, 처음에 1칸을 간 곳에 적힌 수는 3입니다.)

(   )

어떤 교과서를 쓰더라도 ALWAYS

우등생 시리즈

국어/수학 | 초 1~6(학기별), **사회/과학** | 초 3~6학년(학기별)

세트 구성 | 초 1~2(국/수), 초 3~6(국/사/과, 국/수/사/과)

POINT 1

동영상 강의와 스케줄표로
쉽고 빠른 홈스쿨링 학습서

POINT 2

모든 교과서의 개념과
문제 유형을 빠짐없이 수록

POINT 3

온라인 성적 피드백 &
오답노트 앱(수학) 제공

모든 응용을
다 푸는
해결의 법칙

응용 해결의 법칙

꼼꼼 풀이집

수학 1·2

천재교육

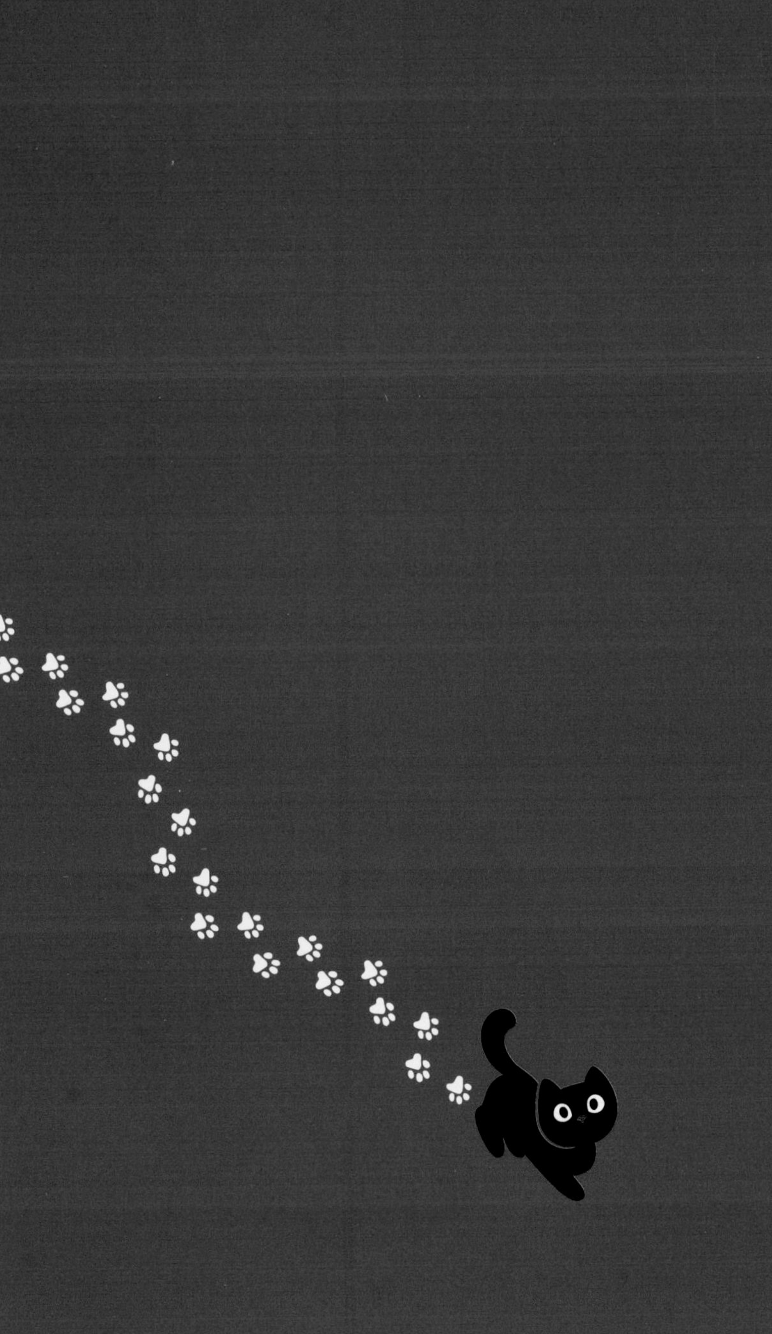

꼼꼼 풀이집

응용 해결의 법칙

1-2

1. 100까지의 수

STEP 1 기본 유형 익히기 8~11쪽

1-1 6, 예순

1-2

1-3 ⑩ 10개씩 묶음 8개는 80입니다.
따라서 곶감은 모두 80개입니다. ; 80개

2-1 5, 3

2-2 수영

2-3 육십오에 ◯표

2-4 55개

2-5 ⑩ 낱개 21개는 10개씩 묶음 2개와 낱개 1개
와 같습니다. 따라서 10개씩 묶음 6개와 낱
개 21개는 10개씩 묶음 8개와 낱개 1개와
같으므로 지우개는 81개입니다. ; 81개

2-6 ㉢

2-7 76세

3-1 (위에서부터) 100, 96, 95, 94

3-2

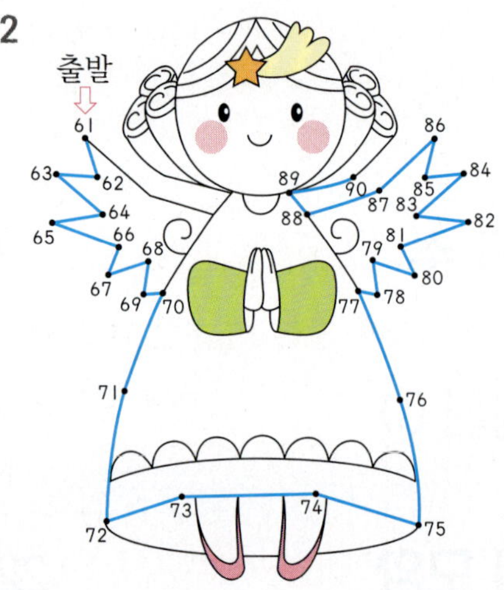

3-3

3-4 ⑩ 53부터 56까지의 수를 순서대로 쓰면
53, 54, 55, 56입니다. 따라서 53과 56
사이의 수는 54, 55입니다. ; 54, 55

3-5 53, 73

3-6 100 ; ⑩ 가게에 사탕이 100개 있습니다.

4-1 <

4-2 ㉣

4-3 8, 9

4-4 89, 82, 67, 52

4-5 ㉡

5-1 9, 홀수에 ◯표

5-2

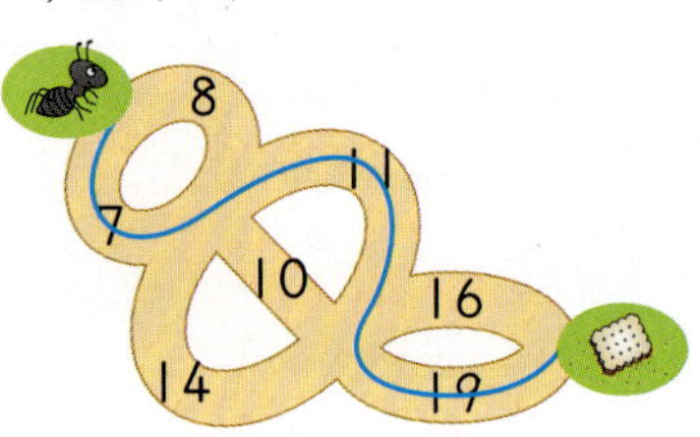

5-3 현아, 정민

1-1 60은 10개씩 묶음 6개이고 육십 또는 **예순**이
라고 읽습니다.

1-2 • 10개씩 묶음 8개 ⇨ 80, 여든
• 10개씩 묶음 9개 ⇨ 90, 아흔
• 10개씩 묶음 7개 ⇨ 70, 일흔
참고 • 60 ⇨ 육십, 예순 • 70 ⇨ 칠십, 일흔
• 80 ⇨ 팔십, 여든 • 90 ⇨ 구십, 아흔

1-3 서술형 가이드 10개씩 묶음 8개는 80이라는 풀이
과정이 있어야 합니다.

채점 기준		
10개씩 묶음 8개는 80임을 알고 답을 바르게 구함.	상
10개씩 묶음 8개임을 알았으나 답을 잘못 구함.	중
10개씩 묶음 8개를 구하지 못해 답을 구하지 못함.	하

2-1 생각 열기 ■▲를 10개씩 묶음의 수와 낱개의 수
로 나누어 생각합니다.
■▲는 10개씩 묶음 ■개와 낱개 ▲개입니다.
따라서 53은 10개씩 묶음 **5**개와 낱개 **3**개입
니다.

2-2 생각 열기 수를 두 가지 방법으로 읽어 봅니다.
• 98은 구십팔 또는 아흔여덟이라고 읽습니다.
• 62는 육십이 또는 예순둘이라고 읽습니다.
따라서 잘못 말한 사람은 **수영**입니다.

2-3 10개씩 묶음 6개와 낱개 5개는 65이고, 65
는 **육십오** 또는 예순다섯이라고 읽습니다.

2-4

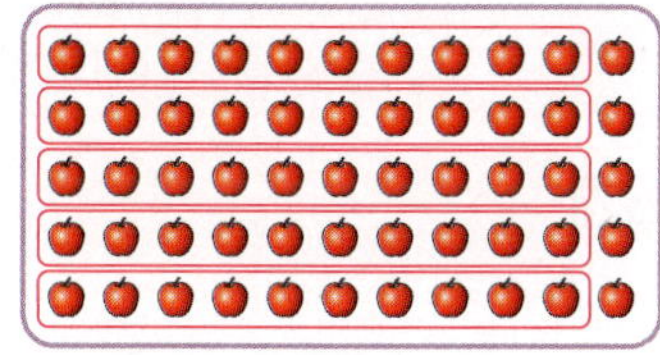

10개씩 묶으면 10개씩 묶음 5개와 낱개 5개
이므로 **55개**입니다.

2-5 서술형 가이드 10개씩 묶음 6개와 낱개 21개는
10개씩 묶음 8개와 낱개 1개와 같다라는 풀이 과
정이 있어야 합니다.

채점 기준	지우개의 수를 10개씩 묶음의 수와 낱개의 수로 나타내어 답을 구함.	상
	지우개의 수를 10개씩 묶음의 수와 낱개의 수로 나타내었으나 답이 틀림.	중
	지우개의 수가 10개씩 묶음 8개와 낱개 1개임을 구하지 못해 답을 구하지 못함.	하

참고 낱개 ■▲개는 10개씩 묶음 ■개와 낱개
▲개와 같습니다.

예 낱개 34개는 10개씩 묶음 3개와 낱개 4개와
같습니다.

2-6 ㉠ 94   ㉡ 구십사 ➡ 94
㉢ 10개씩 묶음 4개와 낱개 9개 ➡ 49
㉣ 아흔넷 ➡ 94

참고 94는 구십사 또는 아흔넷이라고 읽습니다.

2-7 10개씩 묶음 7개와 낱개 6개는 76이므로 할
머니의 연세는 **76세**입니다.

3-1 99보다 1만큼 더 큰 수는 100이고, 100부터
거꾸로 수를 씁니다.

3-2 61부터 90까지의 수를 순서대로 이어 봅니다.

3-3 수를 순서대로 쓸 때 78보다 1만큼 더 큰 수는
78 바로 뒤에 오는 수이므로 79이고, 84보다
1만큼 더 작은 수는 84 바로 앞에 있는 수이므
로 83입니다.

참고 수를 순서대로 쓸 때 바로 앞에 있는 수는
1만큼 더 작은 수이고, 바로 뒤에 오는 수는 1만

큼 더 큰 수입니다.

예 97 — 98 — 99
  1만큼 더 작은 수 1만큼 더 큰 수

3-4 서술형 가이드 53부터 56까지의 수를 순서대로
쓰고 53과 56 사이의 수를 구해야 합니다.

채점 기준	수의 순서를 정확히 알고 답을 구함.	상
	53 또는 56을 포함하여 답이 틀림.	중
	수의 순서를 몰라 답을 구하지 못함.	하

주의 53과 56 사이의 수이므로 53과 56은
포함하지 않습니다.

3-5 • 63보다 10만큼 더 작은 수는 63보다 10개씩
묶음의 수가 1만큼 더 작은 수인 **53**입니다.
• 63보다 10만큼 더 큰 수는 63보다 10개씩
묶음의 수가 1만큼 더 큰 수인 **73**입니다.

참고 • 10은 10개씩 묶음 1개이므로 ♥보다
10만큼 더 작은 수를 구할 때에는 ♥의 10개씩
묶음의 수에서 1을 뺍니다.
• 10은 10개씩 묶음 1개이므로 ◆보다 10만
큼 더 큰 수를 구할 때에는 ◆의 10개씩 묶음
의 수에 1을 더합니다.

3-6 낱개 10개는 10개씩 묶음 1개와 같으므로
10개씩 묶음 9개와 낱개 10개는 100입니다.
➡ '100'을 넣어 여러 가지 문장을 만들 수 있
습니다.

참고 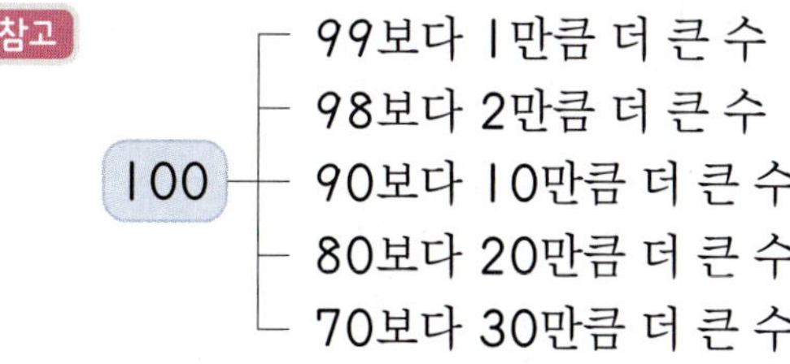
99보다 1만큼 더 큰 수
98보다 2만큼 더 큰 수
100 — 90보다 10만큼 더 큰 수
80보다 20만큼 더 큰 수
70보다 30만큼 더 큰 수

주의 100을 넣어 문장을 만들 때 '우리 가족은
100명입니다.'와 같이 적당하지 않은 문장을 만
들지 않도록 합니다.

4-1 여든일곱: 87, 아흔하나: 91
➡ 87<91
  8<9

4-2 ㉠ 43<45   ㉡ 71>59
   3<5   7>5
 ㉢ 68<69   ㉣ 97>89
   8<9   9>8

> **참고** · ■>▲ ⇨ ■는 ▲보다 큽니다.
> · ●<★ ⇨ ●는 ★보다 작습니다.

4-3 **생각 열기** □ 안에 9부터 수를 거꾸로 넣어 크기를 비교해 봅니다.
7⑨>77, 7⑧>77, 7⑦=77, 7⑥<77
……이므로 □ 안에 들어갈 수 있는 수는 **8, 9**입니다.

4-4 **생각 열기** 10개씩 묶음의 수부터 비교하고, 10개씩 묶음의 수가 같으면 낱개의 수를 비교합니다.
10개씩 묶음의 수를 비교하면 8>6>5입니다.
→ 10개씩 묶음의 수가 같은 82와 89의 크기를 비교하면 89>82입니다.
⇨ **89>82>67>52**

4-5 10개씩 묶음의 수를 비교하면 5<6이므로 ㉡이 더 큽니다.

5-1 새는 9마리이고 9는 둘씩 짝을 지을 수 없으므로 **홀수**입니다.

> **참고**
> · 짝수: 둘씩 짝을 지을 수 있는 수 ⇨ 2, 4, 6
> · 홀수: 둘씩 짝을 지을 수 없는 수 ⇨ 1, 3, 5

5-2 홀수는 7, 11, 19입니다.

5-3 · 짝수: 28, 66
 · 홀수: 29, 45
 ⇨ 짝수를 말한 사람은 **현아, 정민**입니다.

> **참고** ■▲의 수에서 ▲가 짝수이면 ■▲도 짝수이고 ▲가 홀수이면 ■▲도 홀수입니다.
> **예** · 32에서 2가 짝수이므로 32도 짝수입니다.
> · 71에서 1이 홀수이므로 71도 홀수입니다.

STEP 2 응용 유형 익히기   12~17쪽

1-1 (1) 60개   (2) 6개
1-2 7개
1-3 90개
2-1 (1) 3개   (2) 8개   (3) 38개
2-2 14장
2-3 25개
3-1 (1) 24석   (2) 짝수
3-2 홀수
3-3 2명
4-1 (1) 83개   (2) 85   (3) 85개
4-2 62개
4-3 94송이
5-1 (1) 77개   (2) 75개   (3) 선우
5-2 선희
5-3 영수, 민주, 진아
6-1 (1) 7, 3, 3   (2) 73, 74   (3) 2개
6-2 3개
6-3 42, 46, 62

1-1 (1) 빨간색 공은 10개씩 묶음 6개이므로 **60개**입니다.
(2) 빨간색 공은 60개이고 상자 1개에는 공을 10개 담을 수 있으므로 상자는 **6개** 필요합니다.

1-2 **해법 순서**
① 초록색 공은 몇 개인지 알아봅니다.
② 상자에는 공을 몇 개 담을 수 있는지 알아봅니다.
③ 필요한 상자의 수를 알아봅니다.
초록색 공은 70개이고 상자 1개에는 공을 10개 담을 수 있으므로 상자는 **7개** 필요합니다.

1-3 **생각 열기** 상자 안과 상자 밖에 있는 밤은 모두 10개씩 봉지 몇 개인지 알아봅니다.

밤은 모두 10개씩 봉지 7+2=9(개)입니다.
⇨ 10개씩 묶음이 9개이면 90이므로 밤은 모두 **90**개입니다.

2-1 (1) 6-3=3(개)
(2) 낱개 **8**개가 남았습니다.
(3) 남은 쿠키는 10개씩 봉지 3개와 낱개 8개이므로 **38**개입니다.

2-2 해법 순서
① 색종이는 10장씩 몇 묶음이 남았는지 알아봅니다.
② 색종이는 낱개 몇 장이 남았는지 알아봅니다.
③ 남은 색종이의 수를 구합니다.
남은 색종이는 10장씩 묶음 6-5=1(개)와 낱개 4장이므로 **14**장입니다.

2-3 해법 순서
① 세희가 가지고 있는 구슬은 10개씩 묶음 몇 개와 낱개 몇 개인지 알아봅니다.
② 동생에게 주는 구슬은 10개씩 묶음 몇 개와 낱개 몇 개인지 알아봅니다.
③ 남는 구슬 수를 구합니다.
세희가 가지고 있는 구슬은 10개씩 묶음 5개와 낱개 7개입니다.
32개는 10개씩 묶음 3개와 낱개 2개입니다.
⇨ 남는 구슬은 10개씩 묶음 5-3=2(개)와 낱개 7-2=5(개)이므로 **25**개입니다.

3-1 (1) 빨간색 자리의 수를 세어 보면 **24**석입니다.
(2)
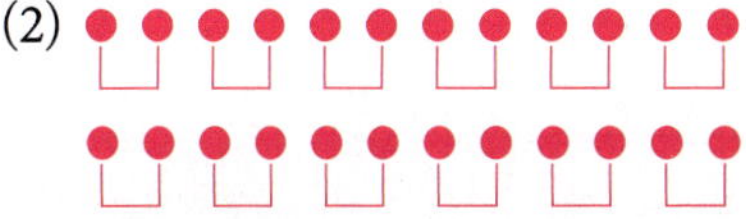
⇨ 24는 둘씩 짝을 지을 수 있으므로 **짝수**입니다.

3-2 생각 열기 예약이 안 된 자리는 흰색 자리이므로 흰색 자리의 수를 세어 봅니다.

해법 순서
① 예약이 안 된 자리의 수를 세어 봅니다.
② 예약이 안 된 자리의 수만큼 그림을 그려 둘씩 짝을 지어 봅니다.
③ 예약이 안 된 자리의 수가 짝수인지, 홀수인지 알아봅니다.
흰색 자리의 수를 세어 보면 17석입니다.
○○○○○○○○○○○○○○○○○
⇨ 17은 둘씩 짝을 지을 수 없으므로 **홀수**입니다.

3-3 • 홀수: 37, 35
• 짝수: 36, 38, 40
⇨ 자리 번호가 홀수인 사람은 오빠와 동생이므로 모두 **2**명입니다.

참고 • 몇십몇이 짝수인지, 홀수인지 알아보기
10개씩 묶음의 수는 관계없이 낱개의 수가 짝수이면 짝수, 낱개의 수가 홀수이면 홀수입니다. 이때 낱개의 수가 0인 몇십은 항상 짝수입니다.

4-1 (1) 10개씩 묶음 8개와 낱개 3개는 83이므로 승화가 가진 수수깡은 **83**개입니다.
(2) 83보다 1만큼 더 큰 수는 84이고, 84보다 1만큼 더 큰 수는 85이므로 83보다 2만큼 더 큰 수는 **85**입니다.

참고 • ■보다 2만큼 더 큰 수 구하기
■보다 1만큼 더 큰 수인 ▲를 구한 후 ▲보다 1만큼 더 큰 수를 구합니다.

4-2 해법 순서
① 소망 가게의 달걀 수를 구합니다.
② ①의 수보다 2만큼 더 작은 수를 구합니다.
③ 햇빛 가게의 달걀 수를 구합니다.
10개씩 묶음 6개와 낱개 4개는 64이므로 소망 가게에 있는 달걀은 64개입니다.
⇨ 64 － 63 － 62이므로 햇빛 가게에
1만큼 더 작은 수 1만큼 더 작은 수
있는 달걀은 **62**개입니다.

4-3 `해법 순서`

① 장미 수를 구합니다.

② ①의 수보다 1만큼 더 큰 수를 구하여 백합 수를 구합니다.

③ ②의 수보다 2만큼 더 큰 수를 구하여 튤립 수를 구합니다.

10개씩 묶음 9개와 낱개 1개는 91이므로 장미는 91송이입니다.

⇨ 91보다 1만큼 더 큰 수는 92이므로 백합은 92송이입니다. 92보다 2만큼 더 큰 수는 94이므로 튤립은 **94송이**입니다.

5-1 (1) 10개씩 묶음 6개와 낱개 17개는 10개씩 묶음 7개와 낱개 7개와 같으므로 77입니다. → **77개**

(2) 10개씩 묶음 7개와 낱개 5개는 75입니다. → **75개**

(3) 77>75이므로 **선우**가 땅콩을 더 많이 가지고 있습니다.
　　 7>5

5-2 • 인영: 10개씩 묶음 6개와 낱개 9개는 69입니다. → 69개

• 선희: 10개씩 묶음 4개와 낱개 16개는 10개씩 묶음 5개와 낱개 6개와 같으므로 56입니다. → 56개

⇨ 69>56이므로 **선희**가 공깃돌을 더 적게 가지고 있습니다.

5-3 `해법 순서`

① 영수가 딴 복숭아 수를 구합니다.

② 81보다 1만큼 더 큰 수를 구하여 민주가 딴 복숭아 수를 구합니다.

③ 세 사람이 딴 복숭아 수의 크기를 비교합니다.

• 진아: 81개

• 영수: 10개씩 묶음 8개와 낱개 6개는 86입니다. → 86개

• 민주: 81보다 1만큼 더 큰 수는 82입니다. → 82개

⇨ 86>82>81이므로 복숭아를 많이 딴 사람부터 차례대로 쓰면 **영수, 민주, 진아**입니다.

6-1 (2) 34<60, 37<60, 43<60, 47<60, **73>60, 74>60**

(3) 73, 74로 모두 **2개**입니다.

`참고` 수 카드 1장을 뽑아 10개씩 묶음의 수로, 남은 수 카드 중 1장을 뽑아 낱개의 수로 놓으면서 몇십몇을 만듭니다.

6-2 만들 수 있는 몇십몇은 35, 39, 53, 59, 93, 95입니다.

⇨ 55보다 작은 수는 35, 39, 53으로 모두 **3개**입니다.

6-3 `해법 순서`

① 수 카드 2장으로 몇십몇을 모두 만듭니다.

② ①의 수 중에서 40보다 큰 수를 알아봅니다.

③ ②의 수 중에서 64보다 작은 수를 알아봅니다.

④ ③에서 구한 수는 모두 몇 개인지 알아봅니다.

만들 수 있는 몇십몇은 42, 46, 24, 26, 64, 62입니다.

위의 수 중에서 40보다 큰 수는 42, 46, 64, 62이고, 이 중 64보다 작은 수는 **42, 46, 62**입니다.

`다른 풀이`
　　　　　　　　　　40보다 큰 수
24, 26, 42, 46, 62, 64
　　　　　　　　64보다 작은 수

⇨ 40보다 크고 64보다 작은 수는 42, 46, 62입니다.

STEP 3 응용 유형 뛰어넘기　18~23쪽

1 (위에서부터) 7, 16

2 (위에서부터) 77, 78, 58, 59

3 ④

4

5 92개

6 60개

7 4개

8 피부과

9 예 동생에게 주고 남은 사탕은 10개씩 묶음
7−2=5(개)와 낱개 9−5=4(개)입니다.
10개씩 묶음 5개와 낱개 4개는 54이므로
동생에게 주고 남은 사탕은 54개입니다.
; 54개

10 70명

11 오늘

12 57, 67, 77

13 예 서희는 은영이보다 10점 높은 점수를 받
았고 79보다 10만큼 더 큰 수는 89이므
로 서희가 받은 점수는 89점입니다.
따라서 진호는 서희보다 4점 낮은 점수를
받았고 89보다 4만큼 더 작은 수는 85이
므로 진호가 받은 점수는 85점입니다.
; 85점

14 4개

15 예 • 경하: 56 − 57 − 58 − 59
1만큼 더 큰 수 1만큼 더 큰 수 1만큼 더 큰 수
⇨ 실제 콩의 수와 3개 차이가 납
니다.
• 민수: 56 − 55 − 54
1만큼 더 작은 수 1만큼 더 작은 수
⇨ 실제 콩의 수와 2개 차이가 납
니다.
따라서 실제 콩의 수에 더 가깝게 말한 사
람은 민수입니다. ; 민수

16 14번

17 윤호, 2쪽

18 13장

1 • 76은 10개씩 묶음 **7**개와 낱개 6개입니다.
• 76은 10개씩 묶음 6개와 낱개 16개입니다.
참고 낱개 10개는 10개씩 묶음 1개와 같습니다.

2 ㉠ 68보다 10만큼 더 큰 수는 **78**입니다.
㉡ 78보다 1만큼 더 작은 수는 **77**입니다.
㉢ 68보다 10만큼 더 작은 수는 **58**입니다.
㉣ 58보다 1만큼 더 큰 수는 **59**입니다.

3 ① 10개씩 묶음 10개 ⇨ 100
② 백 ⇨ 100
③ 99보다 1만큼 더 큰 수 ⇨ 100
④ 아흔 ⇨ 90
⑤ 90보다 10만큼 더 큰 수 ⇨ 100

4 • 68보다 1만큼 더 큰 수는 69입니다.
• 예순일곱을 수로 쓰면 67입니다.

5 생각 열기 낱개 12개는 10개씩 묶음 몇 개와 낱개
몇 개인지 알아봅니다.
낱개 12개는 10개씩 묶음 1개와 낱개 2개와 같
습니다.
⇨ 은호가 버린 음료수 캔은 10개씩 묶음 9개와
낱개 2개이므로 **92개**입니다.

6 생각 열기 30은 10개씩 묶음 몇 개인지 알아봅니다.
30은 10개씩 묶음 3개이므로 상자 2개에 들어 있
는 호두과자는 10개씩 묶음 3+3=6(개)입니다.
⇨ 10개씩 묶음 6개는 60이므로 호두과자는
모두 **60개**입니다.

7 만들 수 있는 수는 25, 28, 52, 58, 82, 85입
니다.
이 중에서 짝수는 28, 52, 58, 82이므로 모두
4개입니다.

8 생각 열기 먼저 10개씩 묶음의 수를 비교합니다.
10개씩 묶음의 수를 비교하면 8>7>6이므로
내과와 피부과의 수를 비교합니다.
⇨ 80<82이므로 **피부과**가 가장 많습니다.

9 서술형 가이드 남은 사탕의 수를 10개씩 묶음의 수와 낱개의 수로 나타내는 풀이 과정이 있어야 합니다.

채점 기준	남은 사탕의 10개씩 묶음의 수와 낱개의 수를 바르게 구해 답을 구함.	상
	남은 사탕의 10개씩 묶음의 수와 낱개의 수 중 1가지만 구해 답이 틀림.	중
	남은 사탕의 10개씩 묶음의 수와 낱개의 수를 구하지 못해 답을 구하지 못함.	하

10 해수, 희주, 석현, 영찬이의 사이에 2명씩 있으므로 다른 학생들이 6명 있습니다. 해수부터 영찬이까지 학생 수를 세어 보면 10명입니다.
영찬이는 80번째이므로 해수는 71번째입니다.
71번째 바로 앞의 순서는 70번째이므로 해수 앞에는 **70명**이 달리고 있습니다.

참고 해수부터 영찬이까지 10명이고 영찬이가 80번째이면 해수 바로 앞의 학생은 80보다 10만큼 더 작은 수인 70번째 순서입니다.

11 해법 순서
① 어제 주운 도토리 수를 알아봅니다.
② 오늘 주운 도토리 수를 알아봅니다.
③ ①과 ②의 수 중 둘씩 짝을 지을 수 없는 수를 알아봅니다.
 • 10개씩 묶음 5개와 낱개 18개는 68이므로 어제 주운 도토리는 68개입니다.
 • 66보다 1만큼 더 작은 수는 65이므로 오늘 주운 도토리는 65개입니다.
 ⇨ 68과 65 중 홀수는 65이므로 도토리의 수가 홀수인 날은 **오늘**입니다.

12 생각 열기 먼저 10개씩 묶음의 수가 될 수 있는 수를 알아봅니다.
해법 순서
① 10개씩 묶음의 수가 될 수 있는 수를 알아봅니다.
② ①에서 구한 수가 10개씩 묶음의 수이고 낱개의 수가 7인 수를 알아봅니다.
③ ②의 수 중에서 49보다 크고 84보다 작은 수를 알아봅니다.

10개씩 묶음의 수가 4, 5, 6, 7, 8인 수 중 낱개의 수가 7인 수는 47, 57, 67, 77, 87입니다.
이 중에서 49보다 크고 84보다 작은 수는 57, 67, 77입니다.

참고

$$49 < 57 < 84, \quad 49 < 67 < 84, \quad 49 < 77 < 84$$

13 생각 열기 서희의 점수를 먼저 구한 후 진호의 점수를 구합니다.

서술형 가이드 은영이의 점수를 이용하여 서희와 진호의 점수를 구하는 풀이 과정이 있어야 합니다.

채점 기준	서희의 점수와 진호의 점수를 모두 바르게 구함.	상
	서희의 점수를 구했으나 진호의 점수를 구하지 못함.	중
	서희의 점수를 구하지 못해 진호의 점수를 구하지 못함.	하

참고 4점 낮은 점수는 4만큼 더 작은 수를 구하고 10점 높은 점수는 10만큼 더 큰 수를 구합니다.

14 10개씩 묶음이 7개인 수이므로 7□라 놓을 수 있습니다.
7□인 수 중 78보다 작은 수는 70, 71, 72, 73, 74, 75, 76, 77이고 이 중 홀수는 71, 73, 75, 77로 모두 **4개**입니다.

15 해법 순서
① 실제 콩의 수와 경하가 말한 콩의 수의 차이를 구합니다.
② 실제 콩의 수와 민수가 말한 콩의 수의 차이를 구합니다.
③ 차이가 더 작은 사람을 알아봅니다.

서술형 가이드 실제 콩의 수와 경하와 민수가 말한 콩의 수의 차이를 수의 순서로 알아보는 풀이 과정이 있어야 합니다.

채점 기준	수의 순서를 이용하여 답을 구함.	상
	실제 콩의 수와 차이를 구했으나 답이 틀림.	중
	수의 순서를 알지 못해 답을 구하지 못함.	하

 실제 수와 말한 수의 차이가 작을수록 더 가깝게 말한 것입니다.

16 해법 순서

① 50보다 크고 90보다 작은 수 중에서 숫자 8이 들어 있는 수를 모두 씁니다.

② 숫자 8을 모두 몇 번 쓰게 되는지 알아봅니다.

50보다 크고 90보다 작은 수 중에서 숫자 8이 들어 있는 수는 58, 68, 78, 80, 81, 82, 83, 84, 85, 86, 87, 88, 89입니다.

⇨ 숫자 8이 들어 있는 수는 13개이고 88을 쓸 때 숫자 8을 2번 쓰므로 숫자 8은 모두 **14번** 쓰게 됩니다.

17 62, 63, 64, 65, 66, 67
→ 인서는 동화책을 6쪽 읽었습니다.
87, 88, 89, 90, 91, 92, 93, 94
→ 윤호는 동화책을 8쪽 읽었습니다.
⇨ 6<8이므로 8-6=2(쪽)입니다.
따라서 **윤호**가 동화책을 **2쪽** 더 많이 읽었습니다.

참고 ■쪽부터 ▲쪽까지 읽은 쪽수는 ■부터 ▲까지의 수를 모두 세어 구합니다.

18 생각 열기 10장씩 묶음 몇 개와 낱개 몇 장을 더 모아야 하는지 알아봅니다.

해법 순서

① 낱개 7장이 10장씩 묶음 1개가 되려면 몇 장을 더 모아야 하는지 알아봅니다.

② 10장씩 묶음 7개가 되려면 10장씩 묶음 몇 개를 더 모아야 하는지 알아봅니다.

③ 모두 몇 장 더 모아야 하는지 알아봅니다.

낱개 7장에서 3장을 더 모으면 10장씩 묶음 1개가 되므로 10장씩 묶음 6개가 됩니다.

→ 10장씩 묶음 6개에서 10장씩 묶음 7개가 되려면 10장씩 묶음 1개를 더 모으면 됩니다.

⇨ 10장씩 묶음 1개와 낱개 3장은 13장이므로 **13장**을 더 모아야 합니다.

---

1 100, 백   **2** 78, 80
3 >   **4** ⑤
5 (선 잇기)   **6** 경아

7 예 일흔여섯은 76이고 76은 10개씩 묶음 7개와 낱개 6개입니다.
따라서 멜론을 한 상자에 10개씩 7상자에 담으면 6개가 남습니다. ; 6개

8 1, 2, 3에 ○표

9 ㉠, ㉢

10 6개

11 74에 ○표, 51에 △표

12 예 낱개 14개는 10개씩 묶음 1개와 낱개 4개와 같습니다.
10개씩 묶음 8개와 낱개 4개는 84이므로 젤리는 모두 84개입니다. ; 84개

13 (왼쪽에서부터) 80, 76, 51, 93

14 ㉢, ㉡, ㉠   **15** 6명

16 예 풍선은 모두 10개씩 묶음 4+3=7(개)와 낱개 3+5=8(개)입니다.
따라서 10개씩 묶음 7개와 낱개 8개는 78이므로 풍선은 모두 78개입니다.
; 78개

17 90

18 68, 69, 70, 71

19 6개

20

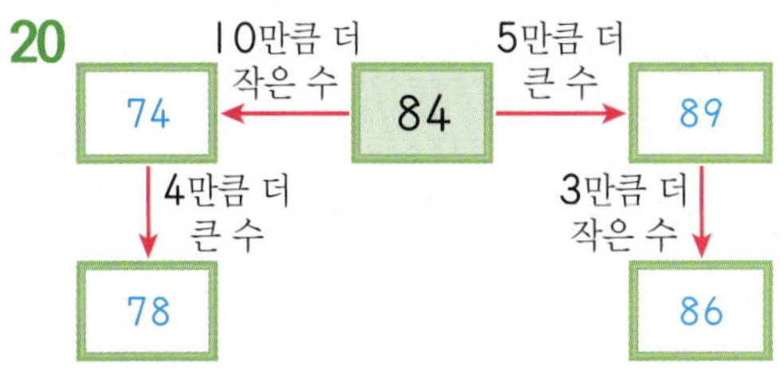

1 99보다 1만큼 더 큰 수는 100이고, 100은 **백**이라고 읽습니다.

2 수를 순서대로 씁니다.
77 - 78 - 79 - 80 - 81

3 생각 열기 먼저 10개씩 묶음의 수를 비교합니다.
$$93 > 84$$
$$9 > 8$$

4 생각 열기 수를 두 가지 방법으로 읽어 봅니다.
① 80 – 팔십, 여든
② 85 – 팔십오, 여든다섯
③ 67 – 육십칠, 예순일곱
④ 92 – 구십이, 아흔둘
⑤ 51 – 오십일, 쉰하나

5 10개씩 묶음 7개와 낱개 6개는 76입니다.
72보다 1만큼 더 큰 수는 72 바로 뒤의 수인 73입니다.
78보다 1만큼 더 작은 수는 78 바로 앞의 수인 77입니다.

6 생각 열기 각자 올려놓은 과일의 수를 세어 봅니다.
• 현규－참외 5개: 홀수
• 장민－귤 7개: 홀수
• 경아－감 6개: 짝수
⇨ 잘못 올려놓은 사람은 **경아**입니다.
참고 짝수는 둘씩 짝을 지을 수 있는 수이고, 홀수는 둘씩 짝을 지을 수 없는 수입니다.

7 서술형 가이드 일흔여섯을 수로 나타내고, 나타낸 수를 10개씩 묶음의 수와 낱개의 수로 알아보는 풀이 과정이 있어야 합니다.

채점 기준		
76을 10개씩 묶음의 수와 낱개의 수로 나누어 답을 구함.	상
76을 10개씩 묶음의 수와 낱개의 수로 나누었으나 답이 틀림.	중
일흔여섯이 76임을 몰라 답을 구하지 못함.	하

8 10개씩 묶음의 수가 8로 같으므로 낱개의 수인 □는 4보다 작아야 합니다. ⇨ 1, 2, 3

9 ㉠ 육십오 ⇨ 65
㉡ 예순여섯 ⇨ 66
㉢ 10개씩 묶음 6개와 낱개 5개 ⇨ 65
㉣ 쉰일곱 ⇨ 57

참고 65는 육십오 또는 예순다섯이라고 읽습니다.

10 30부터 40까지의 수 중에서 짝수는 30, 32, 34, 36, 38, 40이므로 모두 6개입니다.

11 10개씩 묶음의 수를 비교하면 7 > 6 > 5이므로 10개씩 묶음의 수가 같은 53과 51의 크기를 비교합니다.
→ 53 > 51이므로 74 > 61 > 53 > 51입니다.
⇨ 가장 큰 수는 **74**, 가장 작은 수는 **51**입니다.
참고 • 수의 크기 비교
① 10개씩 묶음의 수가 클수록 더 큰 수입니다.
② 10개씩 묶음의 수가 같으면 낱개의 수가 클수록 더 큰 수입니다.

12 서술형 가이드 젤리가 10개씩 묶음 8개와 낱개 4개라는 풀이 과정이 있어야 합니다.

채점 기준		
젤리가 10개씩 묶음 8개와 낱개 4개임을 알고 답을 구함.	상
젤리가 10개씩 묶음 8개와 낱개 4개임을 알았으나 답이 틀림.	중
젤리가 10개씩 묶음 8개와 낱개 4개임을 몰라 답을 구하지 못함.	하

13 생각 열기 먼저 93, 76, 51, 80을 짝수와 홀수로 나누어 봅니다.
해법 순서
① 네 수를 짝수와 홀수로 나누어 봅니다.
② 짝수끼리 크기를 비교합니다.
③ 홀수끼리 크기를 비교합니다.
짝수는 76, 80이고 홀수는 93, 51입니다.
⇨ 76과 80의 크기를 비교하면 **80 > 76**이고 93과 51의 크기를 비교하면 **51 < 93**입니다.

14 ㉠ 10개씩 묶음 8개와 낱개 11개는 10개씩 묶음 9개와 낱개 1개와 같으므로 91입니다.
㉡ 아흔다섯은 95이므로 95보다 1만큼 더 작은 수는 94입니다.
㉢ 94보다 1만큼 더 큰 수는 95입니다.
⇨ 95 > 94 > 91이므로 ㉢ > ㉡ > ㉠입니다.

15 생각 열기 수의 순서를 생각하여 83과 90 사이에 있는 수를 알아봅니다.

83과 90 사이의 수는 84, 85, 86, 87, 88, 89이므로 진호와 미라 사이에 서 있는 사람은 모두 **6명**입니다.

주의 ●와 ■ 사이의 수에는 ●와 ■가 포함되지 않습니다.

참고 수의 순서를 나타낼 때에는 '~째'를 붙여서 나타냅니다.

수	하나	둘	셋	넷	다섯
순서	첫째	둘째	셋째	넷째	다섯째

16 생각 열기 풍선은 10개씩 묶음 몇 개와 낱개 몇 개인지 알아봅니다.

서술형 가이드 풍선이 10개씩 묶음 7개와 낱개 8개라는 풀이 과정이 있어야 합니다.

채점 기준	풍선이 10개씩 묶음 7개와 낱개 8개임을 알고 답을 구함.	상
	풍선이 10개씩 묶음 7개와 낱개 8개임을 알았으나 답이 틀림.	중
	풍선이 10개씩 묶음 7개와 낱개 8개임을 몰라 답을 구하지 못함.	하

17 해법 순서

① 10개씩 묶음 7개와 낱개 19개인 수를 알아봅니다.
② ①의 수보다 1만큼 더 큰 수를 알아봅니다.

10개씩 묶음 7개와 낱개 19개인 수는 10개씩 묶음 8개와 낱개 9개인 수와 같으므로 89입니다.

⇨ 89보다 1만큼 더 큰 수는 89 바로 뒤의 수인 **90**입니다.

참고 수를 순서대로 쓸 때 ■보다 1만큼 더 큰 수는 ■ 바로 뒤의 수이고, ■보다 1만큼 더 작은 수는 ■ 바로 앞의 수입니다.

18 생각 열기 ㉠과 ㉡을 수로 나타냅니다.

㉠ 10개씩 묶음 5개와 낱개 17개는 10개씩 묶음 6개와 낱개 7개와 같으므로 67입니다.
㉡ 일흔둘은 72입니다.
⇨ 67과 72 사이의 수는 **68, 69, 70, 71**입니다.

19 생각 열기 만들 수 있는 몇십몇을 모두 알아봅니다.

해법 순서

① 수 카드 2장으로 몇십몇을 모두 만듭니다.
② ①의 수 중에서 70보다 큰 수를 알아봅니다.
③ ②에서 구한 수는 모두 몇 개인지 알아봅니다.

수 카드 1장을 뽑아 10개씩 묶음의 수로, 남은 수 카드 중 1장을 뽑아 낱개의 수로 놓으면서 몇십몇을 만듭니다.

┌ 10개씩 묶음의 수가 7일 때: 75, 73, 78
├ 10개씩 묶음의 수가 5일 때: 57, 53, 58
├ 10개씩 묶음의 수가 3일 때: 37, 35, 38
└ 10개씩 묶음의 수가 8일 때: 87, 85, 83

⇨ 70보다 큰 수는 75, 73, 78, 87, 85, 83으로 모두 **6개**입니다.

20

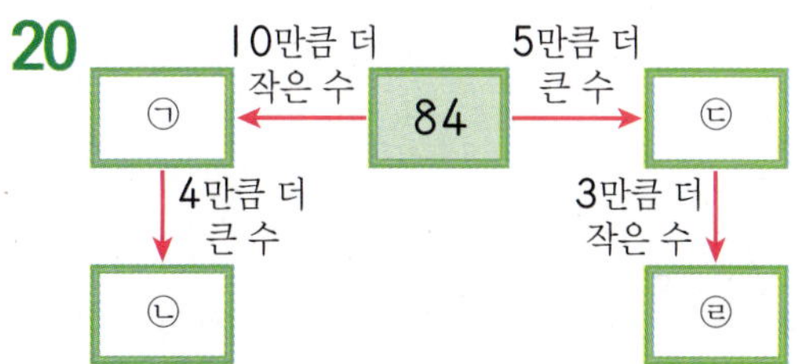

㉠ 84보다 10만큼 더 작은 수는 84보다 10개씩 묶음의 수가 1만큼 더 작은 수인 **74**입니다.

㉡ 74보다 4만큼 더 큰 수는

74 － 75 － 76 － 77 － 78

1만큼 더 큰 수 1만큼 더 큰 수 1만큼 더 큰 수 1만큼 더 큰 수

이므로 **78**입니다.

㉢ 84보다 5만큼 더 큰 수는

84 － 85 － 86 － 87 － 88 － 89

1만큼 더 큰 수 1만큼 더 큰 수 1만큼 더 큰 수 1만큼 더 큰 수 1만큼 더 큰 수

이므로 **89**입니다.

㉣ 89보다 3만큼 더 작은 수는

89 － 88 － 87 － 86이므로 **86**입니다.

1만큼 더 작은 수 1만큼 더 작은 수 1만큼 더 작은 수

창의 사고력

1

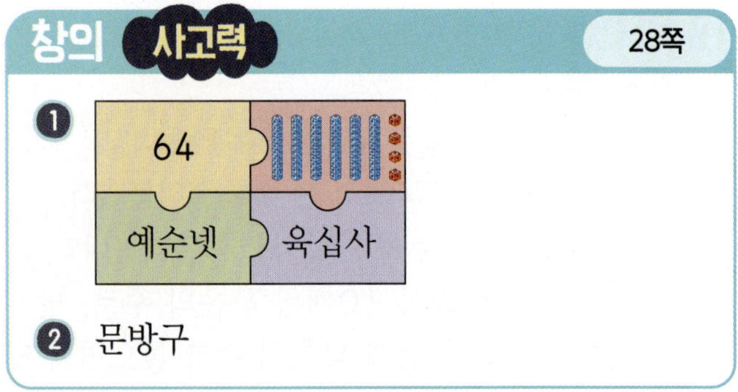

2 문방구

---

1 생각 열기 모두 숫자로 나타내어 같은 수를 찾아봅니다.

64를 나타내는 퍼즐 조각 4개를 찾아 모양에 맞게 맞추어 봅니다.

참고 • 64 알아보기

— 10개씩 묶음 6개와 낱개 4개입니다.
— 육십사 또는 예순넷이라고 읽습니다.
— 63보다 1만큼 더 큰 수이고 65보다 1만큼 더 작은 수입니다.
— 63과 65 사이의 수입니다.

2

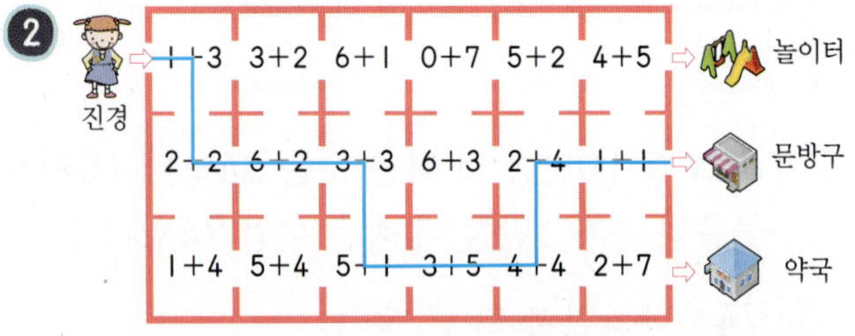

$1+3=\underline{4}$, $2+2=\underline{4}$, $6+2=\underline{8}$, $3+3=\underline{6}$, $5+1=\underline{6}$, $3+5=\underline{8}$, $4+4=\underline{8}$, $2+4=\underline{6}$, $1+1=\underline{2}$를 차례대로 따라 가면 **문방구**에 도착합니다.

참고

• (짝수)+(짝수)=(짝수) ⇨ 예 $2+2=4$
• (짝수)+(홀수)=(홀수) ⇨ 예 $2+1=3$
• (홀수)+(홀수)=(짝수) ⇨ 예 $1+1=2$
• (홀수)+(짝수)=(홀수) ⇨ 예 $1+2=3$

---

2. 덧셈과 뺄셈 (1)

STEP 1 기본 유형 익히기

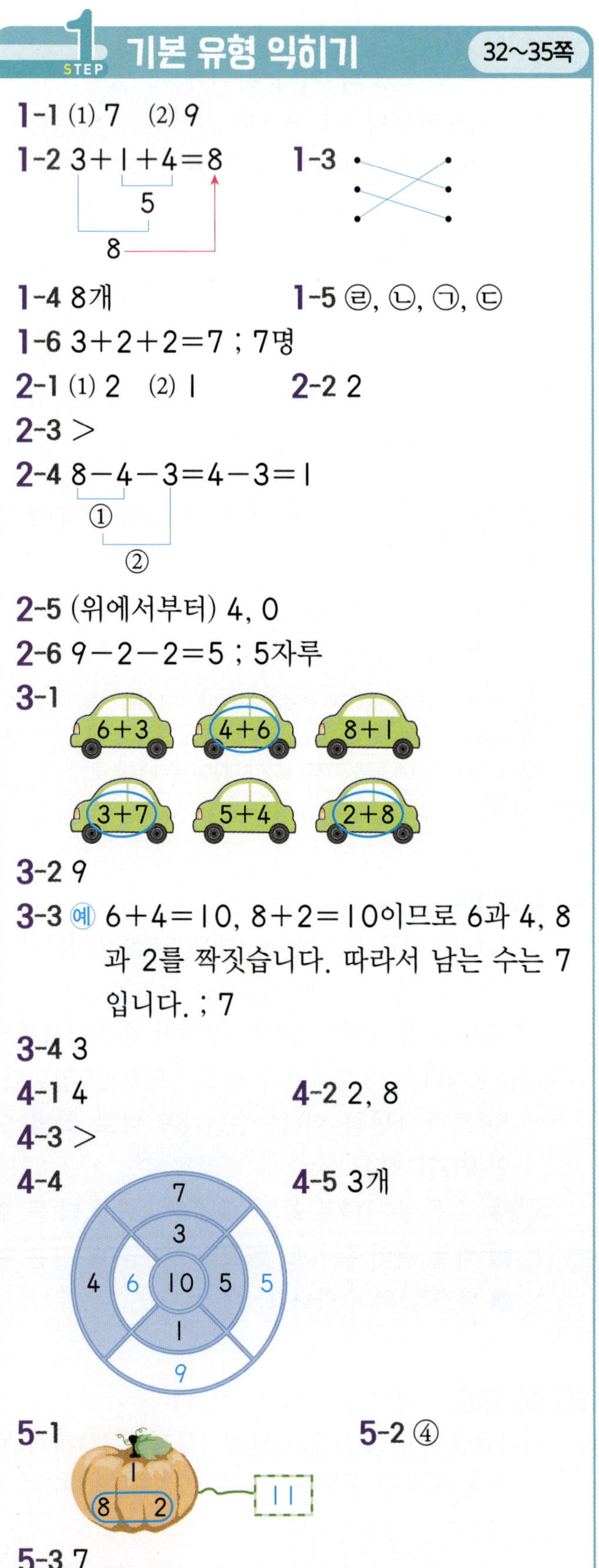

1-1 (1) 7 (2) 9

1-2 $3+1+4=8$
　　　　　5
　　　　8

1-3 :

1-4 8개

1-5 ㄹ, ㄴ, ㄱ, ㄷ

1-6 $3+2+2=7$; 7명

2-1 (1) 2 (2) 1　　　**2-2** 2

2-3 >

2-4 $8-4-3=4-3=1$
　　　　①
　　　　　②

2-5 (위에서부터) 4, 0

2-6 $9-2-2=5$; 5자루

3-1

3-2 9

3-3 예 $6+4=10$, $8+2=10$이므로 6과 4, 8과 2를 짝짓습니다. 따라서 남는 수는 7입니다. ; 7

3-4 3

4-1 4　　　　　　**4-2** 2, 8

4-3 >

4-4　　　　　　　**4-5** 3개

5-1　　　　　　　**5-2** ④

5-3 7

1-1 [생각 열기] 앞에서부터 차례대로 두 수씩 더해 봅니다.
(1) $2+3+2=5+2=7$
(2) $3+4+2=7+2=9$
[참고] 세 수의 덧셈은 더하는 순서를 바꾸어 더해도 합이 같습니다.

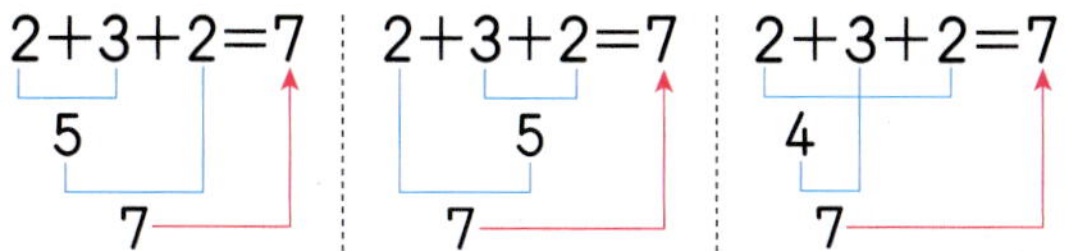

1-2 •보기•의 덧셈 방법은 뒤의 두 수를 먼저 더해 나온 수에 나머지 한 수를 더하는 방법입니다.
➡ $3+1+4=3+5=8$

1-3 • $1+3+3=4+3=7$
• $2+1+5=3+5=8$
• $2+2+2=4+2=6$

1-4 [생각 열기] 모두 몇 개인지 구해야 하므로 덧셈식으로 나타냅니다.
(북의 수)+(탬버린의 수)+(트라이앵글의 수)
$=3+3+2=6+2=8$(개)

1-5 [생각 열기] 먼저 ㉠, ㉡, ㉢, ㉣을 계산합니다.
㉠ $1+1+5=2+5=7$
㉡ $2+2+4=4+4=8$
㉢ $2+1+3=3+3=6$
㉣ $3+3+3=6+3=9$
➡ $9>8>7>6$이므로 ㉣>㉡>㉠>㉢입니다.

1-6 $3+2+2=5+2=7$(명)
[서술형 가이드] 문제에 알맞은 세 수의 덧셈식을 쓰고 답을 구해야 합니다.

채점기준		
식을 쓰고 답을 바르게 구함.		상
식과 답 중 1가지만 바르게 씀.		중
식과 답을 모두 쓰지 못함.		하

2-1 (1) $5-2-1=3-1=2$
(2) $6-3-2=3-2=1$
[주의] 세 수의 뺄셈은 반드시 앞에서부터 차례대로 계산해야 합니다.
(1) $5-2-1=5-1=4\ (\times)$
(2) $6-3-2=6-1=5\ (\times)$

2-2 $8>5>1$이므로 가장 큰 수는 8입니다.
➡ $8-5-1=3-1=2$

2-3 • $7-2-2=5-2=3$
• $9-5-2=4-2=2$
➡ $3>2$

2-4 세 수의 뺄셈은 반드시 앞에서부터 차례대로 계산해야 합니다.

2-5

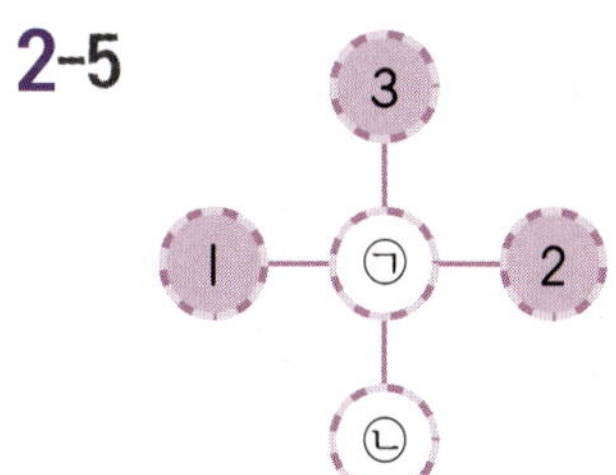

㉠ $7-1-2=6-2=4$
㉡ $7-3-4=4-4=0$
[참고] 어떤 수에서 그 수 전체를 빼면 0이 됩니다. ➡ (어떤 수)−(어떤 수)$=0$

2-6 $9-2-2=7-2=5$(자루)
[서술형 가이드] 문제에 알맞은 세 수의 뺄셈식을 쓰고 답을 구해야 합니다.

채점기준		
식을 쓰고 답을 바르게 구함.		상
식과 답 중 1가지만 바르게 씀.		중
식과 답을 모두 쓰지 못함.		하

[주의] 진수와 정미에게 합하여 2자루를 준 것이 아니라 진수와 정미에게 각각 2자루씩 주었으므로 2를 두 번 빼야 합니다.

3-1 6+3=9 (×), 4+6=10 (○), 8+1=9 (×),
3+7=10 (○), 5+4=9 (×), 2+8=10 (○)

3-2 생각 열기 5+5는 얼마인지 구합니다.
5+5=10
⇨ 1+□=10이고 1과 더해서 10이 되는 수
는 9이므로 □ 안에 알맞은 수는 **9**입니다.

3-3 서술형 가이드 더해서 10이 되는 두 수는 6과 4,
8과 2임을 써야 합니다.

채점 기준		
더해서 10이 되는 두 수를 모두 찾고 답을 구함.	상
더해서 10이 되는 두 수 중 1가지만 찾아 답이 틀림.	중
더해서 10이 되는 두 수를 모두 찾지 못하여 답을 구하지 못함.	하

3-4 7과 더하여 10이 되는 수는 3이므로 ㉠=3입니다.

4-1 10에서 몇을 뺐더니 6이 되었습니다.
⇨ 10-□=6
10에서 4를 빼야 6이 되므로 □=4입니다.

4-2 10개 손가락 중 2개를 접었습니다. 10에서 2
를 빼면 8이므로 펼친 손가락은 8개입니다.
⇨ 10-2=8

4-3 10-4=6 ⇨ 7>6

4-4
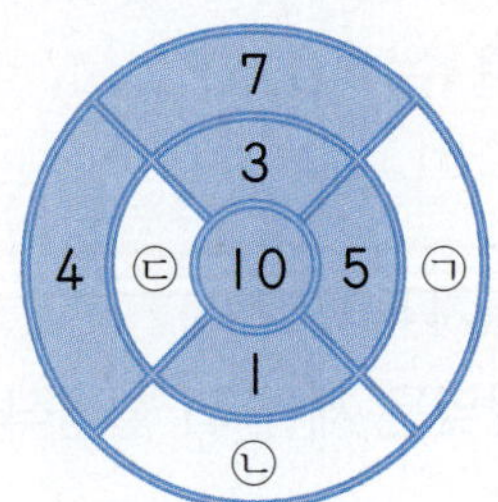

10-3=7이므로 10에서 가운데에 있는 수
를 뺀 수가 가장 바깥쪽 수입니다.
⇨ 10-5=㉠, ㉠=5
10-1=㉢, ㉢=9
10-㉢=4이고 10에서 6을 빼야 4가 되
므로 ㉢=6입니다.

4-5 생각 열기 먼저 바구니에 과일이 몇 개 있는지 알
아봅니다.
해법 순서
① 바구니에 들어 있는 과일의 수를 구합니다.
② 먹은 과일의 수를 □개라 하고 뺄셈식을 세워
봅니다.
③ 먹은 과일의 수를 구합니다.
(바구니에 들어 있는 과일의 수)
=8+2=10(개)
먹은 과일의 수를 □개라 하면 10-□=7입니다.
⇨ 10에서 3을 빼야 7이 되므로 먹은 과일은
3개입니다.

5-1 1+8+2=1+10=11

5-2 생각 열기 먼저 □+□가 얼마인지 알아봅니다.
□+□+5=15에서 □+□가 10이어야 하
므로 합이 10이 되는 두 수를 짝지은 것을 찾
습니다.
⇨ ④ 5+5=10

5-3 7+□+3=17
10+□=17, □=7

1-1 (1) 8개   (2) 6개   (3) 2개
1-2 3개
1-3 2
2-1 (1) 17, 15, 16   (2) 진호
2-2 상민
2-3 ㉠, ㉢, ㉣, ㉡

3-1 (1) 7　(2) 3　(3) 3개

3-2 4개

3-3 2개

4-1 (1) 1, 2, 3　(2) 예 1, 2, 3　(3) 6

4-2 6, 1, 2 또는 6, 2, 1 ; 3

4-3 6

5-1 (1) 10　(2) 6　(3) 4

5-2 8

5-3 2

6-1 (1) (위부터) 1, 4 ; 2, 5 ; 3, 6 ;
　　 4, 7 ; 5, 8 ; 6, 9
　 (2) 4

6-2 3

6-3 7

1-1 (1) $4+1+3=5+3=8$(개)
　 (2) $3+3=6$(개)
　 (3) $8-6=2$(개)

1-2 해법 순서

① 민정이가 가진 과일의 수를 구합니다.

② 신형이가 가진 사과와 감의 수의 합을 구합니다.

③ 신형이가 가진 귤의 수를 구합니다.

(민정이가 가진 과일의 수)

$=3+2+4=5+4=9$(개)

(신형이가 가진 사과와 감의 수)

$=1+5=6$(개)

⇨ (신형이가 가진 귤의 수)

　 $=9-6=3$(개)

1-3 해법 순서

① 두 식의 계산 결과를 각각 구합니다.

② ①에서 구한 수 중 더 큰 수를 구합니다.

③ $2+1+\square$의 □ 안에 알맞은 수를 구합니다.

$9-3-2=6-2=4$, $8-1-2=7-2=5$
이므로 계산 결과 중 더 큰 것은 5입니다.

따라서 $2+1+\square=3+\square$이므로

$3+\square=5$, $\square=2$입니다.

2-1 (1) 진호: $7+2+8=7+10=17$

　　 해주: $5+4+6=5+10=15$

　　 미라: $7+6+3=10+6=16$

(2) $17>16>15$이므로 세 수의 합이 가장 큰
사람은 **진호**입니다.

2-2 해법 순서

① 경주, 상민, 은희가 뽑은 세 수의 합을 각각 구
합니다.

② ①에서 구한 수의 크기를 비교합니다.

③ 세 수의 합이 가장 작은 사람을 알아봅니다.

경주: $5+5+4=10+4=14$

상민: $2+9+1=2+10=12$

은희: $6+3+4=10+3=13$

⇨ $12<13<14$이므로 세 수의 합이 가장 작
은 사람은 **상민**입니다.

2-3 ㉠ $1+9+8=10+8=18$

㉡ $3+5+5=3+10=13$

㉢ $6+7+4=10+7=17$

㉣ $4+3+7=4+10=14$

⇨ $18>17>14>13$이므로 계산 결과가 큰
것부터 차례대로 기호를 쓰면 ㉠, ㉢, ㉣,
㉡입니다.

다른 풀이 합이 10이 되는 두 수를 뺀 나머지 수
의 크기를 비교합니다.

㉠ $1+9+8$　　㉡ $3+5+5$

㉢ $6+7+4$　　㉣ $4+3+7$

⇨ $8>7>4>3$이므로 ㉠, ㉢, ㉣, ㉡의 차례대
로 계산 결과가 큽니다.

3-1 (1) $2+3+2=5+2=7$

(2) $10-7=3$

(3) ㉮는 7, ㉯는 3이므로 3과 7 사이의 수를
구하면 4, 5, 6으로 모두 **3개**입니다.

주의 ㉮와 ㉯ 사이의 수에는 ㉮와 ㉯가 포함되
지 않습니다.

3-2 생각 열기 덧셈과 뺄셈을 하여 ㉮와 ㉯를 먼저 구합니다.

㉮ $9-1-3=8-3=5$ ㉯ $4+6=10$

➡ ㉮는 5, ㉯는 10이므로 5와 10 사이의 수를 구하면 6, 7, 8, 9로 모두 **4**개입니다.

3-3 해법 순서

① ㉮, ㉯, ㉰의 계산 결과를 각각 구합니다.

② ①에서 구한 수의 크기를 비교하여 가장 큰 수와 가장 작은 수를 구합니다.

③ ②에서 구한 두 수 사이의 수의 개수를 구합니다.

㉮ $10-6=4$

㉯ $4+1+2=5+2=7$

㉰ $8-2-1=6-1=5$

➡ 가장 큰 수는 7, 가장 작은 수는 4이므로 4와 7 사이의 수를 구하면 5, 6으로 모두 **2**개입니다.

4-1 (1) 작은 수부터 차례대로 3개를 찾아 씁니다.

(2) $1+3+2$, $2+1+3$, $2+3+1$, $3+1+2$, $3+2+1$로 만들어도 됩니다.

(3) $1+2+3=3+3=6$

4-2 가장 큰 수에서 가장 작은 수와 둘째로 작은 수를 뺍니다.

$6-1-2=5-2=3$ 또는

$6-2-1=4-1=3$

참고 뺄셈식에서 빼지는 수는 클수록 빼는 수는 작을수록 계산 결과가 큽니다.

4-3 해법 순서

① 진우가 만든 덧셈의 계산 결과를 구합니다.

② 상희가 만든 뺄셈의 계산 결과를 구합니다.

③ ①과 ②에서 구한 수의 차를 구합니다.

(진우가 만든 덧셈식)

$=2+3+4=5+4=9$

(상희가 만든 뺄셈식)

$=8-2-3=6-3=3$

➡ $9-3=6$

5-1 (1) $8+2=■$, $■=10$

(2) $4+▲=10$, $▲=6$

(3) $■-♥=▲$, $10-♥=6$, $♥=4$

5-2 • 똑같은 두 수를 더해서 10이 되는 수는 5입니다. → $●+●=5+5=10$, $●=5$

• $10-◆=7$, $◆=3$

➡ $●+◆=5+3=8$

5-3 생각 열기 먼저 ★에 알맞은 수를 구합니다.

• $★+6=10$, $★=4$

• $★+★=■$, $4+4=■$, $■=8$

• $10-●=■$, $10-●=8$, $●=2$

6-1 (2) $2+1+\boxed{1}=4<8$

$2+1+\boxed{2}=5<8$

$2+1+\boxed{3}=6<8$

$2+1+\boxed{4}=7<8$

$2+1+\boxed{5}=8$

$2+1+\boxed{6}=9>8$

➡ □ 안에 들어갈 수 있는 가장 큰 수는 **4**입니다.

6-2 □ 안에 1부터 차례대로 넣어 계산합니다.

$8-2-\boxed{1}=6-1=5>4$

$8-2-\boxed{2}=6-2=4$

$8-2-\boxed{3}=6-3=3<4$

➡ □ 안에 들어갈 수 있는 가장 작은 수는 **3**입니다.

다른 풀이 $8-2-□=6-□$에서 $6-□=4$일 때 $□=2$입니다.

$8-2-□$는 4보다 작아야 하므로 빼는 수인 □는 2보다 커야 합니다.

따라서 2보다 큰 수 중 가장 작은 수는 3이므로 □ 안에 들어갈 수 있는 가장 작은 수는 **3**입니다.

6-3 해법 순서

① ㉠에 들어갈 수 있는 가장 작은 수를 구합니다.
② ㉡에 들어갈 수 있는 가장 작은 수를 구합니다.
③ ①과 ②에서 구한 두 수의 합을 구합니다.

- $3+2+\boxed{1}=6<7$, $3+2+\boxed{2}=7$,
$3+2+\boxed{3}=8>7$이므로 ㉠에 들어갈 수
있는 가장 작은 수는 3입니다.
- $9-1-\boxed{1}=7>5$, $9-1-\boxed{2}=6>5$,
$9-1-\boxed{3}=5$, $9-1-\boxed{4}=4<5$이므로
㉡에 들어갈 수 있는 가장 작은 수는 4입니
다.
⇨ ㉠+㉡$=3+4=7$

---

3 STEP 응용 유형 뛰어넘기 42~47쪽

1 (   ) (◯)

2 18

3 예 현우네 가족이 주말 농장에 가서 옥수수를
땄습니다. 아버지는 2개, 어머니는 4개, 현
우는 3개를 땄습니다. 현우네 가족이 딴 옥
수수는 모두 몇 개입니까? ; 9개

4 4, 6, 5에 ◯표

5 10개

6 6

7 진호

8 1장

9 5

10 +, +, −, −

11 예 8, 1, 4, 3

12 2개

13 9개

---

14 예 ・현모: $3+5+5=3+10=13$
・윤지: $4+㉠+6=10+㉠$
⇨ $13<10+㉠$이므로 ㉠에 들어갈 수
있는 눈의 수는 4, 5, 6입니다.
; 4, 5, 6

15 2가지

16 3

17 4장

18 예 (지우에게 남은 사탕의 수)
$=7-5=2$(개)
(선영이에게 남은 사탕의 수)
$=9-1=8$(개)
(전체 남은 사탕의 수)
$=2+8=10$(개)
$5+5=10$이므로 지우와 선영이는 사탕
을 5개씩 가지면 됩니다.
따라서 선영이는 지우에게 사탕을
$8-5=3$(개) 주어야 합니다. ; 3개

---

1 $4+5=9$, $3+7=10$
⇨ $9<10$

2 생각 열기 높이를 비교하여 더 높은 깃발을 알아봅
니다.
아래쪽이 맞추어져 있으므로 위쪽으로 더 많이
올라온 오른쪽 깃발이 더 높은 깃발입니다.
⇨ 오른쪽 깃발에 쓰여진 세 수의 합은
$8+1+9=8+10=18$입니다.

참고 ・높이 비교하기
① 두 가지의 높이를 비교할 때에는 '더 높다',
'더 낮다'로 나타냅니다.
② 아래쪽이 맞추어져 있을 때에는 위쪽으로 더
많이 올라올수록 더 높습니다.

가 　　　나 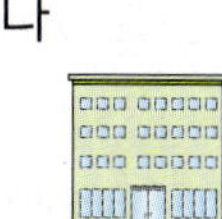

⇨ ┌ 가는 나보다 더 높습니다.
　 └ 나는 가보다 더 낮습니다.

3 서술형 가이드 주어진 낱말을 모두 이용하여 덧셈식 $2+4+3$을 만들 수 있게 문제를 만들어야 합니다.

채점기준	주어진 낱말을 모두 이용하여 덧셈식을 만들 수 있는 문제를 바르게 만들고 답을 구함.	상
	주어진 낱말을 모두 이용하여 덧셈식을 만들 수 있는 문제를 만들었으나 어색함.	중
	주어진 낱말을 모두 이용하여 덧셈식을 세울 수 있는 문제를 만들지 못하여 답을 구하지 못함.	하

4 생각 열기 합이 10이 되는 두 수를 찾아봅니다.

주어진 6개의 수 중 5가 있으므로 합이 10이 되는 두 수를 찾아 5를 더합니다.

⇨ $4+6+5=10+5=15$

5 생각 열기 처음에 있던 송편의 수는 윤수와 형이 먹기 전 송편의 수입니다.

윤수와 형이 먹은 송편의 수를 더하면 처음에 있던 송편의 수가 됩니다.

⇨ $8+2=10$(개)

6 $3+\square+7=16$에서 $3+7=10$이므로 $10+\square=16$입니다.

⇨ $\square=6$

7 해주: $8-1-\square=2$, $7-\square=2$, $\square=5$

진호: $7-2-\square=1$, $5-\square=1$, $\square=4$

$\square$ 안에 알맞은 수를 바르게 말한 사람은 **진호**입니다.

8 주어진 수 중 합이 10이 되는 수끼리 짝지으면 $(2, 8)$, $(7, 3)$, $(9, 1)$입니다.

남는 수 카드는 4가 적힌 카드이므로 **1**장입니다.

9 생각 열기 먼저 ▲에 알맞은 수를 구합니다.

10에서 빼서 1이 되는 수는 9입니다.

→ $10-▲=1$, $▲=9$

⇨ $▲-4=■$, $9-4=5$이므로 $■=5$입니다.

10 $1+3+2=4+2=6$

$9-1-2=8-2=6$

따라서 $1+3+2=9-1-2$입니다.

참고 작은 수에서 큰 수를 뺄 수 없으므로 $1\bigcirc3\bigcirc2$에서 $1-3$은 될 수 없습니다.

11 다음과 같이 뺄셈식을 만들 수 있습니다.

$8-1-4=7-4=3$

$8-4-1=4-1=3$

$8-3-1=5-1=4$

$8-1-3=7-3=4$

$8-3-4=5-4=1$

$8-4-3=4-3=1$

주의 계산 결과도 주어진 5개의 수 중 하나가 되도록 뺄셈식을 만듭니다.

12 생각 열기 먼저 빨간색 공, 보라색 공, 노란색 공의 수의 합을 구합니다.

(빨간색 공의 수)+(보라색 공의 수)+(노란색 공의 수)

$=2+2+4=4+4=8$(개)

⇨ 파란색 공의 수를 $\square$개라 하면 $8+\square=10$, $\square=2$이므로 파란색 공은 **2개**입니다.

13 생각 열기 경태가 먹은 완두콩의 수와 선주가 먹은 완두콩의 수를 각각 구하여 합을 구합니다.

경태가 먹은 완두콩의 수를 $\square$개라 하면 $10-\square=6$, $\square=4$입니다. 선주가 먹은 완두콩의 수를 $\square$개라 하면 $10-\square=5$, $\square=5$입니다.

⇨ 두 사람이 먹은 완두콩은 모두 $4+5=9$(개)입니다.

14 서술형 가이드 세 수의 덧셈 결과를 비교하여 ㉠의 눈의 수를 구하는 풀이 과정이 있어야 합니다.

채점기준	세 수의 덧셈을 하고 결과를 비교하여 답을 구함.	상
	세 수의 덧셈은 하였으나 결과를 비교하지 못해 답이 틀림.	중
	세 수의 덧셈을 하지 못해 답을 구하지 못함.	하

주의 주사위의 눈의 수는 1부터 6까지 있습니다.

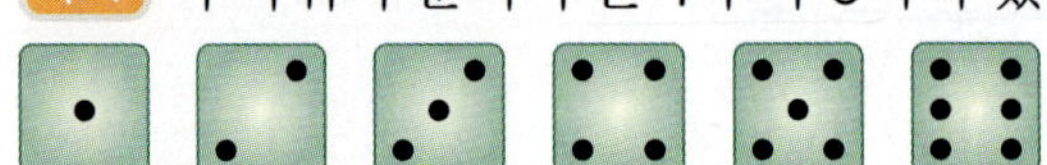

따라서 ㉠에 들어갈 수 있는 눈의 수가 7, 8, 9……는 될 수 없습니다.

15 세 수에 9, 8, 7, 6 중 한 수라도 들어가면 합이 8이 되지 않습니다.

⇨ 1+2+5=8, 1+3+4=8로 모두 **2가지**입니다.

[참고] • 세 수 중 한 수가 9이면 합이 8보다 크므로 9는 들어갈 수 없습니다.

• 세 수 중 한 수가 8이면 8+0+0=8로 나머지 두 수가 0이어야 하므로 8은 들어갈 수 없습니다.

• 세 수 중 한 수가 7이면 7+1+0=8로 한 수가 0이어야 하므로 7은 들어갈 수 없습니다.

• 세 수 중 한 수가 6이면 6+1+1=8로 두 수가 1로 같으므로 6은 들어갈 수 없습니다.

16 1+3+5=4+5=9이므로 한 줄에 있는 세 수의 합은 9입니다.

5+2+㉠=9, 7+㉠=9, ㉠=2,

2+4+㉡=9, 6+㉡=9, ㉡=**3**

17 [해법 순서]

① 민정이가 처음에 가지고 있던 색종이의 수를 구합니다.

② 태훈이에게 주고 남은 색종이의 수를 구합니다.

③ 민정이가 종이비행기를 접은 색종이의 수를 구합니다.

(민정이가 처음에 가지고 있던 색종이의 수)
=3+7=10(장)

(태훈이에게 주고 남은 색종이의 수)
=10-2=8(장)

민정이가 접은 색종이의 수를 □장이라 하면
8-□=4, □=4입니다.

따라서 민정이가 종이비행기를 접은 색종이는 **4장**입니다.

18 [생각 열기] 먼저 지우와 선영이에게 남은 사탕의 수를 각각 구합니다.

[서술형 가이드] 전체 남은 사탕의 수를 구하는 덧셈식과 선영이가 지우에게 사탕을 몇 개 주어야 하는지 구하는 뺄셈식이 풀이 과정에 있어야 합니다.

채점 기준	덧셈식과 뺄셈식을 바르게 사용하여 풀이 과정을 쓰고 답을 구함.	상
	전체 남은 사탕의 수를 구했으나 답이 틀림.	중
	풀이 과정을 쓰지 못해 답을 구하지 못함.	하

[참고] 10을 똑같은 두 수로 가르기 하면 5와 5입니다.

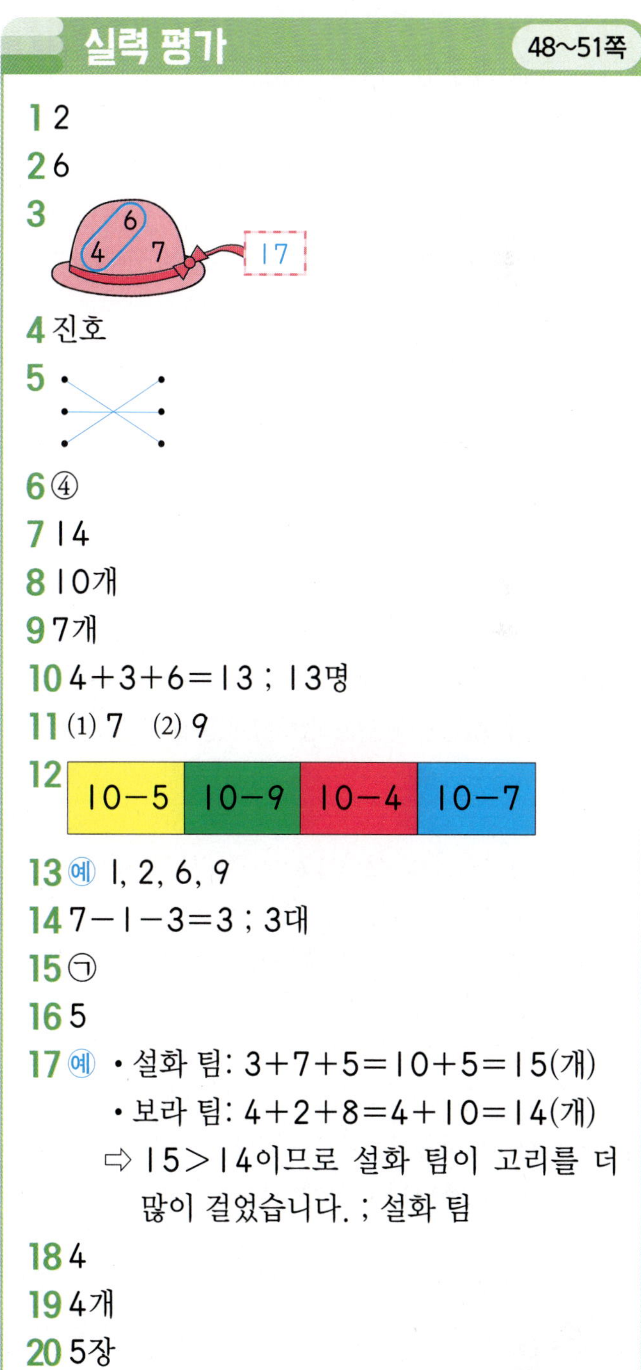

실력 평가 48~51쪽

1 2

2 6

3

4 진호

5

6 ④

7 14

8 10개

9 7개

10 4+3+6=13 ; 13명

11 (1) 7 (2) 9

12

10-5	10-9	10-4	10-7

13 [예] 1, 2, 6, 9

14 7-1-3=3 ; 3대

15 ㉠

16 5

17 [예] • 설화 팀: 3+7+5=10+5=15(개)

• 보라 팀: 4+2+8=4+10=14(개)

⇨ 15>14이므로 설화 팀이 고리를 더 많이 걸었습니다. ; 설화 팀

18 4

19 4개

20 5장

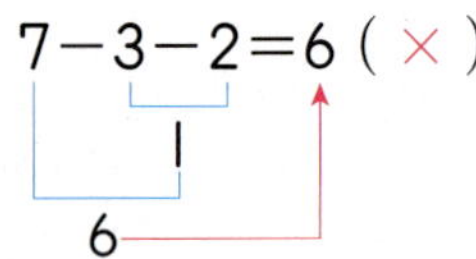

1 $7-3-2=4-2=2$

주의 세 수의 뺄셈은 반드시 앞에서부터 차례대로 계산해야 합니다.

$$7-3-2=6\ (\ \times\ )$$

2 $2+1+3=3+3=6$

3 $6+4+7=10+7=17$

4 두 수를 바꾸어 더해도 합은 같습니다.
- 진호: $7+2=9$
- 해주: $7+3=10$
- 미라: $3+7=10$

참고 합을 구하지 않아도 두 수를 바꾸어 더한 덧셈식의 합은 같음을 알 수 있습니다.

5
- $3+5+7=10+5=15$
- $2+6+4=2+10=12$
- $2+8+8=10+8=18$

6 ① $6+4=10$ ② $7+3=10$ ③ $9+1=10$
④ $5+4=9$ ⑤ $2+8=10$

참고 합이 10이 되는 두 수는 1과 9, 2와 8, 3과 7, 4와 6, 5와 5, 6과 4, 7과 3, 8과 2, 9와 1입니다.

7 $1+4+9=10+4=14$

8 생각 열기 전체 풍선의 수는 노란색 풍선과 파란색 풍선의 수를 더하여 구합니다.
$$5+5=10(개)$$

9 $3+4=7$, $4+3=7$로 같으므로 원숭이들이 하루에 먹는 바나나는 **7**개입니다.

10 $4+3+6=10+3=13$(명)

서술형 가이드 문제에 알맞은 세 수의 덧셈식을 쓰고 답을 구해야 합니다.

채점 기준		
식을 쓰고 답을 바르게 구함.		상
식과 답 중 1가지만 바르게 씀.		중
식과 답을 모두 쓰지 못함.		하

11 (1) $3+\square=10$ ⇨ 3과 더해서 10이 되는 수는 7이므로 $\square=$**7**입니다.

(2) $1+\square=10$ ⇨ 1과 더해서 10이 되는 수는 9이므로 $\square=$**9**입니다.

12 해법 순서
① 뺄셈을 계산합니다.
② ①에서 구한 차와 같은 색을 찾아 칠합니다.
$10-5=5$ ⇨ 노란색
$10-9=1$ ⇨ 초록색
$10-4=6$ ⇨ 빨간색
$10-7=3$ ⇨ 파란색

13 $1+2+5=8$, $1+2+4=7$, $1+2+3=6$, $2+3+4=9$와 같이 여러 가지 덧셈식을 만들 수 있습니다.

주의 더하는 세 수와 계산 결과가 모두 주어진 수 카드의 수가 되도록 덧셈식을 만듭니다.

14 서술형 가이드 문제에 알맞은 세 수의 뺄셈식을 쓰고 답을 구해야 합니다.
$$7-1-3=6-3=3(대)$$

채점 기준		
식을 쓰고 답을 바르게 구함.		상
식과 답 중 1가지만 바르게 씀.		중
식과 답을 모두 쓰지 못함.		하

15 해법 순서
① $\square$ 안에 알맞은 수를 각각 구합니다.
② ①에서 구한 수의 크기를 비교합니다.
③ $\square$ 안에 알맞은 수가 가장 큰 것을 알아봅니다.
㉠ $10-2=\square$, $10-2=\boxed{8}$, $\square=8$
㉡ $9+\square=10$, $9+\boxed{1}=10$, $\square=1$
㉢ $10-\square=7$, $10-\boxed{3}=7$, $\square=3$
⇨ $8>3>1$이므로 $\square$ 안에 알맞은 수가 가장 큰 것은 ㉠입니다.

16

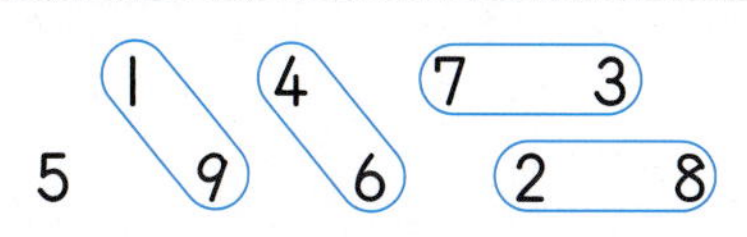

$1+9=10, \ 4+6=10,$
$7+3=10, \ 2+8=10$
➡ 남는 수는 **5**입니다.

17 생각 열기 세 수의 덧셈을 이용하여 각 팀이 기둥에 건 고리의 수를 구합니다.

서술형 가이드 각 팀이 기둥에 건 고리의 수를 구하는 덧셈식이 풀이 과정에 있어야 합니다.

채점 기준		
덧셈식을 이용하여 풀이 과정을 바르게 쓰고 답을 구함.	상
덧셈식을 이용하여 풀이 과정을 썼으나 잘못 계산하여 답이 틀림.	중
덧셈식을 쓰지 못하여 답을 구하지 못함.	하

18 생각 열기 □ 안에 1부터 차례대로 넣어 계산해 봅니다.

해법 순서

① □ 안에 1부터 차례대로 넣어 계산합니다.
② $8-2-□$가 3보다 작은 경우를 알아봅니다.
③ □ 안에 들어갈 수 있는 가장 작은 수를 구합니다.
$8-2-\boxed{1}=6-1=5>3$
$8-2-\boxed{2}=6-2=4>3$
$8-2-\boxed{3}=6-3=3$
$8-2-\boxed{4}=6-4=2<3$
➡ □ 안에 들어갈 수 있는 가장 작은 수는 **4**입니다.

19 생각 열기 지현이가 맞힌 수학 문제의 수를 □개라 하고 세 수의 덧셈식으로 나타냅니다.
지현이가 맞힌 수학 문제의 수를 □개라 하면
$6+4+□=14, \ 10+□=14, \ □=4$입니다.
따라서 지현이가 맞힌 수학 문제는 **4개**입니다.

주의 지현이가 맞힌 수학 문제의 수가 14개가 아니라 세 사람이 맞힌 수학 문제 수의 합이 14개입니다.

20 해법 순서

① 사용하고 남은 도화지의 수를 구합니다.
② 동생에게 준 도화지의 수를 □장이라 하고 뺄셈식으로 나타냅니다.
③ 동생에게 준 도화지의 수를 구합니다.
(사용하고 남은 도화지의 수)$=10-3=7$(장)
동생에게 준 도화지의 수를 □장이라 하면
$7-□=2, \ □=5$입니다.
따라서 동생에게 준 도화지는 **5장**입니다.

창의 사고력 52쪽

❶ 나라
❷ (1) **3** (2) **9**

❶

1+9	8+1	2+6	6+4	4+2	7+5	5+3	7+1	9+2	7+4	6+3	3+3
3+7	4+5	5+4	8+2	5+3	7+1	8+1	9+0	6+4	8+1	7+3	2+2
5+5	3+0	3+2	7+3	8+2	5+2	1+9	9+1	2+8	7+0	2+8	5+5
4+6	7+3	2+8	9+1	3+1	4+3	4+6	2+3	4+5	6+1	1+9	4+4
1+4	5+2	3+3	5+5	2+6	6+1	5+5	8+2	7+3	3+2	6+4	1+1

합이 10이 되는 칸에 모두 색칠하면 '**나라**'라는 글자가 보입니다.

참고

• 어떤 수에 0을 더하면 어떤 수가 됩니다.
  (어떤 수)+0=(어떤 수)
• 0에 어떤 수를 더하면 어떤 수가 됩니다.
  0+(어떤 수)=(어떤 수)

❷ (1) 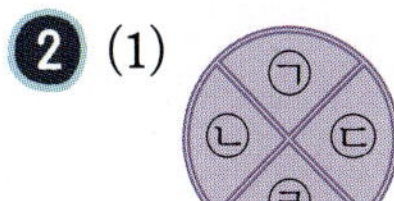
ㄱ−ㄴ−ㄷ=ㄹ의 규칙입니다.
➡ $8-1-4=7-4=3$

(2) 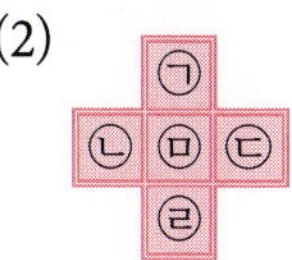
ㄱ+ㄴ+ㄷ+ㄹ=ㅁ의 규칙입니다.
➡ $2+3+3+1=5+3+1$
$=8+1=9$

3. 모양과 시각

STEP 1 기본 유형 익히기 56~59쪽

1-1
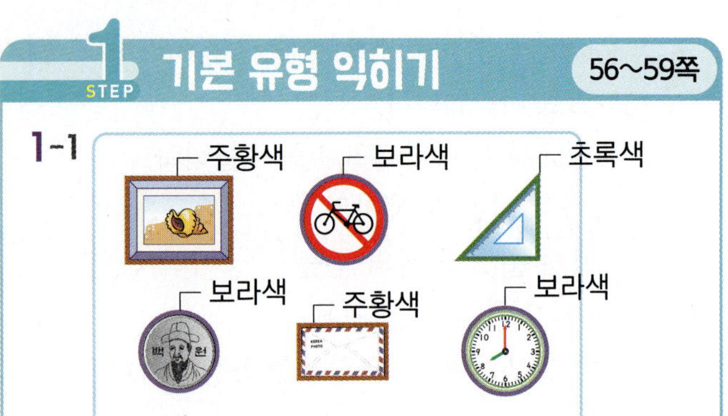

1-2 ④

1-3 ㉢

1-4 예 트라이앵글

1-5 예 지우개, 스케치북, 색종이

1-6 △

1-7 ■ 모양

1-8 예 모양별 과자 수를 세어 보면 ■ 모양은 5개, △ 모양은 6개, ● 모양은 5개입니다. 따라서 가장 많은 모양은 △ 모양으로 6개입니다. ; 6개

2-1 ( ) ( ) (△)

2-2 ㉢, ㉣ ; ㉡ ; ㉠

2-3 ■에 ○표

3-1 (○) ( )

3-2 5개 ; 3개 ; 3개

3-3 윤수

3-4 예 ■ 모양 3개, △ 모양 6개, ● 모양 4개를 사용하였으므로 가장 많이 사용한 모양은 △ 모양입니다. ; △ 모양

4-1

4-2

4-3 ㉡

5-1 2, 30

5-2 

5-3 예 동현이는 4시 30분에 숙제를 시작하였습니다.

1-1
- ■ 모양 ⇨ 액자, 편지 봉투
- △ 모양 ⇨ 삼각자
- ● 모양 ⇨ 표지판, 동전, 시계

1-2 △ 모양의 물건은 ④ 샌드위치입니다.

참고 ①, ②, ⑤는 ■ 모양이고 ③은 ● 모양입니다.

1-3 생각 열기 500원짜리 동전의 모양을 알아봅니다.

 은 ● 모양입니다.

㉠ 엽서 ⇨ ■ 모양
㉡ 옷걸이 ⇨ △ 모양
㉢ 접시 ⇨ ● 모양

1-4 △ 모양의 물건에는 트라이앵글, 옷걸이, 삼각 김밥 등이 있습니다.

1-5 필통, 공책, 칠판, 천 원짜리 지폐 등 여러 가지 물건이 있습니다.

서술형 가이드 주변에서 찾을 수 있는 ■ 모양의 물건을 알고 3개를 써야 합니다.

채점기준		
■ 모양의 물건 3개를 찾아 씀.	상
■ 모양의 물건을 1개 또는 2개 찾아 씀.	중
■ 모양의 물건을 찾아 쓰지 못함.	하

1-6 치즈, 표지판, 깃발에서 공통으로 찾을 수 있는 모양은 ▲ 모양입니다.

1-7 응용 해결의 법칙 책, 액자, 스케치북은 ■ 모양입니다.

1-8 서술형 가이드 모양별로 수를 알아보는 과정이 있어야 합니다.

채점기준		
모양별 수를 구하고 답을 구함.	상
모양별 수를 구했으나 답을 구하지 못함.	중
모양별 수를 구하지 못해 답을 구하지 못함.	하

2-1 뾰족한 부분이 없는 모양은 ● 모양입니다.

참고 ■ ⇨ 뾰족한 부분: 네 군데

▲ ⇨ 뾰족한 부분: 세 군데

2-2 생각 열기 각 물건에 물감을 묻혀 찍었을 때 ■, ▲, ● 모양 중 어떤 모양이 나오는지 알아봅니다.

• ■ 모양: ㉢ 지우개, ㉣ 자
• ▲ 모양: ㉡ 삼각자
• ● 모양: ㉠ 탬버린

2-3 찰흙에 찍은 나무 도막의 아래 부분은 ■ 모양입니다.

참고 나무 도막의 아래 부분의 모양은 윗부분의 모양과 같습니다.

3-1 생각 열기 주어진 모양과 꾸민 모양을 비교하여 알아봅니다.
오른쪽은 주어진 모양이 아닌 다른 모양을 사용하였습니다.

3-2 생각 열기 각각의 모양을 /, ×, ○ 등으로 표시하며 수를 세어 봅니다.
■ 모양 **5개**, ▲ 모양 **3개**, ● 모양 **3개**를 사용하였습니다.

3-3 ▲ 모양 9개로만 꾸몄으므로 바르게 말한 사람은 **윤수**입니다.

3-4 서술형 가이드 사용한 ■, ▲, ● 모양의 수를 각각 바르게 구하고 가장 많이 사용한 모양을 구하는 과정이 있어야 합니다.

채점기준		
모양별 수를 구하고 답을 구함.	상
모양별 수를 구했으나 답을 구하지 못함.	중
모양별 수를 구하지 못해 답을 구하지 못함.	하

4-1 생각 열기 긴바늘이 12를 가리키면 '몇 시'를 나타냅니다.
• 짧은바늘이 8, 긴바늘이 12를 가리키므로 시계는 8시를 나타냅니다.
• 짧은바늘이 10, 긴바늘이 12를 가리키므로 시계는 10시를 나타냅니다.

4-2 • 5시: 짧은바늘이 5, 긴바늘이 12를 가리키게 그립니다.
• 6시: 짧은바늘이 6, 긴바늘이 12를 가리키게 그립니다.
참고 ■시를 나타내는 시계의 짧은바늘은 ■, 긴바늘은 12를 가리키게 그립니다.

4-3 짧은바늘이 12, 긴바늘도 12를 가리키면 시계는 12시를 나타냅니다.

5-1 생각 열기 긴바늘이 6을 가리키면 '몇 시 30분'을 나타냅니다.
짧은바늘이 2와 3의 가운데에 있고, 긴바늘이 6을 가리키므로 시계는 2시 30분을 나타냅니다.

5-2 디지털 시계는 8시 30분을 나타내므로 짧은 바늘이 8과 9의 가운데에 있고, 긴바늘이 6을 가리키게 그립니다.

5-3 짧은바늘이 4와 5의 가운데에 있고, 긴바늘이 6을 가리키므로 시계는 4시 30분을 나타냅니다.

서술형 가이드 시계가 가리키는 시각인 4시 30분을 넣어 알맞은 문장을 만들어야 합니다.

채점 기준		
4시 30분을 넣어 알맞은 문장을 만듦.	상
4시 30분을 넣어 문장을 만들었으나 어색함.	중
4시 30분을 넣어 문장을 만들지 못함.	하

② STEP 응용 유형 익히기   60~67쪽

1-1 (1) 3개   (2) 2개   (3) 1개

1-2 8개

1-3 4개

2-1 (1) ▢ 모양, ● 모양

    (2) ▲ 모양, ● 모양

    (3) ● 모양

2-2 ▢ 모양

3-1 (1) 4개

    (2) 5개

    (3) 2개

    (4) ▲ 모양

3-2 ● 모양

4-1 (1) 5개, 4개, 3개

    (2) 5개, 3개

    (3) 2개

4-2 4개

4-3 4개

5-1 (1) 4개, 6개, 2개

    (2) ▲ 모양, 3개

5-2 ● 모양, 1개

5-3 6개, 5개, 6개

6-1 (1) 11시, 6시 30분, 9시

    (2) 잠자기

6-2 

7-1 (1) 3시   (2) 3시 30분

7-2 5시 30분

7-3 세진

8-1 (1) 6   (2) 6시   (3)

8-2 3시,

8-3 10시

1-1 (1) 키보드, 액자, 공책 → 3개

    (2) 삼각자, 교통표지판 → 2개

    (3) ・ ▢ 모양의 물건: 3개

      ・ ▲ 모양의 물건: 2개

    ⇨ ▢ 모양과 ▲ 모양의 물건 수의 차는

      3−2=1(개)입니다.

1-2 해법 순서

① ▢ 모양의 물건의 수를 구합니다.

② ● 모양의 물건의 수를 구합니다.

③ ①과 ②에서 구한 두 수의 합을 구합니다.

  ・ ▢ 모양: 엽서, 태극기, 필통, 수첩 → 4개

  ・ ● 모양: 동전, 다트판, 쟁반, 단추 → 4개

⇨ ▢ 모양과 ▲ 모양의 물건은 모두

    4+4=8(개)입니다.

1-3 생각 열기 ▨, ▲, ● 모양의 물건을 구분하여 봅니다.

해법 순서

① ▨ 모양과 ▲ 모양의 물건은 모두 몇 개인지 구합니다.

② ● 모양의 물건은 몇 개인지 구합니다.

③ ①과 ②에서 구한 두 수의 차를 구합니다.

▨ 모양: 계산기, 크레파스 상자, 칠판, 핸드폰 → 4개

▲ 모양: 트라이앵글, 냅킨, 삼각자 → 3개

⇨ ▨ 모양과 ▲ 모양의 물건은 모두 4+3=7(개)입니다.

• ● 모양의 물건은 3개입니다.

⇨ ▨ 모양과 ▲ 모양의 물건은 ● 모양의 물건보다 7-3=4(개) 더 많습니다.

2-1 (1) • 크레파스 상자, 액자 ⇨ ▨ **모양**

• 탬버린 ⇨ ● **모양**

(2) • 삼각 김밥 ⇨ ▲ **모양**

• 거울, 다트판 ⇨ ● **모양**

(3) 두 사람의 물건에서 공통으로 찾을 수 있는 모양은 ● **모양**입니다.

2-2 생각 열기 세 사람이 각자 가지고 있는 물건의 모양을 알아봅니다.

해법 순서

① 정호가 가지고 있는 물건의 모양을 알아봅니다.

② 진영이가 가지고 있는 물건의 모양을 알아봅니다.

③ 수현이가 가지고 있는 물건의 모양을 알아봅니다.

④ 세 사람이 공통으로 가지고 있는 물건의 모양을 알아봅니다.

• 정호: 동전, 접시 ⇨ ● 모양

달력 ⇨ ▨ 모양

• 진영: 필통, 지우개 ⇨ ▨ 모양

트라이앵글 ⇨ ▲ 모양

• 수현: 수첩 ⇨ ▨ 모양

단추 ⇨ ● 모양

삼각자 ⇨ ▲ 모양

⇨ 세 사람이 공통으로 가지고 있는 모양은 ▨ **모양**입니다.

3-1

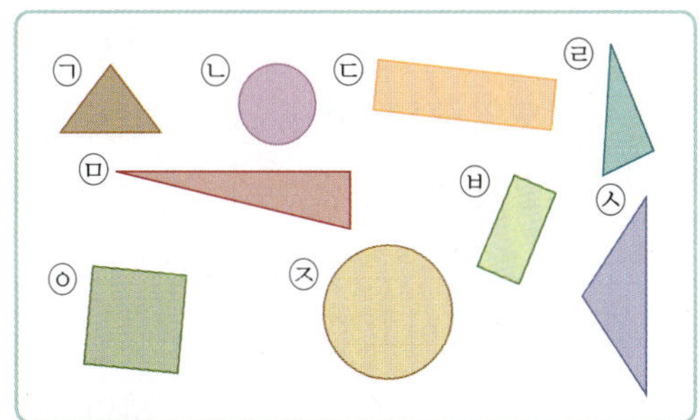

(1) ㉡, ㉢, ㉣, ㉧ ⇨ 4개

(2) ㉠, ㉤, ㉦, ㉨, ㉩ ⇨ 5개

(3) ㉥, ㉪ ⇨ 2개

(4) ▨ 모양 4개, ▲ 모양 5개, ● 모양 2개이고 5>4>2이므로 가장 많은 모양은 ▲ **모양**입니다.

참고 ▨, ▲, ● 모양의 수를 셀 때에는 색깔, 크기에 관계없이 모양이 같은 것끼리 수를 셉니다.

3-2 생각 열기 ▨, ▲, ● 모양을 겹치거나 빠뜨리지 않게 각각 세어 봅니다.

해법 순서

① ▨, ▲, ● 모양의 수를 각각 구합니다.

② ▨, ▲, ● 모양의 수를 비교하여 가장 적은 모양을 알아봅니다.

• ▨ 모양: ㉢, ㉥, ㉧ → 3개

• ▲ 모양: ㉠, ㉣, ㉤, ㉨ → 4개

• ● 모양: ㉡, ㉩ → 2개

⇨ 2<3<4이므로 가장 적은 모양은 ● **모양**입니다.

4-1 (1) ■ 모양 5개, ▲ 모양 4개, ● 모양 3개를 사용하였습니다.

(2) 5>4>3이므로 가장 많이 사용한 모양은 ■ 모양으로 5개이고 가장 적게 사용한 모양은 ● 모양으로 3개입니다.

(3) 5−3=2(개)

4-2 [생각 열기] ■, ▲, ● 모양의 수를 각각 구한 후 비교합니다.

[해법 순서]

① ■, ▲, ● 모양의 수를 각각 구합니다.

② 가장 적게 사용한 모양과 가장 많이 사용한 모양의 수를 각각 알아봅니다.

③ ②에서 구한 두 수의 차를 구합니다.

■ 모양: 2개, ▲ 모양: 5개, ● 모양: 6개

⇨ 2<5<6이므로 가장 적게 사용한 모양은 ■ 모양으로 2개이고 가장 많이 사용한 모양은 ● 모양으로 6개이므로 ■ 모양은 ● 모양보다 6−2=4(개) 더 적습니다.

4-3 [생각 열기] 먼저 수연이가 꾸미고 있는 모양에 있는 ■ 모양과 ▲ 모양의 수를 각각 구합니다.

[해법 순서]

① 수연이가 꾸미고 있는 모양에 있는 ■ 모양과 ▲ 모양의 수를 각각 구합니다.

② ■ 모양을 몇 개 사용해야 하는지 구합니다.

③ ■ 모양의 수가 ②에서 구한 수가 되려면 몇 개 더 사용해야 하는지 구합니다.

수연이가 꾸미고 있는 모양은 ■ 모양 3개, ▲ 모양 5개, ● 모양 2개를 사용하였습니다.

■ 모양을 ▲ 모양보다 2개 더 많이 사용하려면 ■ 모양을 5+2=7(개) 사용해야 합니다.

⇨ 수연이가 꾸미고 있는 모양에 ■ 모양이 3개 있으므로 ■ 모양을 7−3=4(개) 더 사용해야 합니다.

5-1 (1) ■ 모양 4개, ▲ 모양 6개, ● 모양 2개가 필요합니다.

(2) ▲ 모양이 6−3=3(개) 더 적습니다.

5-2 [해법 순서]

① 주어진 모양을 꾸미는 데 사용한 ■, ▲, ● 모양의 수를 각각 구합니다.

② 현희가 가진 ■, ▲, ● 모양의 수와 비교합니다.

③ 어떤 모양이 몇 개 더 많은지 구합니다.

주어진 모양을 꾸미는 데 ■ 모양 2개, ▲ 모양 8개, ● 모양 3개를 사용하므로 현희가 가진 모양 중 ● 모양이 4−3=1(개) 더 많습니다.

5-3 [해법 순서]

① 주어진 모양을 꾸미는 데 사용한 ■, ▲, ● 모양의 수를 각각 구합니다.

② ①에서 구한 ■, ▲, ● 모양의 수에 각각 몇씩 더해야 하는지 알아봅니다.

③ 장호가 처음에 가지고 있는 ■, ▲, ● 모양의 수를 구합니다.

주어진 모양은 ■ 모양 5개, ▲ 모양 3개, ● 모양 3개를 사용하였습니다.

⇨ 장호가 가지고 있는 모양은
■ 모양이 5+1=6(개),
▲ 모양이 3+2=5(개),
● 모양이 3+3=6(개)입니다.

6-1 (1) · 운동하기: 짧은바늘이 11, 긴바늘이 12를 가리키므로 시계는 11시를 나타냅니다.

• 청소하기: 짧은바늘이 6과 7의 가운데에
  있고, 긴바늘이 6을 가리키므로
  시계는 **6시 30분**을 나타냅니다.
• 잠자기: 짧은바늘이 9, 긴바늘이 12를
  가리키므로 시계는 **9시**를 나타
  냅니다.
(2) 계획대로 한 일은 **잠자기**입니다.

6-2 • 긴바늘이 12를 가리키면 '몇 시'를 나타내고
  긴바늘이 6을 가리키면 '몇 시 30분'을 나타
  냅니다.
• 디지털 시계에서 : 앞에 있는 수는 '시', 뒤에
  있는 수는 '분'을 나타냅니다.

7-1 (1) 짧은바늘이 3, 긴바늘이 12를 가리키므로
  3시입니다.
(2) 3시에서 긴바늘이 6까지 움직이면 짧은바
  늘이 3과 4의 가운데에 있고 긴바늘이 6을
  가리키므로 **3시 30분**입니다.

7-2 지금 시각은 짧은바늘이 5, 긴바늘이 12를 가
  리키므로 5시입니다.
  5시에서 긴바늘이 6까지 움직이면 짧은바늘
  이 5와 6의 가운데에 있고 긴바늘이 6을 가리
  키므로 **5시 30분**입니다.

7-3 세진: 6시, 건우: 6시 30분
  ⇨ 6시가 6시 30분보다 빠른 시각이므로 **세
  진**이가 더 빨리 저녁식사를 시작했습니다.

8-1 (1) 12보다 6만큼 더 큰 수가 18이므로 짧은
  바늘이 가리키는 수는 6입니다.
(2) 짧은바늘이 6, 긴바늘이 12를 가리키므로
  시계는 **6시**를 나타냅니다.

8-2 해법 순서
① 시계의 짧은바늘이 가리키는 수를 구합니다.
② 시계가 나타내는 시각을 구합니다.
③ ②에서 구한 시각을 시계에 나타냅니다.

12보다 3만큼 더 큰 수는 15이므로 짧은바늘
이 가리키는 수는 3입니다.
  ⇨ 짧은바늘이 3, 긴바늘이 12를 가리키므로
  시계는 **3시**를 나타냅니다.

8-3 12, 11, 10으로 12와의 차가 2인 수는 10
  입니다.
  ⇨ 짧은바늘이 10, 긴바늘이 12를 가리키므
  로 시계는 **10시**를 나타냅니다.

응용 유형 뛰어넘기 68~73쪽

1 ▢ 모양

2 ㉣

3 예 2시 30분은 시계의 짧은바늘이 2와 3의
  가운데에 있고, 긴바늘이 6을 가리켜야 하
  는데 짧은바늘이 2를 가리키도록 그렸으므
  로 잘못됐습니다.
  ;

4

5 1개

6 효선

7 ● 모양

8 10시

9 연아

10 예 ㉠은 ▲ 모양, ㉡은 ● 모양, ㉢은 ▢ 모
  양으로 나눈 것입니다.
  ; ㉡

11 8개

12 우찬

13 ㉢

14 ㉢

15 ⟨예⟩ 필요한 ▲ 모양의 수는 주어진 모양 1개를 만드는 데 2개, 주어진 모양 2개를 만드는 데 2+2=4(개), 주어진 모양 3개를 만드는 데 4+2=6(개), 주어진 모양 4개를 만드는 데 6+2=8(개) 필요합니다.
; 8개

16 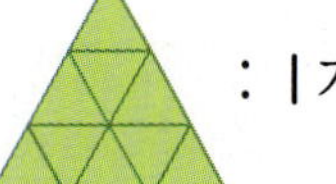

17 ◼ 모양 1개, ▲ 모양 4개

18 ⟨예⟩ ▲ : 9개, : 3개, : 1개
따라서 찾을 수 있는 크고 작은 ▲ 모양은 모두 9+3+1=13(개)입니다.
; 13개

1 ⟨생각 열기⟩ 먼저 가족 행사표를 꾸미는 데 사용한 모양을 알아봅니다.
가족 행사표를 꾸미는 데 사용한 모양은 ● 모양과 ▲ 모양이므로 사용하지 않은 모양은 ◼ **모양**입니다.

2 · ㉠, ㉤을 본뜨면 ● 모양이 나옵니다.
· ㉡, ㉢을 본뜨면 ◼ 모양이 나옵니다.
· ㉣을 본뜨면 ▲ 모양이 나옵니다.

3 ⟨서술형 가이드⟩ 2시 30분을 시계에 나타내는 방법을 설명하고 잘못 나타낸 이유를 써야 합니다.

채점 기준		
2시 30분을 시계에 잘못 나타낸 이유를 쓰고, 시계에 바르게 나타냄.	상
2시 30분을 잘못 나타낸 이유나 시계에 바르게 나타내는 것 중 미흡한 것이 있음.	중
2시 30분을 잘못 나타낸 이유를 설명하지 못함.	하

4 청소를 시작한 시각은 7시 30분이므로 짧은바늘은 7과 8의 가운데에 있고, 긴바늘은 6을 가리키게 그립니다.

5 ⟨해법 순서⟩
① ◼ 모양의 수를 구합니다.
② ▲ 모양의 수를 구합니다.
③ ①과 ②에서 구한 두 수의 차를 구합니다.
◼ 모양: 5개, ▲ 모양: 4개
⇨ 5-4=1(개)

6 시계의 짧은바늘이 9와 10의 가운데에 있고, 긴바늘이 6을 가리키므로 9시 30분입니다.
따라서 **효선**이가 잘못 말했습니다.
⟨주의⟩ 긴바늘이 6, 짧은바늘이 ■와 ■+1의 가운데를 가리킬 때 ■시 30분입니다.
(■+1)시 30분으로 읽지 않도록 주의합니다.

7 ·보기·의 모양을 여러 개 사용하여 큰 ◼, ▲, ● 모양을 만들어 봅니다.
⟨예⟩ 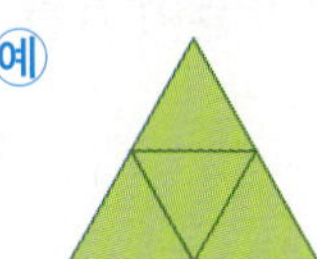 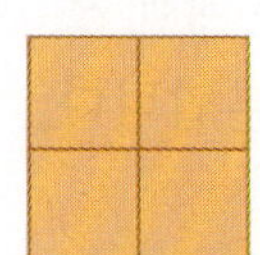 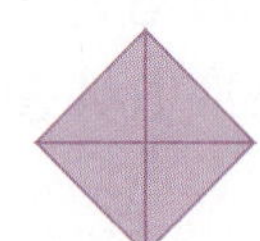
반듯한 선끼리 이어 붙이면 ◼ 모양, ▲ 모양은 만들 수 있지만 ● **모양**은 만들 수 없습니다.
⟨참고⟩ ◼ 모양과 ▲ 모양은 반듯한 선이 있어서 이어 붙일 수 있지만 ● 모양은 반듯한 선이 없어서 이어 붙일 수 없습니다.

8 시계의 짧은바늘이 가리키는 수는 9이고 9보다 1만큼 더 큰 수는 10입니다.
⇨ 짧은바늘이 10, 긴바늘이 12를 가리키면 시계는 10시를 나타내므로 수영을 마친 시각은 10시입니다.

9 놀이터에 민희는 2시, 수영이는 3시, 연아는 1시에 왔습니다.

⇨ 1시에 만나기로 한 약속을 지킨 사람은 **연아**입니다.

10

① ㉠, ㉡, ㉢은 어떤 모양에 따라 나누었는지 설명합니다.

② 단추의 모양을 알아봅니다.

③ ㉠, ㉡, ㉢ 중 단추의 모양이 속하는 곳을 알아봅니다.

단추는  모양이므로 ㉡에 넣어야 합니다.

서술형 가이드   ㉠, ㉡, ㉢은 어떤 모양에 따라 나눈 것인지 설명하고 단추는 어디에 넣어야 하는지 써야 합니다.

채점 기준	㉠, ㉡, ㉢을 어떤 모양에 따라 나눈 것인지 바르게 설명하고 답을 구함.	상
	답을 구했으나 ㉠, ㉡, ㉢을 어떤 모양에 따라 나눈 것인지 설명이 미흡함.	중
	㉠, ㉡, ㉢을 어떤 모양에 따라 나눈 것인지 설명하지 못하고 답도 구하지 못함.	하

11 생각 열기   오른쪽 모양을 왼쪽의 ⬛ 모양으로 똑같이 나누어 봅니다.

왼쪽의 ⬛ 모양과 같은 모양과 크기로 자르면 ⬛ 모양은 모두 **8개** 만들어집니다.

12 생각 열기   화분의 바닥에 물감을 묻혀 찍었을 때 나오는 모양을 각각 알아봅니다.

윤후와 수혁이의 화분 바닥에 물감을 묻혀 찍으면 ● 모양이 나오고 우찬이의 화분 바닥에 물감을 묻혀 찍으면 ⬛ 모양이 나옵니다.

⇨ 다른 모양이 나오는 사람은 **우찬**입니다.

13 해법 순서

① ㉠, ㉡, ㉢에서 사용한 ▲ 모양과 ● 모양의 수를 각각 알아봅니다.

② ▲ 모양보다 ● 모양을 더 많이 사용하여 꾸민 것을 알아봅니다.

㉠ ▲ 모양: 4개, ● 모양: 1개

㉡ ▲ 모양: 3개, ● 모양: 2개

㉢ ▲ 모양: 2개, ● 모양: 3개

⇨ ▲ 모양보다 ● 모양을 더 많이 사용하여 꾸민 것은 ㉢입니다.

14 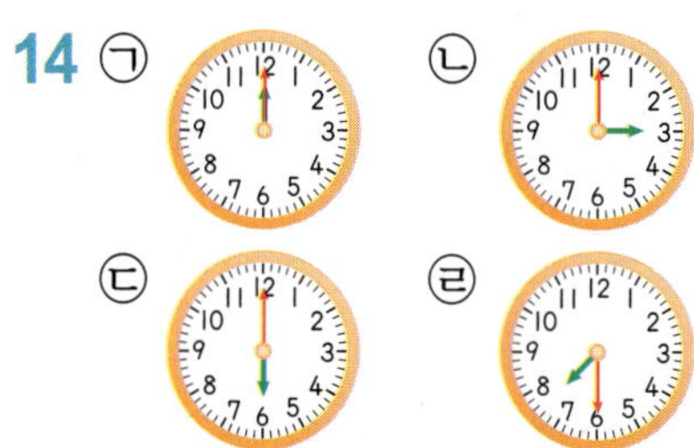

⇨ ㉠은 짧은바늘과 긴바늘이 같은 방향입니다. ㉢은 짧은바늘과 긴바늘이 서로 반대 방향입니다.

15 서술형 가이드   주어진 모양 1개를 만드는 데 필요한 ▲ 모양의 수가 풀이 과정에 있어야 합니다.

채점 기준	필요한 ▲ 모양의 수를 구하는 풀이 과정을 바르게 쓰고 답을 구함.	상
	답을 구했으나 필요한 ▲ 모양의 수를 구하는 풀이 과정이 미흡함.	중
	필요한 ▲ 모양의 수를 구하는 방법을 몰라 답을 구하지 못함.	하

16 생각 열기   ▲ 모양이 될 수 있는 부분을 먼저 선으로 표시해 봅니다.

주어진 모양을 각각 크기가 같은 ⬛ 모양 3개와 ▲ 모양 3개로 나누어 봅니다.

17 점선을 따라 자른 모양은 다음과 같습니다.

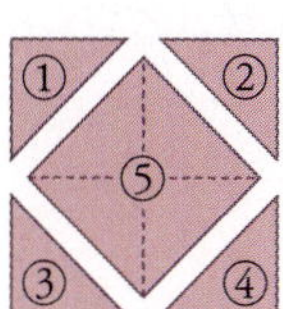

⇨ █ 모양(⑤)이 1개, ▲ 모양(①, ②, ③, ④)
이 4개 생깁니다.

주의 접히는 부분을 잘리는 부분으로 착각하여
▲ 모양 8개가 생긴다고 답하지 않도록 합니다.

18 **해법 순서**

① 찾을 수 있는 ▲ 모양의 수를 구합니다.

② 찾을 수 있는 ◢◣ 모양의 수를 구합니다.

③ 찾을 수 있는 🔺 모양의 수를 구합니다.

④ ①, ②, ③에서 구한 수의 합을 구합니다.

서술형 가이드 크고 작은 ▲ 모양에는 어떤 모양이
있는지 알아보고 수를 구하는 풀이 과정이 있어야
합니다.

채점 기준	크고 작은 ▲ 모양을 찾아 수를 구하는 풀이 과정을 쓰고 답을 구함.	상
	크고 작은 ▲ 모양을 찾았으나 수를 구하지 못하여 답을 구하지 못함.	중
	크고 작은 ▲ 모양을 찾지 못해 답을 구하지 못함.	하

실력 평가

74~77쪽

1 ( ) ( ) (○)

2 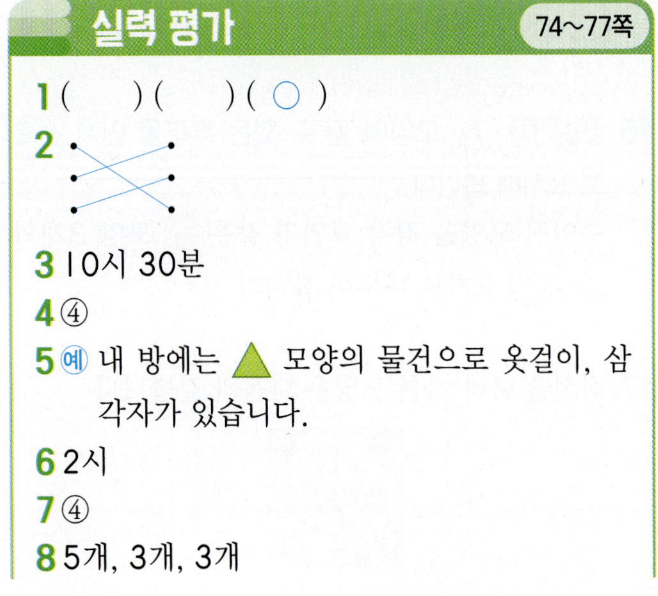

3 10시 30분

4 ④

5 **예** 내 방에는 ▲ 모양의 물건으로 옷걸이, 삼
각자가 있습니다.

6 2시

7 ④

8 5개, 3개, 3개

9 **예** █ 모양은 뾰족한 부분이 있고 ● 모양은
뾰족한 부분이 없습니다.

10 영미

11 **예** █ 모양 3개, ▲ 모양 4개, ● 모양 6개
를 사용하였습니다.
따라서 $3<4<6$이므로 ● 모양을 가장
많이 사용하였습니다. ; ● 모양

12  

13 **예** 경미는 10시에 산책을 나갔다가 12시에
돌아왔습니다.

14 모스크바

15 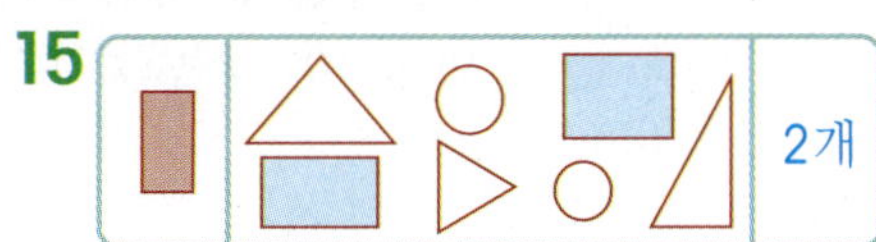

16 4개

17 ㉠, 1개

18 ④

19 █, ▲ 에 ○표

20 4시

1 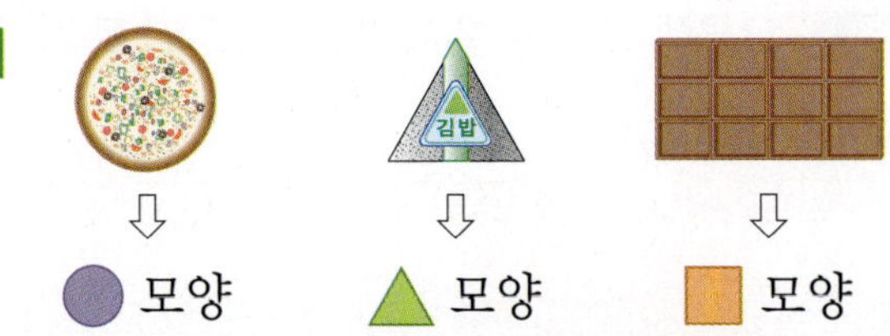

● 모양   ▲ 모양   █ 모양

2 **생각 열기** 각 물건을 종이 위에 놓고 본떴을 때 나오
는 모양을 생각해 봅니다.
동전을 본뜨면 ● 모양, 교통표지판을 본뜨면 █
모양, 삼각자를 본뜨면 ▲ 모양이 나옵니다.

3 짧은바늘이 10과 11의 가운데에 있고, 긴바늘
이 6을 가리키므로 시계는 10시 30분을 나타
냅니다.

4 생각 열기 물건은 각각 어떤 모양인지 알아봅니다.
- ①, ③ ⇨ ● 모양
- ②, ⑤ ⇨ ■ 모양
- ④ ⇨ ▲ 모양

5 예 우리 집에는 ● 모양의 접시, 시계, 거울이 있습니다.
서술형 가이드 주변에서 ■, ▲, ● 모양의 물건을 바르게 찾아 문장을 만들어야 합니다.

채점 기준	■, ▲, ● 모양의 물건을 사용하여 알맞은 문장을 만듦.	상
	■, ▲, ● 모양의 물건을 사용하여 문장을 만들었으나 어색함.	중
	■, ▲, ● 모양의 물건을 사용하여 문장을 만들지 못함.	하

6 짧은바늘이 2, 긴바늘이 12를 가리키면 시계는 2시를 나타냅니다.

7 9시를 나타내는 시계를 찾습니다.
① 6시 ② 7시 ③ 8시 ④ 9시 ⑤ 10시

8
⇨ ■ 모양 **5개**, ▲ 모양 **3개**, ● 모양 **3개**를 사용하였습니다.
참고 ■, ▲, ● 모양의 수를 셀 때에는 모양별로 /, ∧, ○ 등으로 표시하며 빠뜨리지 않고 세어 봅니다.

9 예 ■ 모양은 곧은 선이 있고 ● 모양은 곧은 선이 없습니다.
서술형 가이드 ■ 모양과 ● 모양의 다른 점을 바르게 써야 합니다.

채점 기준	■, ● 모양의 다른 점을 바르게 씀.	상
	■, ● 모양의 다른 점을 썼으나 미흡함.	중
	■, ● 모양의 다른 점을 쓰지 못함.	하

10 생각 열기 ▨의 바닥에 물감을 묻혀 찍었을 때 나오는 모양을 알아봅니다.
▨의 바닥에 물감이 묻어 있으므로 이 물건의 바닥을 종이에 찍었을 때 나오는 모양을 알아보면 ● 모양입니다.
⇨ ● 모양을 들고 있는 사람은 영미이므로 물감을 엎지른 사람은 **영미**입니다.

11 생각 열기 사용한 ■, ▲, ● 모양의 수를 각각 구하여 가장 많은 모양을 찾습니다.
서술형 가이드 사용한 모양의 수를 각각 구하고 수를 비교하는 풀이 과정이 있어야 합니다.

채점 기준	사용한 ■, ▲, ● 모양의 수를 각각 구하고 답을 구함.	상
	사용한 ■, ▲, ● 모양의 수를 각각 구했으나 답을 구하지 못함.	중
	사용한 ■, ▲, ● 모양의 수를 구하지 못해 답을 구하지 못함.	하

12
- 2시: 짧은바늘이 2, 긴바늘이 12를 가리키게 그립니다.
- 3시 30분: 짧은바늘이 3과 4의 가운데에 있고, 긴바늘이 6을 가리키게 그립니다.

13 서술형 가이드 10시와 12시를 넣어 문장을 만들어야 합니다.

채점 기준	10시와 12시인 시각을 알고 알맞은 이야기를 만들어 씀.	상
	10시와 12시인 시각 중 잘못 쓴 것이 있고 문장이 미흡함.	중
	두 시각을 잘못 쓰고 문장을 쓰지 못함.	하

14 생각 열기 각 도시의 시각을 알아봅니다.
런던: 4시, 모스크바: 6시, 시드니: 1시
⇨ 6시인 도시는 **모스크바**입니다.

15 해법 순서
① 왼쪽 모양과 같은 모양을 모두 찾아 색칠합니다.
② 색칠한 모양의 수를 구합니다.
■ 모양을 모두 찾으면 **2개**입니다.

16 해법 순서

① 주어진 모양은 어떤 모양의 부분인지 알아봅니다.

② ①의 모양과 같은 모양의 수를 구합니다.

뾰족한 곳이 없는 모양이므로 ● 모양의 부분입니다.

➡ ● 모양을 모두 찾으면 **4개**입니다.

참고 ■ 모양과 ▲ 모양은 뾰족한 곳이 있고 ● 모양은 뾰족한 곳이 없습니다.

17 생각 열기 먼저 ㉠과 ㉡의 ▲ 모양의 수를 각각 구합니다.

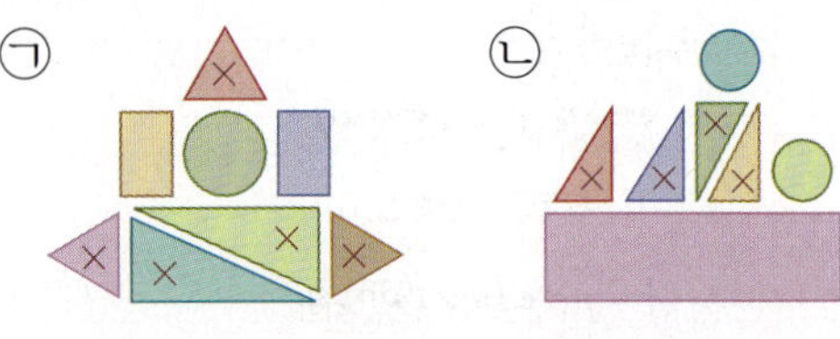

㉠ ▲ 모양: 5개 ㉡ ▲ 모양: 4개

➡ ▲ 모양은 ㉠이 5−4=1(개) 더 많습니다.

18 ① ② ③ ④ ⑤

➡ 짧은바늘과 긴바늘이 완전히 겹쳐질 때의 시각은 ④ 12시입니다.

19

▲ 모양
■ 모양

왼쪽 물건에 물감을 묻혀 찍으면 ▲ 모양과 ■ 모양이 나옵니다.

주의 물건의 위, 아래에 물감을 묻혀 찍은 모양과 옆에 물감을 묻혀 찍은 모양은 다르므로 2가지 모양이 나올 수 있습니다.

20 생각 열기 시계의 긴바늘이 가리키는 수를 알고 있으므로 짧은바늘이 가리키는 수를 구합니다.

12보다 4만큼 더 큰 수가 16이므로 짧은바늘은 4를 가리킵니다.

➡ 짧은바늘이 4, 긴바늘이 12를 가리키므로 시계는 4시를 나타냅니다.

창의 사고력 78쪽

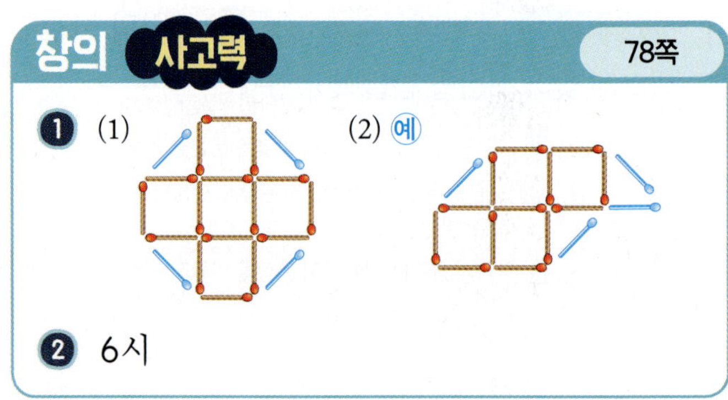

❶ (1) (2) 예

❷ 6시

---

❶ 해법 순서

① 만들어야 하는 ▲ 모양의 수를 구합니다.

② ①에서 구한 수만큼 ▲ 모양이 되게 성냥개비를 놓아 봅니다.

(1) ■ 모양이 5개이므로 ▲ 모양이 4개가 되게 성냥개비를 놓습니다.

(2) ■ 모양이 4개이므로 ▲ 모양이 3개가 되게 성냥개비를 놓습니다.

❷ 화살표의 규칙에 따라 시계에 시각을 나타내면 다음과 같습니다.

짧은바늘이 가리키는 수는

3 — 4 — 5 — 10 — 8 — 6으로

1만큼 더 큰 수 1만큼 더 큰 수 5만큼 더 큰 수 2만큼 더 작은 수 2만큼 더 작은 수

바뀝니다.

➡ 마지막 시계는 짧은바늘이 6, 긴바늘이 12를 가리키므로 6시를 나타냅니다.

4. 덧셈과 뺄셈 (2)

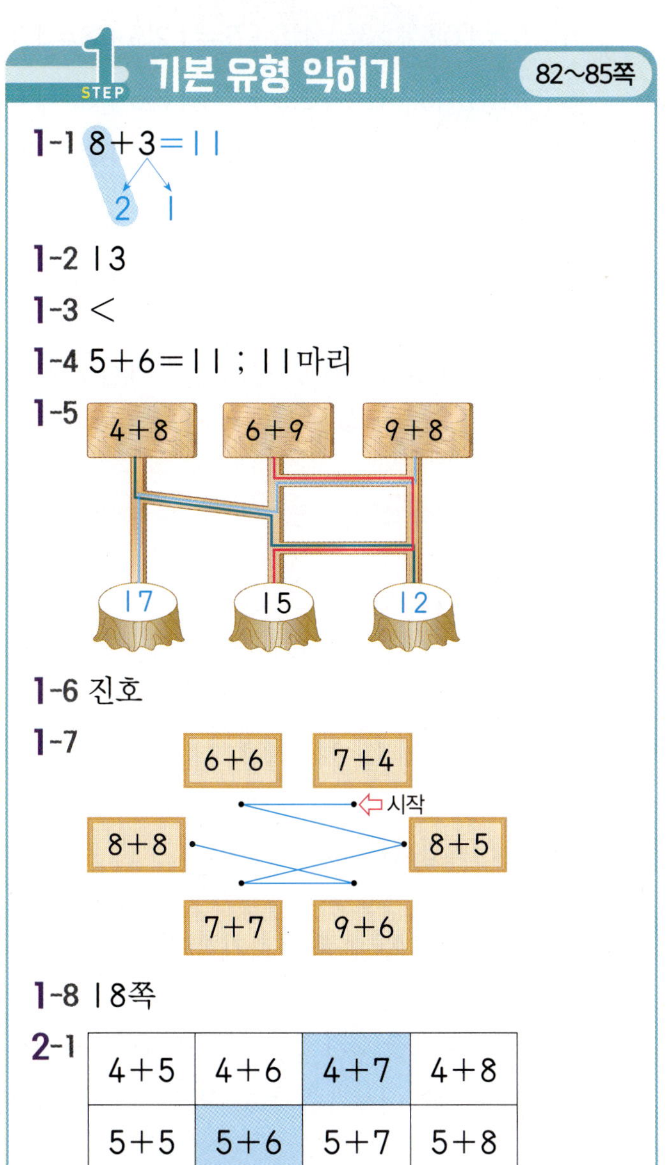

1 STEP 기본 유형 익히기 82~85쪽

1-1 8+3=11

2 1

1-2 13

1-3 <

1-4 5+6=11 ; 11마리

1-5

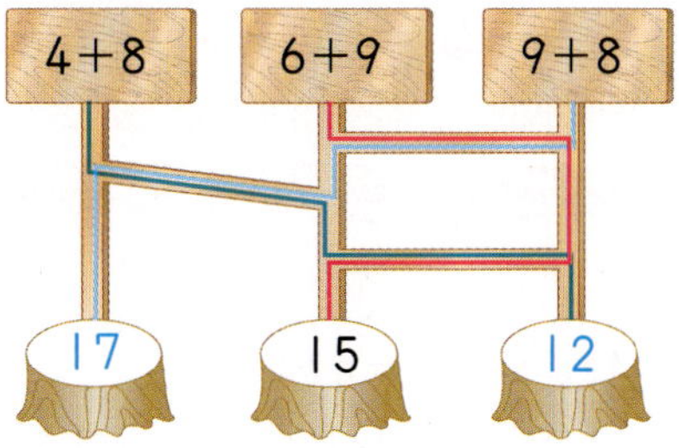

1-6 진호

1-7

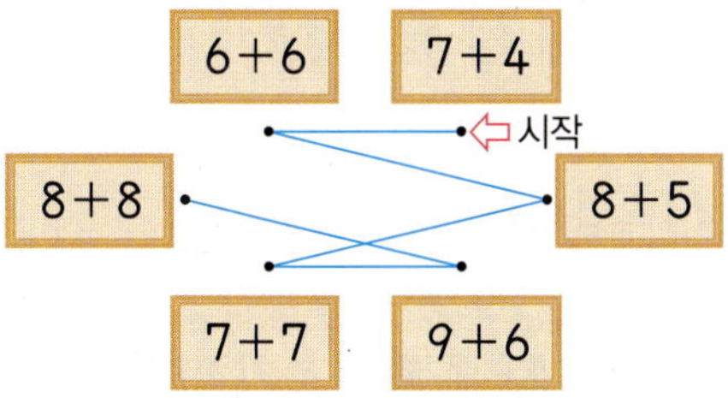

1-8 18쪽

2-1

4+5	4+6	4+7	4+8
5+5	5+6	5+7	5+8
6+5	6+6	6+7	6+8
7+5	7+6	7+7	7+8

2-2 (위에서부터) 12, 14, 16 ; 소, 나, 무

2-3 6+9=15 ; 9+6=15

2-4 7, 7 ; 9, 5

3-1 12−7=5

2 5

3-2

3-3 14−5=9

3-4 7개

3-5

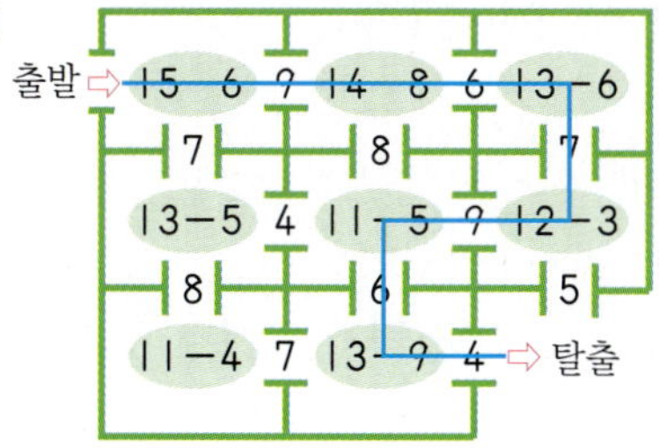

3-6 12

3-7 예 (예은이가 먹은 땅콩의 수)
=13−5=8(개)
(동생이 먹은 땅콩의 수)
=13−7=6(개)
따라서 두 사람이 먹은 땅콩은 모두
8+6=14(개)입니다. ; 14개

4-1

11−4	12−4	13−4	14−4
11−5	12−5	13−5	14−5
11−6	12−6	13−6	14−6
11−7	12−7	13−7	14−7

4-2 ㉠, ㉢

4-3 5, 4
; 예 1씩 큰 수를 빼면 차가 1씩 작아집니다.

4-4

14 − 7 = 7			6	16
13	5	17 − 9 = 8		
15	12 − 6 = 6			2

4-5 11, 2, 9 ; 14, 5, 9

1-1 생각 열기 •보기•는 오른쪽 수를 가르기하여 합을 구하는 방법입니다.
3을 2와 1로 가르기하여 8과 2를 더해서 10을 만든 후 남은 1을 더하면 11이 됩니다.

1-2 6+7=13 또는 6+7=13

3 3 4 3

1-3 $9+2=11 \Rightarrow 11<13$

1-4 생각 열기 모두 몇 마리인지 구하는 것이므로 덧셈식으로 나타냅니다.

$$5+6=11(마리)$$

서술형 가이드 문제에 알맞은 덧셈식을 쓰고 답을 구해야 합니다.

채점 기준		
식을 쓰고 답을 바르게 구함.	상
식과 답 중 1가지만 바르게 씀.	중
식과 답을 모두 쓰지 못함.	하

1-5 $4+8=12,\ 9+8=17$

1-6 해법 순서

① 미라가 사용한 색종이의 수를 구합니다.
② 진호가 사용한 색종이의 수를 구합니다.
③ ①과 ②에서 구한 두 수의 크기를 비교합니다.
(미라가 사용한 색종이의 수)$=9+3$
$\qquad\qquad\qquad\qquad=12$(장)
(진호가 사용한 색종이의 수)$=8+7$
$\qquad\qquad\qquad\qquad=15$(장)
$\Rightarrow 12<15$이므로 색종이를 더 많이 사용한 사람은 **진호**입니다.

1-7 생각 열기 덧셈을 하여 계산 결과를 모두 알아봅니다.
$7+4=11 \Rightarrow 6+6=12 \Rightarrow 8+5=13$
$\Rightarrow 7+7=14 \Rightarrow 9+6=15 \Rightarrow 8+8=16$

1-8 생각 열기 먼저 화요일에 읽은 책의 쪽수를 구합니다.
(화요일에 읽은 책의 쪽수)$=4+5$
$\qquad\qquad\qquad\qquad=9$(쪽)
(수요일에 읽은 책의 쪽수)$=9+9$
$\qquad\qquad\qquad\qquad=18$(쪽)

2-1

$4+5=9$	$4+6=10$	$4+7=11$	$4+8=12$
$5+5=10$	$5+6=11$	$5+7=12$	$5+8=13$
$6+5=11$	$6+6=12$	$6+7=13$	$6+8=14$
$7+5=12$	$7+6=13$	$7+7=14$	$7+8=15$

$\Rightarrow$ ↙ 방향으로 더해지는 수는 1씩 커지고 더하는 수는 1씩 작아지므로 합이 같습니다.

2-2 더하는 수가 2씩 커지면 합도 2씩 커집니다.
$9+3=12,\ 9+5=14,\ 9+7=16$

2-3 7, 6, 1, 9 중 합이 15가 되는 두 수는 6과 9입니다.
$\Rightarrow 6+9=15,\ 9+6=15$
참고 두 수를 서로 바꾸어 더해도 합은 같습니다.

2-4 ★이 있는 칸에 들어갈 식은 8+6이므로 합은 14입니다. 합이 14인 덧셈식은 $7+7=14$, $9+5=14$입니다.

3-1 •보기•는 오른쪽 수를 가르기하여 차를 구하는 방법입니다.
$12-7$에서 7을 2와 5로 가르기하여 12에서 2를 먼저 빼고 10에서 남은 5를 빼면 5가 됩니다.

3-2 $11-4=7,\quad 12-8=4$

3-3 $14-5=9$

3-4 $13-6=7$(개)

3-5 $15-6=9,\ 14-8=6,\ 13-6=7,$
$12-3=9,\ 11-5=6,\ 13-9=4$

3-6 생각 열기 먼저 ●에 알맞은 수를 구합니다.

14−9=5이므로 ●=5입니다.

⇨ ●+7=□, 5+7=12이므로 □=12입니다.

3-7 생각 열기 각자 가지고 있던 땅콩의 수에서 먹고 남은 땅콩의 수를 빼면 먹은 땅콩의 수를 구할 수 있습니다.

서술형 가이드 예은이와 동생이 먹은 땅콩의 수를 각각 구하는 뺄셈식과 먹은 땅콩 수의 합을 구하는 덧셈식이 풀이 과정에 있어야 합니다.

채점 기준		
예은이와 동생이 먹은 땅콩의 수를 각각 구하고 두 사람이 먹은 땅콩 수의 합을 구함.	상
예은이와 동생이 먹은 땅콩의 수를 각각 구했으나 두 사람이 먹은 땅콩 수의 합을 구하지 못함.	중
예은이와 동생이 먹은 땅콩의 수를 구하지 못함.	하

4-1

11−4=7	12−4=8	13−4=9	14−4=10
11−5=6	12−5=7	13−5=8	14−5=9
11−6=5	12−6=6	13−6=7	14−6=8
11−7=4	12−7=5	13−7=6	14−7=7

⇨ ↘ 방향으로 빼지는 수와 빼는 수가 모두 1씩 커지므로 차가 같습니다.

4-2 ㉠ 14−6=8 ㉡ 14−7=7
㉢ 15−7=8 ㉣ 11−4=7
⇨ 차가 8인 뺄셈식은 ㉠, ㉢입니다.

4-3 서술형 가이드 뺄셈을 하고 빼는 수가 1씩 커지면 차는 어떻게 변하는지 설명해야 합니다.

채점 기준		
뺄셈을 하고 알게 된 점을 바르게 설명함.	상
뺄셈을 하였지만 알게 된 점을 설명하지 못함.	중
뺄셈을 하지 못해 알게 된 점을 설명하지 못함.	하

4-4 17−9=8, 12−6=6

4-5 차가 같은 뺄셈식을 2개 만들어 봅니다.

참고 세 수를 골라 뺄셈식을 만들어야 하므로 뺄셈식의 차도 주어진 수 중 하나여야 합니다.

2 STEP 응용 유형 익히기
86~93쪽

1-1 (1) 13 (2) 14, 14, 13, 13 (3) ㉢, ㉣

1-2 ㉠, ㉢

1-3 ㉣, ㉠, ㉢, ㉡

2-1 (1) 큰에 ○표, 작은에 ○표 (2) 13, 7
(3) 13, 7, 6

2-2 15, 8, 7

2-3 9, 7, 16 (또는 7, 9, 16)

3-1 (1) 9자루 (2) 12자루

3-2 12살

3-3 수진

4-1 (1) 6개 (2) 7개 (3) 파란색 풍선

4-2 휘경이네 모둠

4-3 희수, 2개

5-1 (1) 14 (2) 9 (3) 3

5-2 8

5-3 6

6-1 (1) 8 (2) 5 ; 6 ; 3, 7 ; 4, 8
(3) 1, 2, 3

6-2 6, 7, 8, 9

6-3 3, 4

7-1 (1) 15자루 (2) 6자루 (3) 3자루

7-2 4, 4

7-3 5송이

8-1 (1) 9장 (2) 7장 (3) 16장

8-2 초록색 버스, 5명

8-3 준호, 6장

1-1 (1) 8+5=13
3 5

(2) ㉠ 7+7=14   ㉡ 9+5=14
4 3   1 4

㉢ 7+6=13   ㉣ 4+9=13
3 3   3 1

(3) 계산 결과가 13인 것을 모두 찾으면 ㉢, ㉣ 입니다.

1-2 $11-4=7$
　　　　↓
　　　1　3

㉠ $12-5=7$　　　㉡ $15-7=8$
　　　↓　　　　　　　　↓
　　2　3　　　　　　10　5

㉢ $16-9=7$　　　㉣ $14-8=6$
　　　↓　　　　　　　　↓
　10　6　　　　　　　4　4

1-3 ㉠ $9+6=15$　　　㉡ $13-8=5$
　　　　↓　　　　　　　　↓
　　　1　5　　　　　　10　3

㉢ $17-9=8$　　　㉣ $8+8=16$
　　　↓　　　　　　　　↓
　　7　2　　　　　　　6　2

⇨ $16>15>8>5$이므로 계산 결과가 큰 것부터 차례대로 쓰면 ㉣, ㉠, ㉢, ㉡입니다.

2-1 (1) 차가 가장 큰 뺄셈식은 가장 큰 수에서 가장 작은 수를 뺀 것입니다.
(2) $13>12>10>9>7$
　　⇨ 가장 큰 수: 13, 가장 작은 수: 7
(3) (가장 큰 수)−(가장 작은 수)$=13-7=6$

2-2 두 수의 차가 가장 크려면 가장 큰 수에서 가장 작은 수를 빼야 합니다.
$15>12>11>9>8$이므로 가장 큰 수는 15, 가장 작은 수는 8입니다.
　⇨ (가장 큰 수)−(가장 작은 수)$=15-8=7$

2-3 두 수의 합이 가장 크려면 가장 큰 수와 두 번째로 큰 수를 더해야 합니다.
$9>7>6>5>3$이므로 가장 큰 수는 9, 두 번째로 큰 수는 7입니다.
　⇨ (가장 큰 수)+(두 번째로 큰 수)
　　$=9+7=16$

3-1 (1) $3+6=9$(자루)
(2) $3+9=12$(자루)
　　　↓
　　2　1

3-2 해법 순서
① 형의 나이를 구합니다.
② 누나의 나이를 구합니다.
(형의 나이)=(민호의 나이)$+3$
　　　　　$=5+3=8$(살)
(누나의 나이)=(형의 나이)$+4$
　　　　　$=8+4=12$(살)
　　　　　　↓
　　　　　2　2

3-3 해법 순서
① 수진이가 맞힌 문제 수의 합을 구합니다.
② 지혜가 맞힌 문제 수의 합을 구합니다.
③ ①과 ②에서 구한 두 수의 크기를 비교합니다.
(수진이가 맞힌 문제 수의 합)
$=7+8=15$(문제)
(지혜가 맞힌 문제 수의 합)
$=9+5=14$(문제)
⇨ $15>14$이므로 맞힌 문제 수는 **수진**이가 더 많습니다.

4-1 (1) $14-8=6$(개)
　　　　　↓
　　　　4　4
(2) $12-5=7$(개)
　　　↓
　10　2
(3) $6<7$이므로 **파란색 풍선**이 더 많이 남았습니다.

4-2 (영준이네 모둠의 남학생 수)
$=13-6=7$(명)
　　↓
　3　3
(휘경이네 모둠의 남학생 수)
$=16-7=9$(명)
　　↓
　10　6
⇨ $7<9$이므로 **휘경이네 모둠**의 남학생 수가 더 많습니다.

4-3 해법 순서

① 희수가 골대에 넣지 못한 공의 수를 구합니다.
② 진아가 골대에 넣지 못한 공의 수를 구합니다.
③ ①과 ②에서 구한 두 수의 차를 구합니다.
(희수가 골대에 넣지 못한 공의 수)
$=15-7=8$(개)
(진아가 골대에 넣지 못한 공의 수)
$=15-9=6$(개)
⇨ 골대에 넣지 못한 공은 **희수**가
$8-6=2$**(개)** 더 많습니다.

5-1 (1) $6+8=$★, $6+8=14$이므로 ★$=14$입니다.
(2) ★$-5=$♥, $14-5=9$이므로 ♥$=9$입니다.
(3) $6+$■$=$♥, $6+$■$=9$이고 9는 6보다 3만큼 더 큰 수이므로 ■$=3$입니다.

5-2 생각 열기 먼저 ◆에 알맞은 수를 구합니다.
• $12-9=$◆, $12-9=3$이므로 ◆$=3$입니다.
• ◆$+6=$▲, $3+6=9$이므로 ▲$=9$입니다.
• $17-$▲$=$◉, $17-9=8$이므로 ◉$=8$입니다.

5-3 생각 열기 먼저 ★에 알맞은 수를 구합니다.
• $5+6=$★, $5+6=11$이므로 ★$=11$입니다.
• ★$-3=$◆, $11-3=8$이므로 ◆$=8$입니다.
• ◆$+$◆$=$●, $8+8=16$이므로 ●$=16$입니다.
• ●$-$▲$=10$, $16-$▲$=10$이고 16에서 6을 **빼야** 10이 되므로 ▲$=6$입니다.

6-1 (1) $17-9=8$
(2) $4+$□에서 □ 안에 1부터 차례대로 수를 넣어 더합니다.
(3) $17-9>4+$□, $8>4+$□가 되려면 □ 안에는 $1, 2, 3$이 들어갈 수 있습니다.

6-2 해법 순서

① $4+7$을 구합니다.
② □ 안에 수를 넣어 계산해 봅니다.
③ ①과 ②에서 구한 수를 비교하여 □ 안에 들어갈 수 있는 수를 모두 구합니다.
$4+7=11$
⇨ □ 안에 9부터 거꾸로 넣어 계산하면
$6+\boxed{9}=15$, $6+\boxed{8}=14$, $6+\boxed{7}=13$,
$6+\boxed{6}=12$, $6+\boxed{5}=11$이므로
$6+$□>11이 되려면 □ 안에는 $6, 7, 8,$
9가 들어갈 수 있습니다.

6-3 해법 순서

① $14-6>3+$□에서 □ 안에 들어갈 수 있는 수를 모두 구합니다.
② $11-9<$□에서 □ 안에 들어갈 수 있는 수를 모두 구합니다.
③ ①과 ②에서 공통인 수를 모두 구합니다.
• $14-6=8$이므로 $8>3+$□가 되려면 □ 안에는 $1, 2, 3, 4$가 들어갈 수 있습니다.
• $11-9=2$이므로 $2<$□가 되려면 □ 안에는 $3, 4, 5, 6, 7, 8, 9$가 들어갈 수 있습니다.
⇨ □ 안에 공통으로 들어갈 수 있는 수는 $3, 4$입니다.

7-1 (2) 빨간 색연필과 파란 색연필은
$15-9=6$**(자루)**입니다.
(3) 빨간 색연필과 파란 색연필은 같은 수만큼 있고 $3+3=6$이므로 빨간 색연필은 **3자루**입니다.

7-2 생각 열기 전체 우산의 수에서 분홍색 우산의 수를 빼서 노란색 우산과 초록색 우산의 수를 구합니다.
노란색 우산과 초록색 우산은
$13-5=8$(개)입니다.
⇨ 노란색 우산과 초록색 우산은 같은 수만큼 있고 $4+4=8$이므로 노란색 우산은 **4개**, 초록색 우산은 **4개**입니다.

7-3 해법 순서

① 해바라기와 국화 수의 합을 구합니다.

② 백합과 장미 수의 합을 구합니다.

③ 장미의 수를 구합니다.

(해바라기와 국화의 수)=7+2=9(송이)

(백합과 장미의 수)=19-9=10(송이)

➡ 백합과 장미는 같은 수만큼 있고
  5+5=10이므로 장미는 **5송이**입니다.

8-1
(1) 18-9=9(장)

(2) 13-6=7(장)

(3) 9+7=16(장)

8-2 생각 열기 먼저 색깔별 버스에 타고 있는 사람 수를 구합니다.

해법 순서

① 초록색 버스에 타고 있는 사람 수를 구합니다.

② 파란색 버스에 타고 있는 사람 수를 구합니다.

③ ①과 ②에서 구한 두 수의 차를 구합니다.

(초록색 버스에 타고 있는 사람 수)

=4+9=13(명)

(파란색 버스에 타고 있는 사람 수)

=5+3=8(명)

➡ 13>8이므로 **초록색 버스**에
  13-8=5(명) 더 많이 타고 있습니다.

8-3 생각 열기 먼저 준호와 하랑이가 가지고 있는 도화지의 수를 구합니다.

해법 순서

① 도화지를 더 산 후 준호가 가지고 있는 도화지의 수를 구합니다.

② 하랑이가 친구에게 주고 남은 도화지의 수를 구합니다.

③ ①과 ②에서 구한 두 수의 차를 구합니다.

(준호가 가지고 있는 도화지의 수)

=9+6=15(장)

(하랑이가 가지고 있는 도화지의 수)

=12-3=9(장)

➡ 15>9이므로 **준호**가 도화지를
  15-9=6(장) 더 많이 가지고 있습니다.

---

3 STEP 응용 유형 뛰어넘기 94~99쪽

1 ⫶⤬⫶

2 예 티셔츠 4벌과 바지 8벌이 있습니다. 티셔츠와 바지는 모두 몇 벌입니까?
; 12벌

3 9마리

4 4

5

−	11	12	13	14	15	16	17
7	4	5	6	7	8	9	10
8	3	4	5	6	7	8	9
9	2	3	4	5	6	7	8

;

예 • **빼지는 수**가 1씩 커지면 차가 1씩 커집니다.

• **빼는 수**가 1씩 커지면 차가 1씩 작아집니다.

6 7549

7 7 ; 8

8

7＋4＝11	1		9＋6＝15			
3	2	8	5	15	7	6
+						+
9	13	7＋7＝14		5		7
∥						∥
12	9	16	2＋9＝11			13

9 4

10 예 15-7=8, 6+8=14입니다.

㉠ 6+6=12, ㉡ 13-6=7,

㉢ 14-8=6, ㉣ 9+4=13,

㉤ 17-8=9

따라서 8보다 크고 14보다 작은 것은 ㉠, ㉣, ㉤입니다.

; ㉠, ㉣, ㉤

11 12 ; 9 ; 13

12 2

13 4개

14 16

15 예 (보람이가 딴 옥수수의 수)=2+4=6(개)

(민서와 보람이가 딴 옥수수의 수)

=2+6=8(개)

따라서 10개씩 상자 1개와 낱개 7개는

17개이므로 하윤이가 딴 옥수수의 수는

17-8=9(개)입니다. ; 9개

16 2, 4

17 경준, 승희, 민규

18 6쪽

1 16-8=8, 12-5=7,

10 6   2 3

14-7=7, 17-9=8

10 4   7 2

2 서술형 가이드 덧셈식이 나오도록 알맞은 문제를 만들고 답을 구해야 합니다.

채점 기준	덧셈 문제를 만들고 답을 구함.	상
	덧셈 문제를 만들었으나 답이 틀림.	중
	덧셈 문제를 만들지 못해 답을 구하지 못함.	하

3 잡은 게의 수를 비교하면 17>14>9>8이므로 유연이가 가장 많이 잡았고 하율이가 가장 적게 잡았습니다.

따라서 가장 많이 잡은 사람과 가장 적게 잡은 사람의 잡은 게의 수의 차는 17-8=9(마리)입니다.

4 8+5=13, 13-9=4이므로 ㉠=4입니다.

5 • 오른쪽(→)으로 가면서 차가 1씩 커집니다.

• 아래쪽(↓)으로 가면서 차가 1씩 작아집니다.

• 빼지는 수와 빼는 수가 모두 1씩 커지면 차가 같습니다 등

서술형 가이드 표를 완성한 다음 표에서 알 수 있는 뺄셈의 특징 2가지를 바르게 써야 합니다.

채점 기준	표를 완성하고 표에서 알 수 있는 뺄셈의 특징 2가지를 씀.	상
	표를 완성하였으나 뺄셈의 특징을 찾지 못함.	중
	표를 완성하지 못해 뺄셈의 특징을 찾지 못함.	하

6 생각 열기 ㉠, ㉡, ㉢, ㉣의 계산 결과를 구합니다.

㉠ 15-8=7

㉡ 14-9=5

㉢ 11-7=4

㉣ 13-4=9

⇨ 진구의 휴대 전화 비밀번호는 **7549**입니다.

7 13-6=7이므로 14-㉠=7, 15-㉡=7입니다.

14-㉠=7 ⇨ ㉠=**7**

15-㉡=7 ⇨ ㉡=**8**

다른 풀이 차가 같은 뺄셈에서 빼지는 수가 1씩 커지면 빼는 수도 1씩 커집니다.

따라서 ㉠은 6보다 1만큼 더 큰 수인 7이고, ㉡은 7보다 1만큼 더 큰 수인 8입니다.

8 9+6=15, 7+7=14, 2+9=11, 6+7=13

9 해법 순서

① ㉠에 알맞은 수를 구합니다.

② ㉡에 알맞은 수를 구합니다.

③ ①과 ②에서 구한 두 수의 차를 구합니다.

• 5+7=12이므로 ㉠=12입니다.

• 16-8=8이므로 ㉡=8입니다.

⇨ ㉠-㉡=12-8=4

10 서술형 가이드 덧셈식과 뺄셈식의 계산 결과를 모두 쓰고 크기를 비교하는 과정이 있어야 합니다.

채점 기준	15-7과 6+8의 계산 결과 사이의 식을 모두 찾아 기호를 씀.	상
	덧셈식과 뺄셈식의 계산 결과는 모두 맞았으나 답이 틀림.	중
	덧셈식과 뺄셈식의 계산을 잘못한 것이 있음.	하

11 4+8=12 ⇨ ▲=12

▲-3=12-3=9 ⇨ ♥=9

♥+4=9+4=13 ⇨ ◆=13

12 생각 열기 8, 7, 4 중에서 두 수를 더하거나 뺀 다음 나머지 수를 더하거나 빼 보아서 3이 되는 방법을 찾습니다.

• 보기 •에서 가운데 수는 $7+4=11$, $11-8=3$ 이고 $6+5=11$, $11-4=7$이므로 아래 두 수를 더한 후 위의 수를 뺀 것입니다.

⇨ $5+6=11$, $11-9=2$이므로 빈 곳에 알맞은 수는 **2**입니다.

13 생각 열기 만들 수 있는 뺄셈식을 모두 알아봅니다.

$14-5=9$ (○), $14-6=8$ (○),

$14-7=7$ (×), $14-8=6$ (○),
└─ 7이 2번 나오므로 만들 수 없습니다.

$14-9=5$ (○)이므로 뺄셈식을 모두 **4개** 만들 수 있습니다.

주의 서로 다른 수 2개를 골라 뺄셈식을 만들어야 하므로 뺄셈식에 같은 수가 2번 나올 수 없습니다.

14 ●+●=14, $7+7=14$ ⇨ ●=7

★+★=18, $9+9=18$ ⇨ ★=9

따라서 ●+★=$7+9=16$입니다.

참고 ●<★이므로 ●+●<★+★입니다.
따라서 ●+●=14, ★+★=18입니다.

15 해법 순서

① 보람이가 딴 옥수수의 수를 구합니다.

② 민서와 보람이가 딴 옥수수의 수를 구합니다.

③ 하윤이가 딴 옥수수의 수를 구합니다.

서술형 가이드 보람이가 딴 옥수수의 수, 민서와 보람이가 딴 옥수수의 수, 하윤이가 딴 옥수수의 수를 구하는 과정이 있어야 합니다.

채점 기준		
덧셈식과 뺄셈식을 사용하여 풀이 과정을 쓰고 답을 구함.	상
덧셈식과 뺄셈식을 사용하여 풀이 과정을 썼으나 답이 틀림.	중
덧셈식과 뺄셈식을 사용한 풀이 과정을 쓰지 못해 답을 구하지 못함.	하

참고 10개씩 묶음 ■개와 낱개 ▲개인 수는 ■▲ 입니다.

16 해법 순서

① 현수가 뽑은 카드에 적힌 두 수의 차를 구합니다.

② 은채가 카드 2장을 뽑는 경우를 모두 알아봅니다.

③ ①에서 구한 수보다 은채가 뽑은 카드에 적힌 두 수의 차가 더 작은 경우를 구합니다.

(현수가 뽑은 카드의 두 수의 차)=$11-3=8$

은채가 카드 2장을 뽑는 경우는 (2, 4), (2, 12), (4, 12)가 있고 두 수의 차를 각각 구하면

$4-2=2$, $12-2=10$, $12-4=8$입니다.

⇨ 차가 8보다 작은 경우는 $4-2=2$이므로 은채가 이기려면 **2, 4**가 쓰인 카드를 뽑아야 합니다.

17 • 경준: 12점에서 3점을 빼고 5점을 더합니다.
$12-3=9$(점),
$9+5=14$(점)

• 민규: 12점에서 9점을 빼고 8점을 더합니다.
$12-9=3$(점),
$3+8=11$(점)

• 승희: 12점에서 6점을 빼고 7점을 더합니다.
$12-6=6$(점),
$6+7=13$(점)

따라서 $14>13>11$이므로 점수가 높은 사람부터 차례대로 쓰면 **경준, 승희, 민규**입니다.

18 해법 순서

① 어제 읽은 동화책의 쪽수를 구합니다.

② 오늘 아침과 낮에 읽은 동화책의 쪽수를 구합니다.

③ 오늘 저녁에 적어도 몇 쪽 읽어야 하는지 구합니다.

$6+3=9$(쪽), $9+6=15$(쪽)이므로

어제 읽은 동화책은 15쪽입니다.

(오늘 아침과 낮에 읽은 동화책의 쪽수)
=$7+3=10$(쪽)

따라서 오늘 저녁에 적어도 **6쪽**을 읽어야 합니다.

실력 평가　100~103쪽

1 (1) 11, 12, 13, 14
　(2) 15, 14, 13, 12

2 방법 1 예 $14-6=8$
　　　　　　　　4　2

　방법 2 예 $14-6=8$
　　　　　　　10　4

3 8

4 5

5 $7+4=11$; 11장

6 $<$

7 $8+4=12$; $4+8=12$

8 12, 3

9

	13−7	
14−6	14−7	14−8
15−6	15−7	15−8
	16−7	

10 $17-8=9$; 9개

11

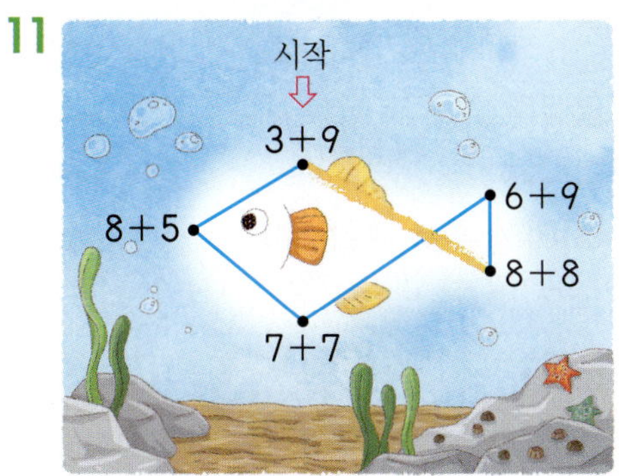

12 7개

13 13

14 (위에서부터) 16, 11, 15, 12

15 8

16 미라

17 예 15자루에서 연필 수를 빼면
　　$15-5=10$(자루)입니다.
　　10자루에서 색연필 수를 빼면
　　$10-3=7$(자루)입니다.
　　따라서 사인펜은 7자루입니다. ; 7자루

18 15명

19 9

20 민영, 1개

---

1 (1) 더하는 수가 1씩 커지면 합이 1씩 커집니다.
　(2) 더해지는 수가 1씩 작아지면 합이 1씩 작아
　　집니다.

2 방법 1 6을 4와 2로 가르기하여 14에서 4를 먼
　　저 빼고 남은 2를 빼면 8이 됩니다.
　방법 2 14를 10과 4로 가르기하여 10에서 6을
　　한 번에 뺀 다음 남은 4를 더하면 8이 됩
　　니다.
　참고 (십몇)−(몇)을 계산할 때에는 몇을 가르기를
　하거나 십몇을 가르기하여 계산할 수 있습니다.

3 $15-7=8$
　　　　　5　2

4 10개씩 묶음 1개와 낱개 3개이므로 모형이 나
　　타내는 수는 13입니다.
　　⇨ $13-8=5$
　　　　　　3　5

5 생각 열기 모두 몇 장인지 구하는 것이므로 덧셈식으
　　로 나타냅니다.
　　(어제 받은 칭찬 붙임딱지의 수)
　　＋(오늘 받은 칭찬 붙임딱지의 수)
　　＝$7+4=11$(장)
　　서술형 가이드 문제에 알맞은 덧셈식을 쓰고 답을 구
　　해야 합니다.

채점기준		
식을 쓰고 답을 바르게 구함.	상
식과 답 중 1가지만 바르게 씀.	중
식과 답을 모두 쓰지 못함.	하

6 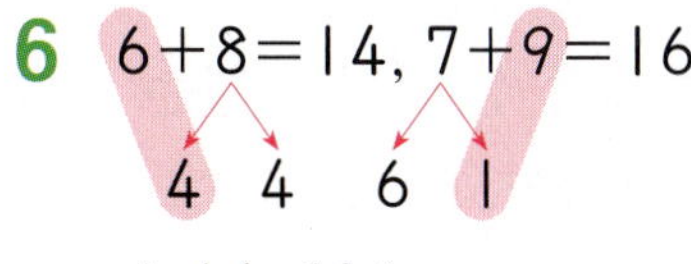 $6+8=14$, $7+9=16$
　　　　4　4　　6　1
　　⇨ $14<16$

7 작은 두 수를 더하여 가장 큰 수가 되도록 덧셈식을 2개 만듭니다.
따라서 가장 큰 수는 12이므로 덧셈식을
$8+4=12$, $4+8=12$로 만들 수 있습니다.

8 $5+7=12$, $12-9=3$
5 2   2 7

9 ↘ 방향으로 왼쪽 수(빼지는 수)와 오른쪽 수(빼는 수)가 모두 1씩 커지므로 차가 같습니다.

	$13-7=6$	
$14-6=8$	$14-7=7$	$14-8=6$
$15-6=9$	$15-7=8$	$15-8=7$
	$16-7=9$	

10 생각 열기 더 붙여야 하는 타일의 수를 구하는 것이므로 뺄셈식으로 나타냅니다.
(붙이려고 하는 타일 수)−(지금까지 붙인 타일 수)
$=17-8=9$(개)

서술형 가이드 문제에 알맞은 뺄셈식을 쓰고 답을 구해야 합니다.

채점기준		
식을 쓰고 답을 바르게 구함.	상
식과 답 중 1가지만 바르게 씀.	중
식과 답을 모두 쓰지 못함.	하

11 덧셈식을 계산한 후 합이 작은 것부터 차례대로 이어 봅니다.
$3+9=12$ ⇨ $8+5=13$ ⇨ $7+7=14$ ⇨
$6+9=15$ ⇨ $8+8=16$을 차례대로 잇습니다.

12 상자 안에 있는 구슬 수는 전체 구슬 수에서 상자 밖에 있는 구슬 수를 뺀 수입니다.
따라서 구슬 13개 중에서 상자 밖에 있는 구슬은 6개이므로 상자 안에 있는 구슬은
$13-6=7$(개)입니다.

13 해법 순서
① 가장 작은 수를 찾습니다.
② 가장 큰 수를 찾습니다.
③ ①과 ②에서 구한 두 수를 더합니다.
· 가장 작은 수: 4
· 가장 큰 수: 9
⇨ $4+9=13$
3 1

14 생각 열기 화살표의 방향에 따라 합을 구합니다.

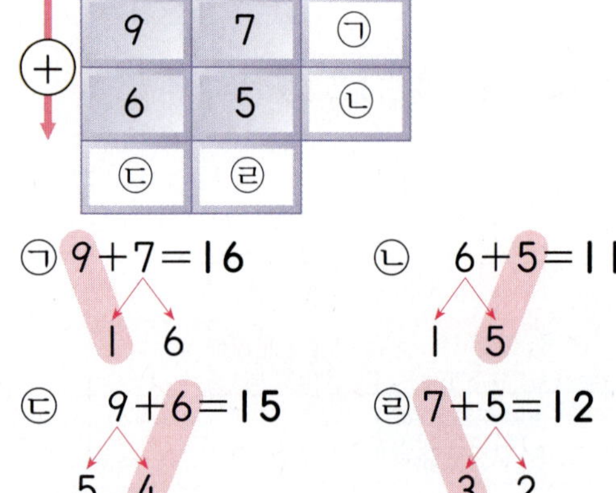

	$+$ →	
9	7	㉠
6	5	㉡
㉢	㉣	

㉠ $9+7=16$ ㉡ $6+5=11$
     1 6   1 5
㉢ $9+6=15$ ㉣ $7+5=12$
  5 4   3 2

15 해법 순서
① ㉮를 구합니다.
② ㉯를 구합니다.
③ ㉮와 ㉯ 사이의 수를 구합니다.
㉮ $12-5=7$
㉯ $15-6=9$
⇨ 7과 9 사이의 수는 8입니다.

참고 ■<▲일 때 ■와 ▲ 사이의 수는 ■보다 크고 ▲보다 작은 수입니다.

16 해법 순서
① 미라의 수 카드에 적힌 두 수의 합을 구합니다.
② 진호의 수 카드에 적힌 두 수의 합을 구합니다.
③ ①과 ②에서 구한 수의 크기를 비교하여 합이 더 큰 사람을 알아봅니다.
· 미라: $6+7=13$
· 진호: $9+3=12$
⇨ $13>12$이므로 이긴 사람은 **미라**입니다.

17 [서술형 가이드] |5자루에서 연필 5자루와 색연필 3자루를 차례대로 빼서 사인펜의 수를 구하는 풀이 과정이 있어야 합니다.

채점기준		
뺄셈식을 사용하여 풀이 과정을 쓰고 답을 구함.	상
뺄셈식을 사용하여 풀이 과정을 썼으나 답이 틀림.	중
뺄셈식을 사용한 풀이 과정을 쓰지 못해 답을 구하지 못함.	하

[다른 풀이] 세 수의 **뺄셈**으로 계산할 수 있습니다.
(사인펜의 수)
=(전체의 수)−(연필의 수)−(색연필의 수)
$=15-5-3=10-3=7$(자루)

[다른 풀이] (연필과 색연필의 수)$=5+3$
$=8$(자루)

⇨ (사인펜의 수)
 =(전체의 수)−(연필과 색연필의 수)
 $=15-8=7$(자루)

18 [해법 순서]
① 나 매표소에 서 있는 사람 수를 구합니다.
② 다 매표소에 서 있는 사람 수를 구합니다.
(나 매표소에 서 있는 사람 수)
$=11-5=6$(명)
⇨ (다 매표소에 서 있는 사람 수)
 $=6+9=15$(명)

19 [생각 열기] 먼저 ▲에 알맞은 수를 구합니다.
$6+▲=13 ⇨ ▲=7$
$16-▲=★, 16-7=★ ⇨ ★=9$

20 [해법 순서]
① 진희에게 남은 사탕의 수를 구합니다.
② 민영이에게 남은 사탕의 수를 구합니다.
③ ①과 ②에서 구한 두 수의 차를 구합니다.
• 진희: 7개씩 2봉지이면 $7+7=14$(개)이므로
 남은 사탕은 $14-9=5$(개)입니다.
• 민영: $16-7=9$(개), $9-3=6$(개)
⇨ 남은 사탕은 **민영**이가 $6-5=1$(개) 더 많습니다.

[주의] 진희는 한 봉지에 7개씩 들어 있는 사탕을 2봉지 샀으므로 진희가 먹기 전에 가지고 있던 사탕은 $7+7=14$(개)입니다.

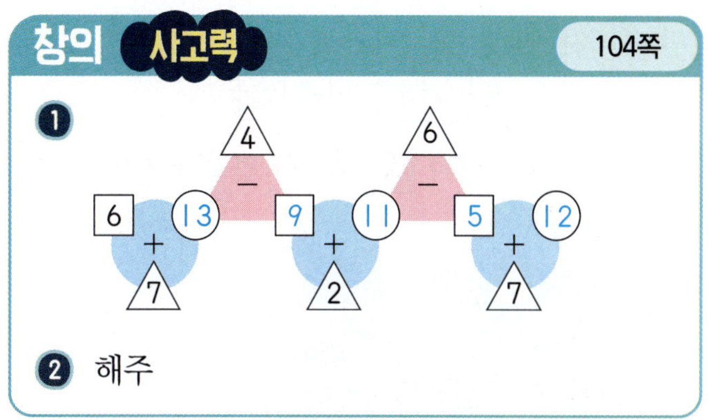

❶ [생각 열기] •**보기**•를 보고 규칙을 알아봅니다.
＋는 □와 △ 안의 수를 더해서 합을 ○ 안에 쓰고, ▲는 ○ 안의 수에서 △ 안의 수를 **뺀** 차를 □ 안에 쓰는 규칙입니다.

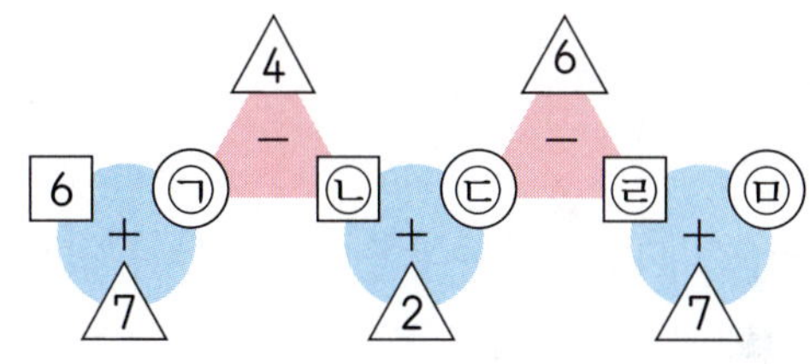

⇨ $6+7=㉠, ㉠=13,$
 $㉠-4=㉡, 13-4=㉡, ㉡=9,$
 $㉡+2=㉢, 9+2=㉢, ㉢=11,$
 $㉢-6=㉣, 11-6=㉣, ㉣=5,$
 $㉣+7=㉤, 5+7=㉤, ㉤=12$

❷ [생각 열기] 먼저 선생님께서 보여 주신 수 카드 2장의 차를 구합니다.
$15-7=8$이므로 놀이판에서 8이 있는 칸에 ○표 합니다.

해주:

7	9	②	④
③	5	8	9
7	5	④	2
3	⑥	8	6

진호:

②	8	④	6
③	⑨	⑤	2
7	5	3	8
④	9	7	6

⇨ 먼저 두 줄을 완성한 사람은 **해주**입니다.

5. 규칙 찾기

 **기본 유형 익히기** 108~111쪽

1-1 예 ★ △ ■ ♥ ★ △ ■ ♥ ★ △

1-2

1-3 예 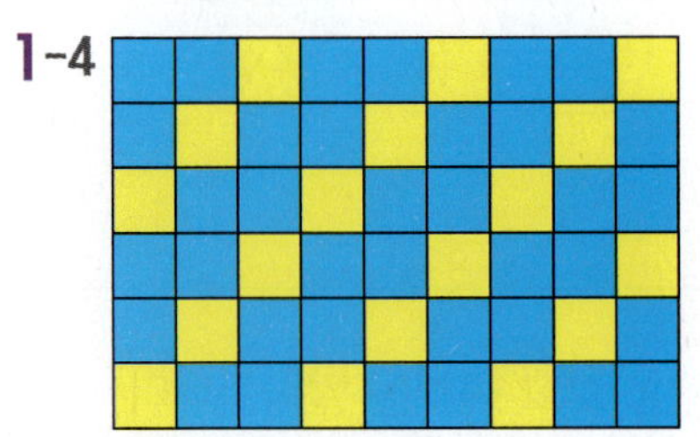 모양과 모양을 번갈아 가며 붙였습니다.

1-4

1-5 ⬆ ; 예 ⬆ 와 ⬇가 반복되는 규칙입니다.

1-6

2-1 6, 9

2-2 14

2-3 예 20부터 시작하여 5씩 커지는 규칙입니다.

2-4 (위에서부터) 54, 52, 50, 48

2-5 (위에서부터) 32, 33, 34, 35 ; 34, 36

2-6 (위에서부터) 82, 90, 79, 95

3-1 50, 60에 색칠

3-2 9씩

3-3 예 4부터 시작하여 4씩 커지는 규칙입니다.

3-4 14, 21, 23, 24, 25, 26, 27, 28

3-5 예 → 방향으로 1씩 커지고, ↓ 방향으로 10씩 커집니다.
따라서 43 − 53 − 63 − 73이므로
★에 알맞은 수는 73입니다. ; 73

4-1 예 초록불과 빨간불이 반복되는 규칙입니다.

4-2 ○ ✕ ○ ✕ ○ ✕

4-3 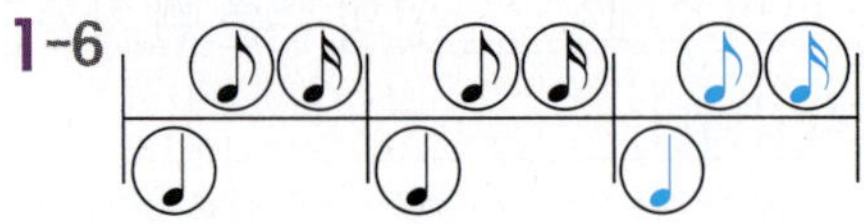

4-4 4, 2, 4

4-5 ✌에 ○표 ; 2

4-6 ⚅ , ⚁ ; 6, 4

1-1 생각 열기 처음 모양이 다시 나오는 곳 바로 앞까지 묶어 봅니다.

1-2 ◇ 모양과 ☆ 모양이 반복됩니다.

1-3 서술형 가이드 주어진 무늬에서 규칙을 찾을 수 있는지 확인합니다.

채점 기준		
규칙을 찾아 바르게 씀.	상
규칙을 찾아 썼으나 미흡함.	중
규칙을 찾지 못함.	하

1-4 • 첫째 줄, 넷째 줄: 파란색, 파란색, 노란색이 반복됩니다.
• 둘째 줄, 다섯째 줄: 파란색, 노란색, 파란색이 반복됩니다.
• 셋째 줄, 여섯째 줄: 노란색, 파란색, 파란색이 반복됩니다.

1-5 서술형 가이드 반복되는 부분을 찾아 규칙에 맞게 빈칸에 알맞은 모양을 그려 넣고 규칙을 써야 합니다.

채점 기준		
빈칸에 알맞은 모양을 그려 넣고 규칙을 씀.	상
빈칸에 알맞은 모양을 그려 넣었으나 규칙을 바르게 쓰지 못함.	중
빈칸에 알맞은 모양을 그리지 못하고 규칙도 쓰지 못함.	하

1-6 ♩, ♪, ♪가 반복되는 규칙입니다.

2-1 6과 9가 반복되는 규칙입니다.

2-2 2부터 시작하여 3씩 커지는 규칙입니다.

2-3 서술형 가이드 주어진 수 배열에서 규칙을 찾을 수 있는지 확인합니다.

채점 기준		
규칙을 찾아 바르게 씀.	상
규칙을 찾아 썼으나 미흡함.	중
규칙을 찾지 못함.	하

2-4 60부터 시작하여 2씩 작아지는 규칙입니다.

2-5 • 30부터 시작하여 1씩 커지는 수
⇨ 30, 31, 32, 33, 34, 35
• 30부터 시작하여 2씩 커지는 수
⇨ 30, 32, 34, 36

2-6 85 − 82 − 79, 85 − 90 − 95
　　3만큼　　3만큼　　　5만큼　　5만큼
　더 작은 수　더 작은 수　　더 큰 수　더 큰 수

3-1 10부터 시작하여 ↓ 방향으로 10씩 커지는 규칙이므로 40 다음은 50, 60에 색칠합니다.

3-2 7 − 16 − 25 − 34 − 43 − 52
　　9만큼　　9만큼　　9만큼　　9만큼　　9만큼
　더 큰 수　더 큰 수　더 큰 수　더 큰 수　더 큰 수
⇨ 9씩 커지는 규칙입니다.

3-3 [서술형 가이드] 주어진 수 배열표에서 규칙을 찾을 수 있는지 확인합니다.

채점기준		
규칙을 찾아 바르게 씀.	상
규칙을 찾아 썼으나 미흡함.	중
규칙을 찾지 못함.	하

3-4 → 방향으로 1씩 커지고, ↓ 방향으로 7씩 커지는 규칙입니다.

3-5 [서술형 가이드] 수 배열표의 규칙을 찾아 ★에 알맞은 수를 구하는 풀이 과정이 있어야 합니다.

채점기준		
규칙을 찾아 풀이 과정을 바르게 쓰고 답을 구함.	상
규칙을 찾아 풀이 과정을 썼으나 답을 구하지 못함.	중
규칙을 찾지 못해 답을 구하지 못함.	하

4-1 [서술형 가이드] 주어진 그림에서 규칙을 찾을 수 있는지 확인합니다.

채점기준		
규칙을 찾아 바르게 씀.	상
규칙을 찾아 썼으나 미흡함.	중
규칙을 찾지 못함.	하

4-3 🌹, 🌷, 🌼이 반복되는 규칙입니다.
🌹은 ◯, 🌷은 △, 🌼은 □로 나타냈습니다.

4-4 닭, 소가 반복되는 규칙입니다. 닭은 2, 소는 4로 나타냈습니다.

4-5 가위, 바위, 보가 반복되는 규칙이므로 ㉠에 들어갈 그림은 가위입니다.
가위는 2, 바위는 0, 보는 5로 나타냈으므로 빈칸에 알맞은 수는 **2**입니다.

4-6 주사위 눈의 수가 6개, 4개, 4개가 반복되는 규칙이고, 주사위 눈의 수가 6개인 것을 6, 4개인 것을 4로 나타냈습니다.

STEP 2 응용 유형 익히기　112~115쪽

1-1 (1) 예 🐻🐰🦁🐻🐰🦁🐻🐰□
　(2) 곰, 토끼, 사자　(3) 사자

1-2 ➡, ⬇

1-3 4

2-1 (1) 예 35부터 시작하여 7씩 커지는 규칙입니다.
　(2) 75

2-2 55

2-3 (위에서부터) 75, 90, 50, 80, 65, 95

3-1 (1) 주사위　(2) □, ◯　(3) ◯, □

3-2

☆	△	△	☆	△	△	☆	△	△
1	2	2	1	2	2	1	2	2
쿵	짝	짝	쿵	짝	짝	쿵	짝	짝

4-1 (1) 68, 74, 80, 86　(2) 6씩
　(3) 56, 62, 68

4-2 67, 74, 81, 88, 95

1-1 (3) 곰, 토끼, 사자가 반복되므로 토끼 다음에 들어갈 동물은 **사자**입니다.

1-2 ⬆, ➡, ⬇, ⬅가 반복되는 규칙입니다.
따라서 ⬆ 다음에는 ➡, ⬇입니다.

1-3 [해법 순서]
① 규칙을 알아봅니다.
② ㉠과 ㉡에 알맞은 수를 각각 구합니다.
③ ②에서 구한 두 수의 차를 구합니다.
3, 7, 2가 반복되는 규칙이므로 ㉠은 3, ㉡은 7입니다.
⇨ ㉡−㉠=7−3=4

2-1 (2) 40부터 시작하여 7씩 커지는 규칙으로 수를 씁니다.

| 40 | 47 | 54 | 61 | 68 | 75 |

⇨ ㉠에 알맞은 수는 **75**입니다.

2-2 [해법 순서]

① **보기**에 있는 수들의 규칙을 알아봅니다.

② ①에서 찾은 규칙으로 75부터 수를 씁니다.

③ ㉠에 알맞은 수를 구합니다.

80 − 76 − 72 − 68 − 64이므로

4만큼 4만큼 4만큼 4만큼
더 작은 수 더 작은 수 더 작은 수 더 작은 수

보기에 있는 수들은 4씩 작아지는 규칙입니다.

4씩 작아지는 규칙으로 수를 쓰면

| 75 | 71 | 67 | 63 | 59 | 55 |

이므로 ㉠에 알맞은 수는 **55**입니다.

2-3 [생각 열기] 화살표의 색깔에 따라 수가 변하는 규칙을 알아봅니다.

↙는 10씩 작아지고, ↘는 5씩 커지는 규칙입니다.

3-1 (1) 가는 주사위, 배구공, 주사위가 반복되는 규칙이므로 빈칸에 들어갈 물건은 **주사위**입니다.

(2) 주사위는 □, 배구공은 ○로 나타냈습니다.

(3) 나의 첫 번째 빈칸은 배구공이므로 ○, 두 번째 빈칸은 주사위이므로 □를 그립니다.

3-2 [해법 순서]

① **보기**의 규칙을 알아봅니다.

② 가, 나, 다는 규칙을 각각 어떤 방법으로 나타냈는지 알아봅니다.

③ 가, 나, 다의 빈칸을 채워 봅니다.

보기는 해, 비, 비 그림이 반복되는 규칙입니다.

• 가: 해는 ☆, 비는 △로 나타냈습니다.

• 나: 해는 1, 비는 2로 나타냈습니다.

• 다: 해는 '쿵', 비는 '짝'으로 나타냈습니다.

4-1 (2) 62 − 68 − 74 − 80 − 86

6만큼 6만큼 6만큼 6만큼
더 큰 수 더 큰 수 더 큰 수 더 큰 수

⇨ 6씩 커집니다.

(3) 50부터 6씩 커지는 규칙으로 수를 차례대로 3개 씁니다.

⇨ | 50 | 56 | 62 | 68 |

4-2 [해법 순서]

① 색칠한 수들을 알아봅니다.

② 색칠한 수들이 커지는 규칙을 알아봅니다.

③ ②에서 찾은 규칙으로 60부터 수를 씁니다.

52 − 59 − 66 − 73 − 80

7만큼 7만큼 7만큼 7만큼
더 큰 수 더 큰 수 더 큰 수 더 큰 수

⇨ 7씩 커지는 규칙입니다.

60부터 7씩 커지는 규칙으로 수를 차례대로 씁니다.

| 60 | 67 | 74 | 81 | 88 | 95 |

7만큼 7만큼 7만큼 7만큼 7만큼
더 큰 수 더 큰 수 더 큰 수 더 큰 수 더 큰 수

3 STEP 응용 유형 뛰어넘기　116~121쪽

1 장미

2 ④

3 45

4 예 한 팔 들기, 두 팔 들기가 반복되는 규칙입니다.

5 예 가위, 보, 보가 반복되는 규칙이므로 첫 번째 빈칸에는 보, 두 번째 빈칸에는 가위가 들어갑니다. 따라서 펼친 손가락 수는 보가 5개, 가위가 2개이므로 모두 5+2=7(개)입니다. ; 7개

6 미라

7 나

8 흰색

9 ⑩ 3, 0, 1, 4가 반복되는 규칙이므로 ㉠은
1, ㉡은 4입니다.
따라서 ㉠+㉡=1+4=5입니다. ; 5

10 9

11 8개

12 4

13 19

14 ⑩ 빨간색, 노란색, 초록색이 반복되는 규칙
입니다.
따라서 열셋째는 빨간색, 노란색, 초록색
이 4번 반복된 후 첫째이므로 빨간색을
칠해야 합니다. ; 빨간색

15 (○) (   ) (△)

16 1, 3 ; 2, 2

17 69, 78, 87, 96

18 45, 67, 78

1 장미, 백합, 장미, 튤립이 반복되는 규칙입니다.
따라서 빈칸에 알맞은 꽃은 장미, 백합, 장미, 튤
립 다음이므로 **장미**입니다.

2 캐스터네츠, 캐스터네츠, 북이 반복되는 규칙입
니다.
➡ ④ 캐스터네츠는 2, 북은 1로 나타냈습니다.

3 수가 1, 2, 3, 4……만큼 더 커지는 규칙입니다.
따라서 36에서 40으로 4만큼 더 커졌으므로
다음은 40보다 5만큼 더 큰 **45**입니다.

4 서술형 가이드 주어진 그림에서 규칙을 찾을 수 있는
지 확인합니다.

채점기준		
규칙을 찾아 바르게 씀.	상
규칙을 찾아 썼으나 미흡함.	중
규칙을 찾지 못함.	하

5 서술형 가이드 규칙을 찾아 빈칸에 들어갈 그림을 알
아보고 펼친 손가락 수가 모두 몇 개인지 구하는 풀
이 과정이 있어야 합니다.

채점기준		
규칙을 찾아 빈칸에 들어갈 그림을 알고 답을 구함.	상
규칙을 찾아 빈칸에 들어갈 그림을 알았으나 답을 구하지 못함.	중
규칙을 찾지 못해 답을 구하지 못함.	하

6 • 첫째 줄: ○, ○, ▢가 반복되는 규칙이므로
㉠에는 ○가 들어갑니다.
• 둘째 줄: △, ▢, ○가 반복되는 규칙이므로
㉡에는 ▢가 들어갑니다.
➡ ㉠과 ㉡에 들어갈 모양은 다르므로 바르게 말
한 사람은 **미라**입니다.

7 ●▲●▲▲가 반복되는 규칙이므로 엄지손가락
을 올리기, 내리기, 올리기, 내리기, 내리기가 반
복되어야 합니다.
따라서 빈칸에는 엄지손가락 내리기로 나타내야
합니다.

8 ● ○이 반복되는 규칙입니다.
열여섯째까지 ● ○이 8번 반복되므로 열여섯
째에는 ○이 놓입니다.
따라서 열여섯째에 놓이는 바둑돌은 **흰색**입니다.

9 서술형 가이드 규칙을 찾아 ㉠과 ㉡에 알맞은 수를 각
각 구한 후 합을 구하는 풀이 과정이 있어야 합니다.

채점기준		
규칙을 찾아 ㉠과 ㉡에 알맞은 수를 구하고 답을 구함.	상
규칙을 찾아 ㉠과 ㉡에 알맞은 수를 구했으나 답을 구하지 못함.	중
규칙을 찾지 못해 답을 구하지 못함.	하

10 1, 1, 3, 4가 반복되는 규칙입니다.
➡ 1+1+3+4=9

11 생각 열기 규칙을 찾아보고 빈칸에 알맞은 모양을 그
려 넣은 후 ★ 모양의 개수를 셉니다.

주황색으로 칠한 곳에 ♥ 모양이 들어가고, 초록색
으로 칠한 곳에 ★ 모양이 들어가는 규칙입니다.
㉠은 ♥ 모양, ㉡은 ★ 모양, ㉢은 ♥ 모양입니다.
따라서 무늬에 있는 ★ 모양을 모두 세어 보면
8개입니다.

12 쿵, 짝, 쿵이 반복되는 규칙입니다.

쿵은 1, 짝은 2로 나타냈으므로 ㉠=1, ㉡=2, ㉢=1입니다.

따라서 ㉠+㉡+㉢=1+2+1=4입니다.

13 •보기•의 수 배열은 오른쪽으로 갈수록 5씩 작아지는 규칙입니다.

29부터 시작하여 5씩 작아지는 수를 쓰면 29, 24, 19……입니다.

따라서 세 번째에 놓이는 수는 19입니다.

14 [생각 열기] 규칙을 찾아 반복되는 모양을 열셋째 모양까지 나열해 봅니다.

첫째

열셋째

[서술형 가이드] 색깔이 반복되는 규칙을 찾고 그 규칙에 따라 열셋째 모양의 색깔을 알아보는 풀이 과정이 있어야 합니다.

채점기준		
규칙을 찾아 풀이 과정을 쓰고 답을 구함.	상
규칙을 찾아 풀이 과정을 썼으나 답을 잘못 구함.	중
규칙을 찾지 못해 답을 구하지 못함.	하

15 [해법 순서]

① 규칙에 따라 빈칸을 채워 무늬를 완성합니다.

② 완성된 무늬에 있는 각 모양의 수를 세어 봅니다.

③ 가장 많은 모양과 가장 적은 모양을 알아봅니다.

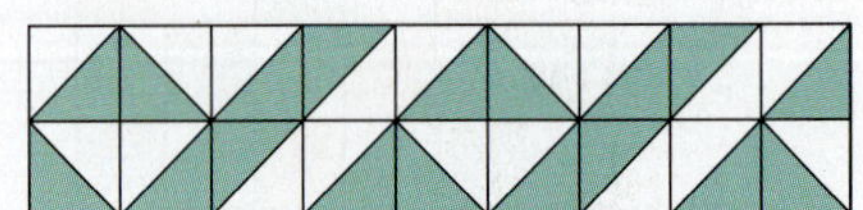

◸, ◹, ◺, ◿ 이 반복되는 규칙이므로

빈칸에는 차례대로 ◸, ◹, ◺ 이 들어갑니다.

➡ ◸: 9개, ◹: 5개, ◺: 4개

따라서 가장 많은 모양은 ◸, 가장 적은 모양은 ◺입니다.

16

• 1, 2, 3, 4
 : ↙ 방향으로 1씩 커집니다.

• 1, 4, 7, 10
 : ↘ 방향으로 3씩 커집니다.

• 3, 5, 7: → 방향으로 2씩 커집니다.

• 10, 8, 6, 4: ← 방향으로 2씩 작아집니다.

17 [해법 순서]

① 수 배열표의 빈칸을 채워 색칠한 곳에 들어갈 수들을 알아봅니다.

② ①에서 구한 수들의 규칙을 알아봅니다.

③ 규칙에 따라 60부터 시작하여 수를 차례대로 씁니다.

수 배열표의 빈칸을 채워 봅니다.

31	32	33	34	35	36	37
39		41	42	43	44	45
			51	52	53	

색칠한 곳에 들어갈 수는 34, 43, 52입니다.

34 － 43 － 52 ⇨ 9씩 커지는 규칙입니다.

9만큼   9만큼
더 큰 수 더 큰 수

60부터 시작하여 9씩 커지는 수를 씁니다.

60 — 69 — 78 — 87 — 96

9만큼 9만큼 9만큼 9만큼
더 큰 수 더 큰 수 더 큰 수 더 큰 수

18 [해법 순서]

① 34에서 56으로 얼마가 커졌는지 알아봅니다.

② 뛰어 세는 규칙을 알아봅니다.

③ 규칙에 따라 34부터 뛰어 세어 봅니다.

34에서 2번 뛰어 센 수가 56이므로 2번 뛰어 세면 22가 커집니다. 따라서 1번 뛰어 셀 때마다 11씩 커지는 규칙입니다.

⇨ 

34 — 45 — 56 — 67 — 78 — 89

11만큼 11만큼 11만큼 11만큼 11만큼
더 큰 수 더 큰 수 더 큰 수 더 큰 수 더 큰 수

실력 평가 122~125쪽

1 잠자리

2 

3 ▶◀

4 파란색

5 37

6 ♩., ♪ ; 〈예〉 ♩., ♪, ♩이 반복되는 규칙입니다.

7 3, 2, 1, 3, 2

8 ②, ⑤

9 □△△□△△□△△

10 〈예〉 백합은 4, 해바라기는 3으로 나타냈으므로 ㉠과 ㉡에 알맞은 수는 각각 4, 3입니다. 따라서 ㉠+㉡=4+3=7입니다. ; 7

11 〈예〉 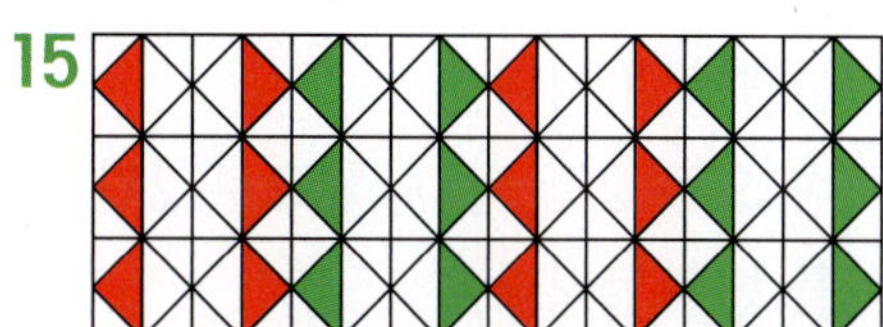

12 72, 78, 84, 90

13 〈예〉 머리빗, 머리빗, 거울이 반복되는 규칙입니다. 거울이 놓인 다음에는 머리빗이 놓이므로 빈칸에 놓이는 물건은 머리빗입니다. ; 머리빗

14 ➡

15 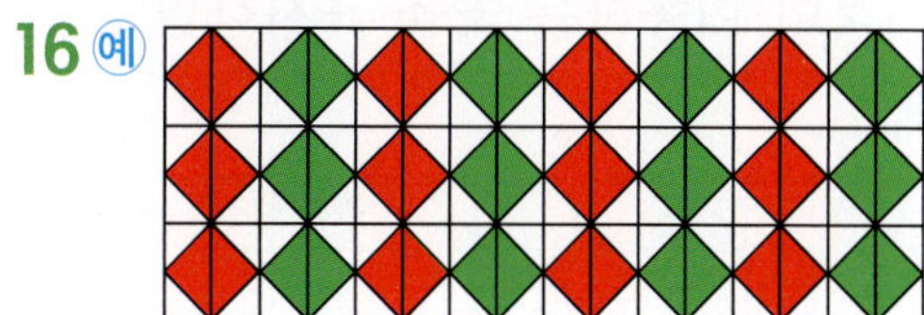

16 〈예〉

17 5 ; 7

18 글러브

19 〈예〉 56부터 시작하여 5씩 커지는 규칙입니다.

20 〈예〉 색칠한 수들은 5씩 커지는 규칙이므로 80부터 5씩 커지는 규칙으로 수를 씁니다. 따라서 80 − 85 − 90 − 95이므로 ㉠에 알맞은 수는 95입니다. ; 95

---

1 잠자리, 잠자리, 나비가 반복되는 규칙이므로 빈칸에 알맞은 곤충은 **잠자리**입니다.

3 반복되는 부분을 묶으면 ▶◀ ✕ ▶◀ ▶◀ ✕ ▶◀ □ ✕ 이므로 빈칸에는 ▶◀ 을 그립니다.

4 빨간색, 노란색, 파란색, 파란색 구슬이 반복되는 규칙이므로 빈칸에 알맞은 구슬의 색깔은 **파란색**입니다.

5 오른쪽으로 1씩 커지는 규칙입니다.
13 아래에 20이 있으므로 아래쪽으로 7씩 커지는 규칙입니다.
➡ 29 오른쪽에는 30, 그 아래쪽에는 37이 들어가므로 ▲에 알맞은 수는 **37**입니다.

참고	12	13	14	15	16	17	18
	19	20	21	22	23	24	25
	26	27	28	29	30	31	32
	33	34	35	36	▲	38	39

6 〈서술형 가이드〉 반복되는 부분을 찾아 규칙에 맞게 빈칸에 알맞은 음표를 그려 넣고 규칙을 써야 합니다.

채점기준	빈칸에 알맞은 음표를 그려 넣고 규칙을 씀.	상
	빈칸에 알맞은 음표를 그려 넣었으나 규칙을 바르게 쓰지 못함.	중
	빈칸에 알맞은 음표를 그리지 못하고 규칙도 쓰지 못함.	하

7 ⠿, ⠿, • 이 반복되는 규칙이고, ⠿은 3, ⠿은 2, •은 1로 나타냅니다.

8 ♡ ♤ ◇ ♡ ♤ ◇ ♡ ♤ ◇
｜ ｜ ｜ ｜ ｜
① ② ③ ④ ⑤

9 백합, 해바라기, 해바라기가 반복되는 규칙입니다. 백합은 □, 해바라기는 △로 나타냈습니다.

10 〈서술형 가이드〉 규칙을 찾아 ㉠과 ㉡에 알맞은 수를 각각 구한 후 합을 구하는 풀이 과정이 있어야 합니다.

채점기준	규칙을 찾아 ㉠과 ㉡에 알맞은 수를 구하고 답을 구함.	상
	규칙을 찾아 ㉠과 ㉡에 알맞은 수를 구했으나 답을 구하지 못함.	중
	규칙을 찾지 못해 답을 구하지 못함.	하

11 2 4 2 3 2 4 3이 반복되는 규칙입니다.

주의 맨 처음 수 2가 셋째 또는 다섯째에 나오지만 2 다음 수가 반복되는지 알아보아야 합니다.

12 **생각 열기** 수가 얼마씩 커지는지 알아봅니다.
54부터 시작하여 → 방향으로 6씩 커지는 규칙입니다.
⇨ 54 − 60 − 66 − 72 − 78 − 84 − 90

13 **서술형 가이드** 규칙을 찾아 빈칸에 놓이는 물건이 무엇인지 구하는 풀이 과정이 있어야 합니다.

채점기준		
규칙을 찾아 빈칸에 알맞은 물건을 구함.	상
규칙을 찾았으나 빈칸에 알맞은 물건을 잘못 구함.	중
규칙을 찾지 못해 답을 구하지 못함.	하

14 ➡, ➡, ⬅, ⬅가 반복되는 규칙입니다.
따라서 빈칸에 알맞은 모양은 ➡입니다.

15 ◨◪◨◪이 반복되는 규칙입니다.

17 ↑ 방향으로 1씩 커지는 규칙이므로 ㉠은 5, ㉡은 7입니다.

18 **생각 열기** 물건이 반복되는 규칙을 알아봅니다.
야구공, 글러브, 야구방망이, 야구방망이가 반복되는 규칙입니다.
⇨ 열넷째에 놓을 물건은 둘째와 같은 **글러브**입니다.

19 56 − 61 − 66 − 71
5만큼   5만큼   5만큼
더 큰 수 더 큰 수 더 큰 수
⇨ 5씩 커지는 규칙입니다.

서술형 가이드 주어진 수 배열표에서 색칠한 수들의 규칙을 찾을 수 있는지 확인합니다.

채점기준		
규칙을 찾아 바르게 씀.	상
규칙을 찾아 썼으나 미흡함.	중
규칙을 찾지 못함.	하

20 **서술형 가이드** 규칙을 알고 그 규칙에 따라 ㉠에 알맞은 수를 구하는 풀이 과정이 있어야 합니다.

채점기준		
규칙에 따라 풀이 과정을 쓰고 답을 구함.	상
규칙에 따라 풀이 과정을 썼으나 답을 구하지 못함.	중
규칙을 몰라 답을 구하지 못함.	하

❶ 옷, 벽지, 이불에서 규칙적인 무늬를 찾을 수 있습니다.

❷ • 토끼: → 방향으로 3칸, ↑ 방향으로 1칸 이동하기를 반복합니다.
• 거북: ← 방향으로 2칸, ↓ 방향으로 2칸 이동하기를 반복합니다.

토끼와 거북이 이동하는 곳을 표시하면 다음과 같습니다.

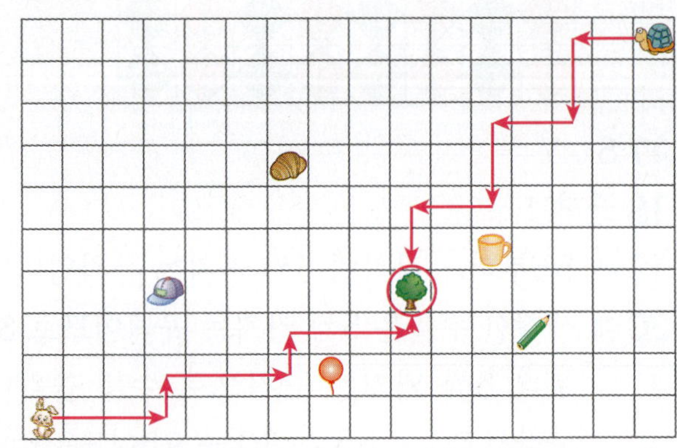

⇨ 토끼와 거북이 만나는 곳에 있는 것은 **나무**입니다.

6. 덧셈과 뺄셈 (3)

1 STEP 기본 유형 익히기　130~133쪽

1-1 57

1-2 (○) (　　)

1-3 46

1-4 65

1-5 예 (인호가 가진 구슬의 수)
=50+8=58(개)
따라서 58>55이므로 인호가 구슬을
더 많이 가지고 있습니다. ; 인호

2-1 •——•
　　•——•

2-2 25 ; 5 ;
$$\begin{array}{r} 1\ 3 \\ +\ 2\ 5 \\ \hline 3\ 8 \end{array}$$

2-3 74, 86

2-4 ⑴ 98　⑵ 96

2-5 홍수

2-6 대, 한, 민, 국

2-7 예 밤은 10개씩 묶음 4개와 낱개 5개이므
로 45개입니다.
땅콩은 50개보다 2개 더 많으므로
50+2=52(개)입니다.
따라서 밤과 땅콩은 모두
45+52=97(개)입니다. ; 97개

3-1 53

3-2 (위에서부터) 86, 72, 51

3-3 >

3-4 48-7=41 ; 41마리

4-1 (　　) (○)

4-2 7 8 - 4 3
　　　75
　　　35

4-3 ㉢

4-4 36

4-5 40장

4-6 (위에서부터) 46, 77, 31

4-7 43마리

4-8 32, 20, 12 또는 47, 20, 27
또는 47, 32, 15

4-9 (순서에 관계없이) 75, 43

4-10 같습니다.

4-11 33

1-1 낱개끼리 더하고, 10개씩 묶음은 그대로 씁니다.
$$\begin{array}{r} 5\ 0 \\ +\ \ \ 7 \\ \hline 5\ 7 \end{array}$$
참고 ■0+▲=■▲입니다.

1-2
$$\begin{array}{r} 3\ 4 \\ +\ \ 4 \\ \hline 3\ 8 \end{array} \quad \begin{array}{r} 6 \\ +3\ 1 \\ \hline 3\ 7 \end{array}$$
⇨ 38>37

1-3 • 지후: 40
• 정아: 5보다 1만큼 더 큰 수는 6입니다.
⇨ 40+6=46
참고 수를 순서대로 썼을 때 ●보다 1만큼 더
큰 수는 ● 바로 뒤의 수입니다.
예
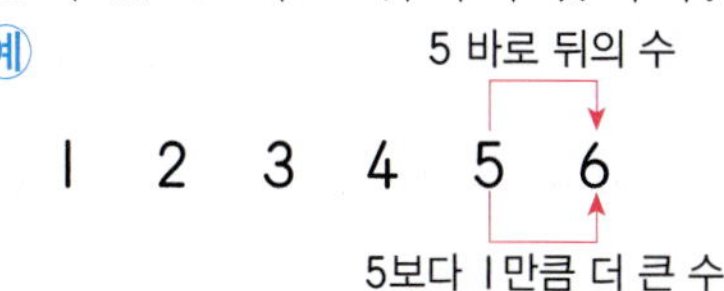

1-4 생각 열기 수의 크기를 비교하여 가장 큰 수와 가
장 작은 수를 찾습니다.
63>52>5>2이므로 가장 큰 수는 63, 가
장 작은 수는 2입니다. ⇨ 63+2=65

1-5 서술형 가이드 인호가 가진 구슬의 수를 구하는 덧
셈식과 인호와 진우의 구슬 수를 비교하는 풀이 과
정이 있어야 합니다.

채점기준		
	인호의 구슬 수를 구하고 두 사람의 구슬 수를 비교하여 답을 구함.	상
	인호의 구슬 수는 구했으나 두 사람의 구슬 수를 잘못 비교하여 답을 구하지 못함.	중
	인호의 구슬 수를 구하지 못해 답을 구하지 못함.	하

2-1 20+20=40, 10+30=40
50+30=80, 40+40=80

2-2 방법1 13+25
35
38

방법2 13+25
33
38

2-3 생각 열기 앞에서부터 차례대로 계산합니다.

$$\begin{array}{r}50\\+24\\\hline74\end{array},\quad\begin{array}{r}74\\+12\\\hline86\end{array}$$

2-4 생각 열기 같은 모양끼리 모아 봅니다.

해법 순서

① ▱ 모양과 ▯ 모양끼리 각각 모아 봅니다.

② ▱ 모양에 적힌 두 수의 합을 구합니다.

③ ▯ 모양에 적힌 두 수의 합을 구합니다.

(1) ▱ 모양에 적힌 수의 합:
72+26=98

(2) ▯ 모양에 적힌 수의 합:
65+31=96

2-5 생각 열기 지민이와 흥수가 뽑은 두 카드의 수의 합을 각각 구합니다.

지민: $\begin{array}{r}21\\+57\\\hline78\end{array}$, 흥수: $\begin{array}{r}35\\+53\\\hline88\end{array}$

2-6 해법 순서

① 합을 구합니다.

② 크기를 비교합니다.

③ 합이 큰 것부터 순서대로 글자를 씁니다.

국: $\begin{array}{r}20\\+30\\\hline50\end{array}$, 민: $\begin{array}{r}22\\+40\\\hline62\end{array}$, 한: $\begin{array}{r}43\\+25\\\hline68\end{array}$, 대: $\begin{array}{r}37\\+41\\\hline78\end{array}$

⇨ 78>68>62>50이므로 합이 큰 순서대로 글자를 쓰면 **대, 한, 민, 국**입니다.

2-7 서술형 가이드 밤과 땅콩의 수를 각각 구한 후 덧셈식으로 합을 구하는 풀이 과정이 있어야 합니다.

채점 기준		
밤과 땅콩의 수를 구한 후 두 수의 합을 구함.		상
밤과 땅콩의 수는 구했으나 합을 구하지 못함.		중
밤과 땅콩의 수를 구하지 못해 합을 구하지 못함.		하

참고 · 10개씩 묶음 ■개와 낱개 ▲개는 ■▲ 입니다.

· ★0개보다 낱개 ♥개 더 많으면 ★♥입니다.

3-1 낱개끼리 빼고, 10개씩 묶음은 그대로 씁니다.

$$\begin{array}{r}5\,6\\-\ \ 3\\\hline5\,3\end{array}$$

3-2 $\begin{array}{r}76\\-\ 4\\\hline72\end{array}$, $\begin{array}{r}89\\-\ 3\\\hline86\end{array}$, $\begin{array}{r}57\\-\ 6\\\hline51\end{array}$

3-3 $\begin{array}{r}88\\-\ 5\\\hline83\end{array}$, $\begin{array}{r}52\\+30\\\hline82\end{array}$

⇨ 83>82

3-4 $\begin{array}{r}48\\-\ 7\\\hline41\end{array}$

서술형 가이드 문제에 알맞은 뺄셈식을 쓰고 답을 구해야 합니다.

채점 기준		
식을 쓰고 답을 바르게 구함.		상
식과 답 중 1가지만 바르게 씀.		중
식과 답을 모두 쓰지 못함.		하

주의 몇 마리 더 많은지 구하는 것이므로 덧셈식이 아니라 뺄셈식으로 구합니다.

4-1 $\begin{array}{r}70\\-30\\\hline40\end{array}$

주의 10개씩 묶음끼리 빼서 10개씩 묶음의 자리에 쓰고 낱개는 0이므로 0을 그대로 씁니다.

4-2 생각 열기 •보기•는 어떤 방법으로 계산했는지 알아봅니다.

•보기•의 방법은 21을 10개씩 묶음과 낱개로 나누어 56에서 1을 뺀 후 20을 빼는 것입니다.

따라서 78−43은 78에서 3을 뺀 후 40을 뺍니다.

⇨ 78−3=75, 75−40=35

4-3 ㉠ $\begin{array}{r} 30 \\ +20 \\ \hline 50 \end{array}$ ㉡ $\begin{array}{r} 70 \\ -20 \\ \hline 50 \end{array}$ ㉢ $\begin{array}{r} 80 \\ -50 \\ \hline 30 \end{array}$ ㉣ $\begin{array}{r} 95 \\ -45 \\ \hline 50 \end{array}$

⇨ 계산 결과가 다른 하나는 ㉢입니다.

4-4 56>53>47>20이므로 가장 큰 수는 56, 가장 작은 수는 20입니다.

⇨ $\begin{array}{r} 56 \\ -20 \\ \hline 36 \end{array}$

참고 •두 수의 크기 비교
① 10개씩 묶음의 수가 클수록 더 큰 수입니다.
② 10개씩 묶음의 수가 같으면 낱개의 수가 클수록 더 큰 수입니다.

4-5 64−24=40(장)

참고 사용하고 남은 색종이의 수를 구하는 것이므로 뺄셈식으로 구합니다.

4-6 해법 순서
① 49와 3의 차를 구합니다.
② 78과 1의 차를 구합니다.
③ ①과 ②에서 구한 두 수의 차를 구합니다.

$\begin{array}{r} 49 \\ -\ 3 \\ \hline 46 \end{array}$, $\begin{array}{r} 78 \\ -\ 1 \\ \hline 77 \end{array}$, $\begin{array}{r} 77 \\ -46 \\ \hline 31 \end{array}$

4-7 생각 열기 동굴 안에 있던 박쥐의 수에서 동굴 밖으로 날아간 박쥐의 수를 뺍니다.

63−20=43(마리)

4-8 생각 열기 뺄셈식을 만들 때에는 큰 수에서 작은 수를 뺍니다.

20 , 32 ⇨ 32−20=12
20 , 47 ⇨ 47−20=27
32 , 47 ⇨ 47−32=15

4-9 생각 열기 먼저 낱개의 차가 2인 두 수끼리 짝 지어 봅니다.

낱개의 차가 2인 두 수끼리 짝 지으면 54와 12, 75와 43입니다.

$\begin{array}{r} 54 \\ -12 \\ \hline 42 \end{array}$, $\begin{array}{r} 75 \\ -43 \\ \hline 32 \end{array}$

⇨ 차가 32인 두 수는 **75**, **43**입니다.

4-10 해법 순서
① 현주네 반에 남은 우유의 수를 구합니다.
② 진효네 반에 남은 우유의 수를 구합니다.
③ ①과 ②에서 구한 우유의 수를 비교합니다.

(현주네 반에 남은 우유의 수)
=33−21=12(개)
(진효네 반에 남은 우유의 수)
=36−24=12(개)
⇨ 두 반에 남은 우유의 수는 **같습니다.**

다른 풀이
+3 (33 − 21)
   (36 − 24) +3

⇨ 빼지는 수와 빼는 수가 모두 3씩 커지므로 차는 같습니다.

4-11 해법 순서
① ♣에 알맞은 수를 구합니다.
② ▲에 알맞은 수를 구합니다.

71+16=87이므로 ♣=87입니다.
♣−54=▲에서 87−54=33이므로
▲=33입니다.

2 STEP 응용 유형 익히기 134~141쪽

1-1 (1) 26, 27, 28 (2) ㉢, ㉡, ㉠
1-2 1, 3, 2
1-3 진아, 경주, 형준, 민성
2-1 (1) 10장 (2) 40장 (3) 50장
2-2 80개   **2-3** 70마리
3-1 (1) 8 (2) 3
3-2 4, 7   **3-3** 6, 5
4-1 (1) 45명 (2) 44명 (3) 89명
4-2 79장   **4-3** 79송이
5-1 (1) 73 (2) 73 (3) 74
5-2 51   **5-3** 5개
6-1 (1) 36 (2) 11 (3) 47
6-2 54   **6-3** 31
7-1 (1) 44개 (2) 46개 (3) 영수, 2개
7-2 닭, 1마리   **7-3** 진서, 3장
8-1 (1) 54 (2) 23 (3) 77
8-2 42   **8-3** 98, 52

1-1 (1) ㉠
$$\begin{array}{r} 23 \\ +\ 3 \\ \hline 26 \end{array}$$
㉡
$$\begin{array}{r} 29 \\ -\ 2 \\ \hline 27 \end{array}$$
㉢
$$\begin{array}{r} 22 \\ +\ 6 \\ \hline 28 \end{array}$$

(2) $28 > 27 > 26$이므로 계산 결과가 큰 것부터 차례대로 기호를 쓰면 ㉢, ㉡, ㉠입니다.

1-2 $35-4=31$, $31+3=34$, $38-5=33$
⇨ $31 < 33 < 34$이므로 $\boxed{35-4}$에 1, $\boxed{38-5}$에 2, $\boxed{31+3}$에 3을 씁니다.

1-3 생각 열기 4명이 말한 식의 계산 결과를 먼저 구합니다.
진아: $82+6=88$, 경주: $87-1=86$,
민성: $80+3=83$, 형준: $89-4=85$
⇨ $88 > 86 > 85 > 83$이므로 계산 결과가 큰 사람부터 차례대로 쓰면 **진아, 경주, 형준, 민성**입니다.

2-1 (2) (성호가 가지고 있는 딱지의 수)
　＝(유진이가 가지고 있는 딱지의 수)＋30
　＝$10+30=40$(장)

참고 성호가 유진이보다 딱지를 30장 더 많이 가지고 있으므로 성호의 딱지 수는 유진이의 딱지 수에 30장을 더해야 합니다.

(3) (유진이와 성호가 가지고 있는 딱지의 수)
　＝$10+40=50$(장)

2-2 생각 열기 성희가 딴 딸기의 수를 이용하여 진수가 딴 딸기의 수를 구합니다.
(진수가 딴 딸기의 수)
＝(성희가 딴 딸기의 수)－20
＝$50-20=30$(개)
⇨ (성희와 진수가 딴 딸기의 수)
　＝$50+30=80$(개)

참고 진수는 성희보다 딸기를 20개 더 적게 땄으므로 진수가 딴 딸기의 수는 성희가 딴 딸기의 수에서 20개를 빼야 합니다.

2-3 생각 열기 꽁치의 수를 먼저 구하고 갈치의 수를 구합니다.
(꽁치의 수)＝$30+20=50$(마리)
(갈치의 수)＝$50-10=40$(마리)
⇨ (고등어 수와 갈치 수의 합)
　＝$30+40=70$(마리)

3-1 (1) ㉠$-3=5$에서 ㉠은 5보다 3만큼 더 큰 수이므로 ㉠$=5+3=8$입니다.
(2) $5-2=$㉡, ㉡$=3$

참고 ・■보다 ▲만큼 더 큰 수 ⇨ ■＋▲
・■보다 ▲만큼 더 작은 수 ⇨ ■－▲

3-2 ・$1+6=$㉡, ㉡$=7$
・㉠$+5=9$에서 ㉠은 9보다 5만큼 더 작은 수이므로 ㉠$=9-5=4$입니다.

참고 세로로 써서 ㉠과 ㉡을 구하면 편리합니다.
$$\begin{array}{r} ㉠\ 1 \\ +\ 5\ 6 \\ \hline 9\ ㉡ \end{array}$$
・$1+6=$㉡, ㉡$=7$
・㉠$+5=9$, ㉠$=4$

3-3 생각 열기 ㉠을 먼저 구한 후 ㉡을 구합니다.
- 8−2=㉠이므로 ㉠=**6**입니다.
- ㉠−1=㉡이고 6−1=5이므로 ㉡=**5**입니다.

참고

$$\begin{array}{r} ㉠\ 8 \\ -\ 1\ 2 \\ \hline ㉡\ ㉠ \end{array}$$
- 8−2=㉠, ㉠=6
- ㉠−1=㉡, 6−1=5, ㉡=5

4-1 (1) 명희네 마을 남학생과 여학생 수를 더합니다.
⇨ 22+23=**45(명)**
(2) 진수네 마을 남학생과 여학생 수를 더합니다.
⇨ 23+21=**44(명)**
(3) 명희네 마을과 진수네 마을 학생 수를 더합니다.
⇨ 45+44=**89(명)**

4-2 해법 순서
① 은지가 가지고 있는 색종이의 수를 구합니다.
② 현우가 가지고 있는 색종이의 수를 구합니다.
③ ①과 ②에서 구한 두 수의 합을 구합니다.
(은지가 가지고 있는 색종이의 수)
=12+21=**33(장)**
(현우가 가지고 있는 색종이의 수)
=14+32=**46(장)**
⇨ (은지와 현우가 가지고 있는 색종이의 수)
=33+46=**79(장)**

4-3 생각 열기 색깔에 상관없이 장미와 튤립을 나누어 각각의 수를 구합니다.
(장미의 수)=27+20=**47(송이)**
(튤립의 수)=15+34=**49(송이)**
⇨ 47<49이므로 더 많은 꽃은 튤립입니다.
따라서 백합은 49+30=**79(송이)**입니다.

5-1 (1)
$$\begin{array}{r} 78 \\ -\ 5 \\ \hline 73 \end{array}$$
(2) 78−5<□, 73<□이므로 □ 안에 들어갈 수 있는 수는 **73보다 큰 수**입니다.

(3) 73보다 큰 수 중 가장 작은 수는 74이므로 □ 안에 들어갈 수 있는 수 중에서 가장 작은 수는 **74**입니다.

5-2 해법 순서
① 56−4를 계산합니다.
② □ 안에 들어갈 수 있는 수의 범위를 알아봅니다.
③ □ 안에 들어갈 수 있는 수 중에서 가장 큰 수를 구합니다.
56−4=52
⇨ □<52이므로 □ 안에는 52보다 작은 수가 들어갈 수 있습니다.
따라서 52보다 작은 수 중에서 가장 큰 수는 **51**입니다.

주의 >, <의 방향을 잘 보고 크기를 비교합니다.

5-3 해법 순서
① □<86−5에서 □ 안에 들어갈 수 있는 수를 알아봅니다.
② □>79−4에서 □ 안에 들어갈 수 있는 수를 알아봅니다.
③ ①과 ②에서 공통인 수는 모두 몇 개인지 구합니다.
- 86−5=81, □<81이므로 □ 안에 들어갈 수 있는 수는 81보다 작은 수입니다.
→ 80, 79, 78, 77, 76, 75……
- 79−4=75, □>75이므로 □ 안에 들어갈 수 있는 수는 75보다 큰 수입니다.
→ 76, 77, 78, 79, 80, 81……
⇨ □ 안에 공통으로 들어갈 수 있는 수는 76, 77, 78, 79, 80으로 모두 **5개**입니다.

참고
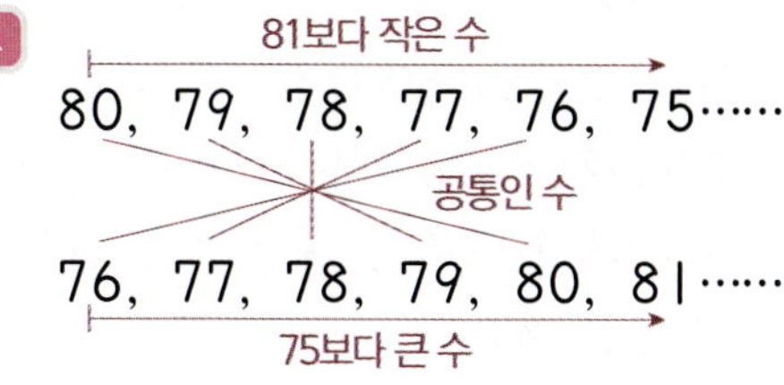

6-1 (1) $49-13=$▲, $49-13=36$이므로

　　　 ▲$=36$입니다.

　　(2) ▲$-25=$◆, $36-25=11$이므로

　　　 ◆$=11$입니다.

　　(3) ▲$+$◆$=$◉, $36+11=47$이므로

　　　 ◉$=47$입니다.

6-2 　해법 순서

① ♥에 알맞은 수를 구합니다.

② ♣에 알맞은 수를 구합니다.

③ ■에 알맞은 수를 구합니다.

　• $87-45=$♥, $87-45=42$이므로

　　♥$=42$입니다.

　• ♥$-30=$♣, $42-30=12$이므로

　　♣$=12$입니다.

　• ♥$+$♣$=$■, $42+12=54$이므로

　　■$=54$입니다.

6-3 　해법 순서

① ★에 알맞은 수를 구합니다.

② ●에 알맞은 수를 구합니다.

③ ◉에 알맞은 수를 구합니다.

④ ◆에 알맞은 수를 구합니다.

　• $40+57=$★, $40+57=97$이므로

　　★$=97$입니다.

　• ★$-73=$●, $97-73=24$이므로

　　●$=24$입니다.

　• ●$+$●$=$◉, $24+24=48$이므로

　　◉$=48$입니다.

　• $79-$◉$=$◆, $79-48=31$이므로

　　◆$=31$입니다.

　참고　각 모양에 알맞은 수를 차례대로 구합니다.

7-1 (1) $21+23=44$(개)

　　(2) $20+26=46$(개)

　　(3) $46>44$이므로 **영수**가 $46-44=2$(개)

　　　 더 많이 땄습니다.

7-2 　해법 순서

① 두 농장의 오리 수의 합을 구합니다.

② 두 농장의 닭 수의 합을 구합니다.

③ ①과 ②에서 구한 두 수의 차를 구합니다.

	오리 수	닭 수
성재네 농장	13마리	24마리
미주네 농장	22마리	12마리

　　　　　 두 농장의　　두 농장의
　　　　　 오리 수의 합　닭 수의 합

(두 농장의 오리 수의 합)

$=13+22=35$(마리)

(두 농장의 닭 수의 합)

$=24+12=36$(마리)

⇨ $35<36$이므로 **닭**이 오리보다

　 $36-35=1$(**마리**) 더 많습니다.

　주의　성재네 농장과 미주네 농장의 가축 수를 비교하는 것이 아니라 두 농장의 오리 수의 합과 닭 수의 합을 비교해야 합니다.

7-3 　해법 순서

① 영미가 2월에 받은 칭찬 붙임딱지의 수를 구합니다.

② 영미가 1월과 2월에 받은 칭찬 붙임딱지 수의 합을 구합니다.

③ 진서가 1월과 2월에 받은 칭찬 붙임딱지 수의 합을 구합니다.

④ ②와 ③에서 구한 두 수의 차를 구합니다.

(영미가 2월에 받은 칭찬 붙임딱지의 수)

$=11+14=25$(장)

(영미가 1월과 2월에 받은 칭찬 붙임딱지의 수)

$=11+25=36$(장)

(진서가 1월과 2월에 받은 칭찬 붙임딱지의 수)

$=29+10=39$(장)

⇨ $36<39$이므로 **진서**가 영미보다

　 $39-36=3$(장) 더 많이 받았습니다.

　주의　영미가 1월과 2월에 받은 칭찬 붙임딱지의 수를 $11+14=25$(장)이라고 하지 않도록 합니다.

8-1 (1) 가장 큰 몇십몇을 만들려면 가장 큰 수를 10개씩 묶음의 자리에 놓고 둘째로 큰 수를 낱개의 자리에 놓습니다.
➡ **54**

참고 · 몇십몇 알아보기

10개씩 묶음	낱개
■	▲

➡ ■▲

· 몇십몇의 크기 비교하기
10개씩 묶음의 수가 클수록 더 큰 수이고, 10개씩 묶음의 수가 같으면 낱개의 수가 클수록 더 큰 수입니다.

(2) 가장 작은 몇십몇을 만들려면 가장 작은 수를 10개씩 묶음의 자리에 놓고 둘째로 작은 수를 낱개의 자리에 놓습니다.
➡ **23**

(3) 54+23=**77**

8-2 · 가장 큰 수를 10개씩 묶음의 자리에 놓고 둘째로 큰 수를 낱개의 자리에 놓으면 가장 큰 몇십몇은 65입니다.
· 가장 작은 수를 10개씩 묶음의 자리에 놓고 둘째로 작은 수를 낱개의 자리에 놓으면 가장 작은 몇십몇은 23입니다.
➡ 65−23=**42**

8-3 · 가장 큰 수를 10개씩 묶음의 자리에 놓고 둘째로 큰 수를 낱개의 자리에 놓으면 가장 큰 몇십몇은 75입니다.
· 가장 작은 수를 10개씩 묶음의 자리에 놓고 둘째로 작은 수를 낱개의 자리에 놓으면 가장 작은 몇십몇은 23입니다.
➡ 합: 75+23=**98**
차: 75−23=**52**

참고 수 카드가 여러 장일 때에는 수 카드의 수가 작은 것부터 차례대로 놓은 후 가장 큰 몇십몇과 가장 작은 몇십몇을 만들면 편리합니다.

---

③ STEP 응용 유형 뛰어넘기   142~147쪽

1 55, 57, 59
2 64세
3 52
4 8
5 52
6 97
7 77 ; 45
8 예 · 지윤: 10개씩 3봉지 → 30개
· 서현: 10개씩 2봉지와 낱개 6개 → 26개
따라서 두 사람이 가지고 있는 초콜릿은 모두 30+26=56(개)입니다. ; 56개
9 35, 10 ; 58, 24
10 34개
11 예 ■9−7▲=14이므로 9−▲=4, ▲=5 이고, ■−7=1, ■=8입니다.
따라서 두 수는 각각 89와 75입니다.
; 89, 75
12 13개
13 서영
14 17 ; 5
15 37, 38, 39
16 예 (전체 공깃돌의 수)=45+23=68(개)
34+34=68이므로 정호와 우정이는 공깃돌을 각각 34개씩 가지면 됩니다.
따라서 정호는 우정이에게 45−34=11(개)를 주어야 합니다.
; 11개
17 73
18 27

1   53+2=55, 53+4=57, 53+6=59

2 생각 열기 예순을 수로 나타냅니다.
예순은 60이므로 할아버지의 연세는 60+4=64(세)입니다.

참고 • 몇십 알아보기

60	70	80	90
육십	칠십	팔십	구십
예순	일흔	여든	아흔

3 10개씩 묶음 5개와 낱개 8개인 수는 58입니다.
58보다 6만큼 더 작은 수는 58−6=**52**입니다.

4 26+13=39이므로 31+□=39입니다.
⇨ □=39−31, □=**8**입니다.

5 48보다 10만큼 더 큰 수는 48보다 10개씩 묶음의 수가 1만큼 더 큰 수인 58이므로 ▲=58입니다.
⇨ □+6=▲, □+6=58이고 □는 58보다 6만큼 더 작은 수이므로 □=58−6=**52**입니다.

참고 48보다 10만큼 더 큰 수는 48보다 10개씩 묶음의 수만 1만큼 더 커지고 낱개의 수는 변하지 않습니다.

6 해법 순서
① 🟢은 어떤 모양의 일부인지 알아봅니다.
② ①에서 구한 모양을 모두 찾습니다.
③ ②에서 찾은 모양에 적혀 있는 모든 수의 합을 구합니다.
🟢은 📦 모양의 일부이므로 📦 모양에 적혀 있는 수를 모두 구하면 42, 41, 14입니다.
⇨ 42+41=83, 83+14=**97**

참고 📦 모양을 찾을 때에는 크기나 색깔에 관계없이 모양만 같은 것을 찾습니다.

7 앞에서부터 차례대로 계산합니다.
㉠=53+24=**77**
㉡=㉠−32=77−32=**45**
주의 낱개는 낱개끼리 계산하고, 10개씩 묶음은 10개씩 묶음끼리 계산합니다.

8 해법 순서
① 지윤이가 가진 초콜릿의 수를 구합니다.
② 서현이가 가진 초콜릿의 수를 구합니다.
③ ①과 ②에서 구한 두 수의 합을 구합니다.
서술형 가이드 10개씩 묶음 ●개와 낱개 ▲개를 이용하여 몇십 또는 몇십몇을 알아보고, 덧셈식을 계산하는 풀이 과정이 있어야 합니다.

채점 기준	두 사람이 가진 초콜릿 수를 각각 구하고 덧셈을 하여 답을 구함.	상
	두 사람이 가진 초콜릿 수를 각각 구했으나 덧셈을 하지 못해 답을 구하지 못함.	중
	두 사람이 가진 초콜릿 수를 구하지 못해 답을 구하지 못함.	하

9 생각 열기 낱개의 수의 차가 5인 두 수와 낱개의 수의 차가 4인 두 수를 각각 찾아봅니다.
• 차가 25인 두 수 찾기
낱개의 수의 차가 5인 두 수를 찾으면 35, 10과 35, 30입니다.
⇨ 35−10=25(○), 35−30=5(×)
• 차가 34인 두 수 찾기
낱개의 수의 차가 4인 두 수를 찾으면 58, 24와 24, 10입니다.
⇨ 58−24=34(○), 24−10=14(×)

10 해법 순서
① 기계 안에 남아 있는 빨간색 공의 수를 구합니다.
② 기계 안에 남아 있는 초록색 공의 수를 구합니다.
③ ①과 ②에서 구한 두 수의 합을 구합니다.
(기계 안에 남아 있는 빨간색 공의 수)
=27−13=14(개)
(기계 안에 남아 있는 초록색 공의 수)
=32−12=20(개)
따라서 기계 안에 남아 있는 공은
14+20=**34(개)**입니다.

11 서술형 가이드 뺄셈식을 쓰고 10개씩 묶음끼리, 낱개끼리 계산하는 풀이 과정이 있어야 합니다.

채점 기준	뺄셈식을 쓰고 각 자리별로 계산하여 두 수를 바르게 구함.	상
	뺄셈식을 쓰고 각 자리별로 계산하였지만 한 수만 구함.	중
	뺄셈식을 쓰지 못해 답을 구하지 못함.	하

12 [해법 순서]

① 전체 심은 씨앗의 수를 구합니다.

② ①의 수에서 싹이 튼 씨앗의 수를 뺍니다.

봉숭아씨, 나팔꽃씨, 분꽃씨의 수를 더하면
$31+25=56$, $56+22=78$이므로 심은 씨앗
은 모두 78개입니다.

⇨ (싹이 트지 않은 씨앗의 수)
　＝$78-65=13$(개)

13 (서영이가 있는 계단의 칸수)

　＝$12+6=18$(칸)

(용석이가 있는 계단의 칸수)

　＝$25-11=14$(칸)

따라서 $18>14$이므로 **서영**이가 더 높은 곳에 있
습니다.

[참고] 처음 올라간 위치에서 더 올라간 계단 수는
더하고 내려온 계단 수는 **뺍**니다.

14 [해법 순서]

① 짝 지어 묶은 두 수의 합을 구합니다.

② ㉠에 알맞은 수를 구합니다.

③ ㉡에 알맞은 수를 구합니다.

$31+26=57$이므로 짝 지어 묶은 두 수의 합은
모두 57입니다.

㉠$+40=57$ ⇨ ㉠$=57-40=17$

$52+$㉡$=57$ ⇨ ㉡$=57-52=5$

15 $15+21=36$, $24+20=44$이므로 ♥는 36
보다 크고 44보다 작습니다.

⇨ $37, 38, 39, 40, 41, 42, 43$ 중에서 30과
　40 사이의 수는 $37, 38, 39$입니다.

16 [해법 순서]

① 전체 공깃돌의 수를 구합니다.

② 공깃돌을 몇 개씩 가져야 두 사람이 가진 공깃돌
　의 수가 같아지는지 알아봅니다.

③ 정호가 우정이에게 주어야 할 공깃돌의 수를 구
　합니다.

[서술형 가이드] 전체 공깃돌의 수를 구하는 덧셈식과
정호가 우정이에게 주어야 하는 공깃돌의 수를 구하
는 뺄셈식을 계산하는 풀이 과정이 있어야 합니다.

채점 기준	전체 공깃돌의 수와 정호가 우정이에게 주어야 하는 공깃돌의 수를 구함.	상
	전체 공깃돌의 수를 구했으나 정호가 우정이에게 주어야 하는 공깃돌의 수를 구하지 못함.	중
	전체 공깃돌의 수를 구하지 못해 답을 구하지 못함.	하

[참고] ・68을 똑같이 둘로 가르기

60은 30과 30으로 가르기할 수 있고 8은 4와
4로 가르기할 수 있습니다.

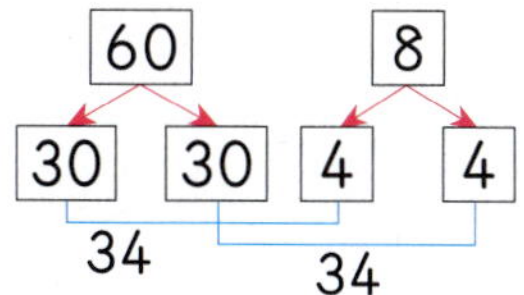

따라서 68은 같은 두 수 34와 34로 가르기할
수 있습니다.

17 [해법 순서]

① 수 카드의 수로 가장 큰 짝수를 만들어 봅니다.

② 수 카드의 수로 가장 작은 홀수를 만들어 봅니다.

③ ①과 ②에서 구한 두 수의 차를 구합니다.

가장 큰 짝수: 96,

가장 작은 홀수: 23

⇨ $96-23=73$

[참고] ・짝수: $2, 4, 6, 8, 10$과 같이 둘씩 짝을
　　　　지을 때 남는 것이 없는 수

・홀수: $1, 3, 5, 7, 9$와 같이 둘씩 짝을 지을 때
　　　하나가 남는 수

[주의] 가장 큰 수만 생각하여 가장 큰 짝수를 97
이라고 답하지 않도록 합니다.

18 [생각 열기] 먼저 합이 48이 되는 두 수를 알아봅니다.

[해법 순서]

① 합이 48이 되는 두 수를 알아봅니다.

② ①에서 구한 두 수 중 차가 6인 경우를 알아봅니
　다.

③ ②에서 구한 두 수 중 더 큰 수를 알아봅니다.

24+24=48이므로 합이 48인 두 수 중 큰 수는 25, 작은 수는 48−25=23인 경우부터 차례대로 알아봅니다.

큰 수	25	26	27
작은 수	23	22	21
차	2	4	6

➡ 차가 6인 두 수는 27, 21이고 이 중 더 큰 수는 **27**입니다.

실력 평가 148~151쪽

1 92

2 90

3 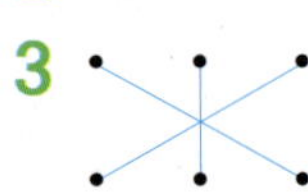

4 35, 47

5 75마리

6 >

7 예 낱개끼리 줄을 맞추어 써야 하는데 4를 10개씩 묶음의 자리에 잘못 썼습니다.

$$; \quad 78 \\ \underline{- \quad 4} \\ 74$$

8 (1) 22, 7, 29　(2) 14, 3, 17

9 37−2에 ◯표

10 (1)

$$\boxed{4}\ \boxed{6} \\ \underline{-\ \boxed{1}\ \boxed{4}} \\ \boxed{3}\ \boxed{2}$$

(2) 42, 32 ; 4, 30, 32

11 25−10=15 ; 15대

12 98, 52

13 ㄹ

14 예 74, 4, 78 ; 예 64, 2, 62

15 22명

16 7

17 34

18 월요일

19 예 (지수에게 남은 호두의 수)
=26−3=23(개)
(호영이에게 남은 호두의 수)
=34−12=22(개)
따라서 23>22이므로 호두가 더 많이 남은 사람은 지수입니다.
; 지수

20 96개

1
$$95 \\ \underline{-\ \ 3} \\ 92$$

2
$$40 \\ \underline{+50} \\ 90$$

3
$$50 \qquad 80 \qquad 70 \\ \underline{-20} \quad \underline{-30} \quad \underline{-10} \\ 30\ , \quad\ 50\ , \quad\ 60$$

4 32+3=**35**
45+2=**47**

5 생각 열기　개미의 수와 벌의 수를 더합니다.
(개미의 수)+(벌의 수)
=5+70=**75**(마리)

6 해법 순서
① 73+6을 계산합니다.
② 94−20을 계산합니다.
③ ①과 ②에서 구한 결과의 크기를 비교합니다.

$$73 \qquad\quad 94 \\ \underline{+\ \ 6} \quad \underline{-20} \\ 79\ , \qquad 74$$

➡ 79>74

참고　덧셈과 뺄셈은 세로로 식을 써서 계산하면 편리합니다.

7 서술형 가이드 빼는 수 4를 낱개끼리 줄을 맞추어 써야 한다는 설명과 바른 계산이 있어야 합니다.

채점기준		
잘못 계산한 이유를 정확히 쓰고 바르게 계산함.	상
잘못 계산한 이유가 어색하지만 바르게 계산함.	중
잘못 계산한 이유를 몰라 바르게 계산하지 못함.	하

주의 세로로 식을 쓸 때에는 10개씩 묶음끼리, 낱개끼리 줄을 맞추어 써야 합니다.

8 생각 열기 모형(10개씩 묶음, 낱개)을 보고 ㉠, ㉡, ㉢, ㉣의 수를 각각 알아봅니다.

(1) ㉠ 22, ㉡ 7

⇨ ㉠+㉡=22+7=29

(2) ㉣ 14, ㉡ 3

⇨ ㉣+㉡=14+3=17

참고 ㉠ 10개씩 묶음 2개와 낱개 2개이므로 22입니다.

㉡ 낱개 3개이므로 3입니다.

㉢ 낱개 7개이므로 7입니다.

㉣ 10개씩 묶음 1개와 낱개 4개이므로 14입니다.

9

$$\begin{array}{r} 59 \\ -26 \\ \hline 33 \end{array}, \quad \begin{array}{r} 37 \\ -\ 2 \\ \hline 35 \end{array}, \quad \begin{array}{r} 21 \\ +12 \\ \hline 33 \end{array}$$

10 (1) 세로로 식을 쓸 때 10개씩 묶음끼리, 낱개끼리 줄을 맞추어 씁니다.

(2) 진호: 46－14

42

32

해주: 46－14

2

30

32

11 생각 열기 주차장에서 자동차가 나갔으므로 뺄셈식으로 나타냅니다.

(주차장에 남아 있는 자동차의 수)

=(주차장에 있었던 자동차의 수)

－(나간 자동차의 수)

=25－10=15(대)

서술형 가이드 문제에 알맞은 뺄셈식을 쓰고 답을 구해야 합니다.

채점기준		
식을 쓰고 답을 바르게 구함.	상
식과 답 중 1가지만 바르게 씀.	중
식과 답을 모두 쓰지 못함.	하

12 생각 열기 화살표 방향에 따라 차례대로 계산합니다.

$$\begin{array}{r} 67 \\ +31 \\ \hline 98 \end{array}, \quad \begin{array}{r} 98 \\ -46 \\ \hline 52 \end{array}$$

13 ㉠

$$\begin{array}{r} 40 \\ +16 \\ \hline 56 \end{array}$$

㉡

$$\begin{array}{r} 24 \\ +23 \\ \hline 47 \end{array}$$

㉢

$$\begin{array}{r} 76 \\ -15 \\ \hline 61 \end{array}$$

㉣

$$\begin{array}{r} 98 \\ -54 \\ \hline 44 \end{array}$$

⇨ 44<47<56<61이므로 ㉣이 가장 작습니다.

14 여러 가지 덧셈식과 뺄셈식을 만들 수 있습니다.

• 덧셈식: 예 25+4=29, 35+2=37, 64+1=65, 74+3=77 등

• 뺄셈식: 예 25－1=24, 35－4=31, 64－3=61, 74－2=72 등

주의 두 주머니에서 수를 각각 하나씩 골라 덧셈식과 뺄셈식을 만든 후 합과 차를 바르게 구해야 정답으로 인정합니다.

15 생각 열기 책을 읽는 학생은 연극 연습과 춤 연습을 하지 않는 학생입니다.

해법 순서

① 연극 연습과 춤 연습을 하는 학생 수의 합을 구합니다.

② 전체 학생 수에서 ①에서 구한 학생 수를 뺍니다.

(연극 연습과 춤 연습을 하는 학생 수)

=3+2=5(명)

⇨ (교실에서 책을 읽는 학생 수)

=(전체 학생 수)

－(연극 연습과 춤 연습을 하는 학생 수)

=27－5=22(명)

16 IO개씩 묶음의 수를 비교하면 7>6>5>4이므로 가장 큰 수는 7▲이고 가장 작은 수는 42입니다.

7▲−42=35에서 ▲−2=5이므로 ▲=**7**입니다.

17 생각 열기 수의 크기를 비교하여 가장 큰 수와 가장 작은 수의 합을 먼저 구합니다.

해법 순서

① 가장 큰 수와 가장 작은 수를 알아봅니다.
② ①에서 구한 두 수를 더합니다.
③ ②에서 구한 합에서 남은 수를 뺍니다.

58>35>11이므로 가장 큰 수는 58, 가장 작은 수는 11입니다.

▷ 58+11=69에서 남은 수 35를 빼면
69−35=**34**입니다.

18 해법 순서

① 요일별로 맞힌 문제 수를 각각 구합니다.
② ①에서 구한 수의 크기를 비교하여 문제를 가장 많이 맞힌 날을 구합니다.

요일별로 맞힌 문제 수를 구합니다.

• 월요일: 27−3=24(개)
• 화요일: 19−2=17(개)
• 수요일: 24−1=23(개)

▷ 24>23>17이므로 문제를 가장 많이 맞힌 날은 **월요일**입니다.

주의 전체 문제 수가 요일별로 다르므로 틀린 문제 수를 비교하지 않도록 합니다.

19 해법 순서

① 지수에게 남은 호두의 수를 구합니다.
② 호영이에게 남은 호두의 수를 구합니다.
③ ①과 ②에서 구한 수의 크기를 비교합니다.

서술형 가이드 남은 호두의 수를 구하는 두 뺄셈식과 크기를 비교하는 풀이 과정이 있어야 합니다.

채점 기준		
두 사람에게 남은 호두의 수를 각각 구하고 크기를 비교하여 답을 구함.	상
두 사람에게 남은 호두의 수를 각각 구했으나 크기를 잘못 비교하여 답을 구하지 못함.	중
두 사람에게 남은 호두의 수를 구하지 못해 답을 구하지 못함.	하

20 해법 순서

① 남은 노란색 구슬의 수를 구합니다.
② 처음 상자에 있던 빨간색 구슬의 수를 구합니다.
③ 처음 상자에 있던 구슬의 수를 구합니다.

(남은 노란색 구슬의 수)=44−13=31(개)
남은 노란색 구슬의 수와 남은 빨간색 구슬의 수는 같으므로 남은 빨간색 구슬의 수는 31개입니다.

▷ (처음 상자에 있던 빨간색 구슬의 수)
=31+21=52(개)

따라서 처음 상자에 있던 구슬의 수는
44+52=**96**(개)입니다.

참고 처음 상자에 있던 구슬의 수는 상자에서 꺼내기 전의 구슬 수입니다.

창의 사고력 152쪽

1 79
2 진호

1 칠교 조각을 이용하여 주어진 모양을 다음과 같이 만들 수 있습니다.

예
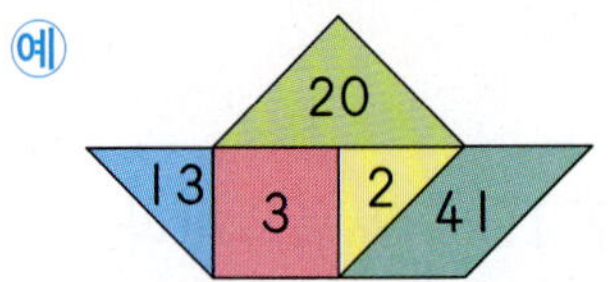

주어진 모양을 만든 조각에 적힌 수는 20, 13, 3, 2, 41입니다.

▷ 20+13=33, 33+3=36, 36+2=38,
38+41=79

2 • 미라: 5칸을 간 곳에 적힌 수는 13이고 12칸을 더 간 곳에 적힌 수는 38입니다.
→ 38−13=25

• 진호: 15칸을 간 곳에 적힌 수는 27이고 6칸을 더 간 곳에 적힌 수는 49입니다.
→ 49−27=22

▷ 25>22이므로 차가 더 작은 사람은 **진호**입니다.

memo

memo

참 잘했어요

수학의 모든 응용 문제를 풀 정도로
실력이 성장한 것을 축하하며
이 상장을 드립니다.

이름 _______________________

날짜 ________ 년 ____ 월 ____ 일

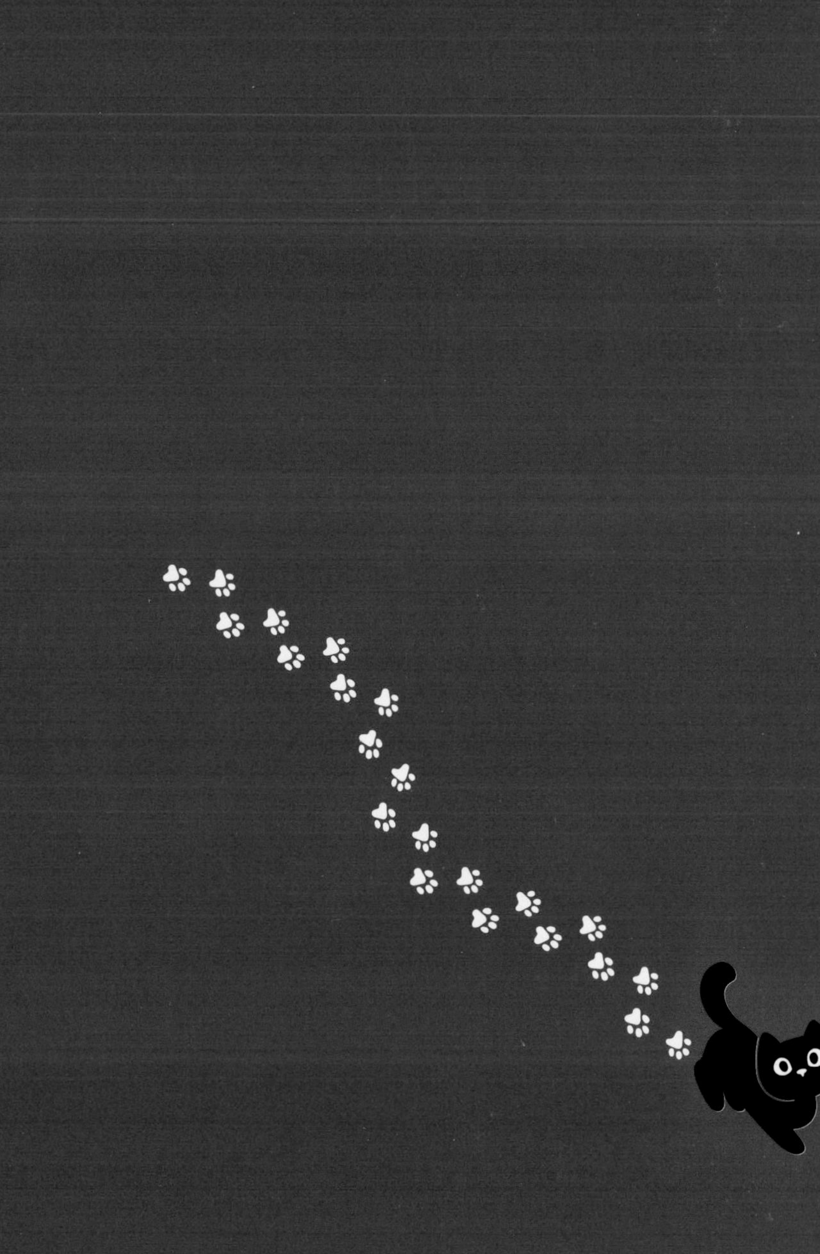